工业互联网边缘计算技术应用

主　编◎杜　鹏　　庞育才　　韩玉铭

副主编◎孙楚原　　鲁　捷　　吕坤颐

参　编◎刘韶龙　　仝玉华　　孙志杰

　　　　生开明　　丁　雷　　徐　红

　　　　袁妙琴　　李思程　　朱化国

　　　　王晶晶

电子工业出版社·

Publishing House of Electronics Industry

北京·BEIJING

内 容 简 介

本书对边缘计算涉及的技术领域、应用场景进行了比较全面的介绍和总结。全书共分为 5 个项目，每个项目都制定了对应的工作任务。项目 1 对工业互联网边缘计算进行总体介绍；项目 2 讲解边缘控制器的使用与调试技能，设置边缘设备的智能控制、智能生产线的优化控制、边缘控制器和 HMI 通信，以及设备数据的边缘处理 4 个任务，任务之间层层递进；项目 3 使用边缘网关实现设备的互联互通，完成边缘数据的预处理、报警事件触发推送、边缘数据的可视化，以及边缘数据的决策处理 4 个任务；项目 4 利用边缘服务器采集工业现场设备的生产数据，借助规则引擎对数据进行综合运算处理，通过计算生产线设备综合效率来优化车间数据管理和提升生产线综合利用率；项目 5 讲解工业产品常用的质量检测方法，熟悉智能工厂边缘侧质量检测流程，掌握边缘侧人工智能项目的开发流程，制定相应的解决方案完成工业产品质量检测。

本书内容丰富、结构清晰，既适合从事工业互联网、智能制造等相关领域的科研人员和工程技术人员阅读和参考，也可作为高等职业院校相关专业师生的教材或参考书。

图书在版编目（CIP）数据

工业互联网边缘计算技术应用 / 杜鹏，庞育才，韩玉铭主编. -- 北京：电子工业出版社，2024. 8.
ISBN 978-7-121-48415-5

Ⅰ．TP273

中国国家版本馆 CIP 数据核字第 2024AR5962 号

责任编辑：刘　洁
印　　刷：天津画中画印刷有限公司
装　　订：天津画中画印刷有限公司
出版发行：电子工业出版社
　　　　　北京市海淀区万寿路 173 信箱　　　邮编：100036
开　　本：787×1092　　1/16　　印张：15.25　　字数：387.2 千字
版　　次：2024 年 8 月第 1 版
印　　次：2024 年 8 月第 1 次印刷
定　　价：49.80 元

凡所购买电子工业出版社图书有缺损问题，请向购买书店调换。若书店售缺，请与本社发行部联系，联系及邮购电话：(010) 88254888，88258888。

质量投诉请发邮件至 zlts@phei.com.cn，盗版侵权举报请发邮件至 dbqq@phei.com.cn。

本书咨询联系方式：(010) 88254178，liujie@phei.com.cn。

前　言

边缘计算作为工业互联网的关键组成部分，肩负着智能控制、数据处理、对接平台等诸多重任。本书精心选取了装备制造、半导体制造、汽车零部件加工、食品药品质检等数个行业的项目实施案例作为场景，基于这些场景，在生产线层、车间层、工厂层、企业层展开对边缘控制器、边缘网关、边缘服务器、边缘计算平台等软硬件工具的深入学习，通过项目任务式的学习方式，助力学生胜任工业互联网工程技术人员的岗位职责，为推动我国的工业数字化转型升级进程竭诚服务。

本书从离散制造业切入，引领学生进行边缘计算解决方案的研习。相较于流程制造业，离散制造业的生产环节更为分散，生产设备更加多样，也更容易借助工业互联网技术改造工艺流程。流程制造业的自身自动化水平已然很高，生产环节较为成熟封闭，且主要由硬件决定生产流程和产能。

本书主要面向高等职业教育工业互联网相关专业的学生。在学习的过程中，大家将接触到真实的工业场景案例，并通过实际操作和项目实践，持续提升自身的专业技能与解决问题的能力。

衷心期望大家能够踏上工程师的职业道路。工程师绝非"工具人"，而是一个既常见又特殊的群体。成为一名工程师需要具备多方面的素养。其一，要有扎实的专业知识，对工业互联网领域的技术原理和应用有深入的理解。其二，要具备创新思维，能够在面对复杂的工程问题时，提出新颖的解决方案。

对于工业互联网相关专业的学生来说，当下正是努力提升自己的黄金时期。在学习本书的过程中，应积极参与实践活动，积累项目经验，为未来成为一名优秀的工程师做好充分准备。相信只要大家怀揣着对工程事业的热爱和追求，不断努力进取，就一定能够在工程师的职业道路上绽放出属于自己的光彩，为推动工业互联网的发展贡献自己的力量。

最后，我们要感谢所有在工业互联网边缘计算领域做出贡献的专家和学者，是他们的辛勤工作和不懈探索为我们提供了宝贵的知识和经验。同时，我们期待与广大读者一起，共同见证工业互联网边缘计算的蓬勃发展，共同推动制造业的智能化升级和高质量发展。

本书的编写汇聚了多方专业力量，各成员依据自身专长进行了明确的分工协作，山东万腾云齐科技有限公司、中科盘宇（北京）科技有限公司、北京福瑞华盛科技有限公司也为本书的编写提供了帮助，在此一并表示感谢。本书由山东信息职业技术学院的杜鹏、四川职业技术学院的庞育才及济南工程职业技术学院的韩玉铭担任主编；由湖北工程职业学院的鲁捷、重庆城市管理职业学院的吕坤颐和中国工业互联网研究院的孙楚原担任副主编。

项目1由杜鹏、孙楚原和李思程共同编写；项目2由庞育才、杜鹏和仝玉华共同编写；项目3由韩玉铭、孙志杰、生开明和朱化国共同编写；项目4由鲁捷、刘韶龙、王晶晶和袁妙琴共同编写；项目5由吕坤颐、徐沛、徐红和丁雷共同编写。杜鹏、朱化国和王晶晶完成了统稿工作。本书在编写过程中，还得到诸多企业专家的大力支持，在此致以衷心的感谢。

编　者

目 录 --■

项目 1
工业互联网边缘计算概述

请扫描二维码查看
本章课件及视频

一、项目情境

当今，数字化浪潮席卷传统制造业的"江湖"。工业互联网的发展使得海量数据得以汇聚，而边缘计算展现出了特有的优势。

边缘计算构建融合网络、计算、存储、应用核心能力的分布式开放体系，在靠近物或数据源头的网络边缘侧，就近提供边缘智能服务，满足离散制造业在敏捷连接、实时业务、数据优化、应用智能、安全与隐私保护等方面的关键需求，改变传统制造控制系统和数据分析系统的部署和运行方式，为制造业的数字化、网络化、智能化转型提供强大助力，能更好地满足制造业敏捷连接、实时优化、安全可靠等方面的关键需求。

二、项目要求

1. 搜集工业互联网边缘计算的背景与需求。
2. 总结工业互联网边缘计算常见应用。

三、项目目标

（一）知识目标

1. 掌握工业互联网边缘计算的定义。
2. 掌握工业互联网边缘计算的应用场景。
3. 掌握边缘计算与云计算的特点。
4. 认识工业互联网边缘计算的背景与需求。

（二）能力目标

1. 能够正确分类工业互联网边缘计算的应用场景。
2. 能够正确描述边缘计算与云计算的特点。
3. 能够掌握搜集前沿知识的技能。
4. 能够对搜集的知识点进行总结与吸收。

四、知识图谱

本项目重点介绍工业互联网边缘计算相关知识，知识图谱如图 1-1 所示。

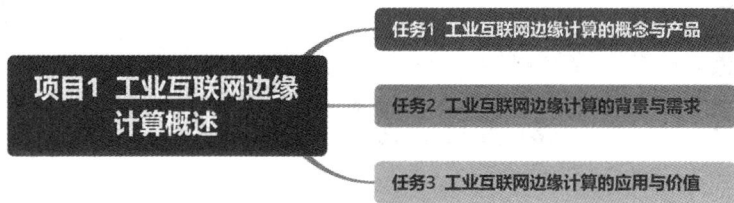

图 1-1　认识工业互联网边缘计算知识图谱

本项目围绕着工业互联网边缘计算，设置了工业互联网边缘计算的概念与产品、工业互联网边缘计算的背景与需求、工业互联网边缘计算的应用与价值三个工作任务，通过完成这三个工作任务，同学们可以对工业互联网边缘计算的定义、发展现状、面临挑战有完整的了解与认知。

任务 1　工业互联网边缘计算的概念与产品

一、任务描述

本任务从边缘计算的概念、基本特点与属性，以及边缘计算相关软硬件产品等多个方面认识工业互联网边缘计算，搞懂边缘计算是什么。

二、任务分析

通过教师讲解及自身查找资料，学习边缘计算的概念、基本特点和属性，了解工业互联网边缘计算的相关产品。通过与同学的交流分析能够简述边缘计算的概念，简述并分析边缘计算的基本特点和属性；能够举例说明工业互联网边缘计算的产品及其特性。在学习的过程中养成科学严谨的工作态度。

三、任务准备

在教师的安排下，各学习小组借助网络查询工业互联网边缘计算的相关知识，并根据任务要求进行讨论，最后教师根据学生讨论结果进行讲解补充。通过启发式教学法激发学生的学习兴趣与主动性，使其最终实现认识工业互联网边缘计算的学习目标，完成表 1-1。

创设情境 1：在查阅相关资料并讨论后，请同学们说出边缘计算的基本概念和对边缘计算的几个基本特点和属性的理解，并整理和记录讨论结果。

创设情境 2：请同学们在上网搜索后，举例介绍几个工业互联网边缘计算产品，并描述产品的特性和应用场景。

表 1-1 任务表

任务编号	1-1	任务名称	工业互联网边缘计算的概念与产品
设备	计算机		
资料	工业互联网边缘计算教材		
任务要求	1. 搜集、总结边缘计算的基本概念; 2. 搜集、总结边缘计算的几个基本特点和属性; 3. 搜集工业互联网边缘计算产品; 4. 描述工业互联网边缘计算的特性和应用场景		
解决途径	1. 头脑风暴; 2. 互联网搜索; 3. 采用分组形式,制作 PPT 并讲解		

四、知识链接

边缘计算作为一种分布式开放平台(架构),部署于靠近物或数据源头的网络边缘地带。它有机融合了网络、计算、存储、应用等多方面的核心能力,旨在就近为用户提供边缘智能服务,精准契合行业数字化进程中的一系列关键诉求。无论是实现敏捷、高效的设备连接,保障实时性业务的流畅运转,还是进行数据的优化处理、推动应用的智能化升级,乃至强化安全防护、兼顾环境因素保护等各个关键环节,边缘计算都能发挥至关重要的作用,为行业的数字化转型筑牢根基。

边缘是指数据源和云计算中心之间的路径上的资源和设备,尤其是靠近终端设备一侧。在边缘计算中,为满足行业数字化需求,人们利用围绕数据源提供的具有计算、存储、通信和应用能力的开放平台提供不同的服务。边缘计算扩展了工业互联网的内涵,将物的角色从数据消费者转变为数据提供者和消费者。物不仅可以从云端请求内容和服务,还可以承担数据计算和转换的任务。此外,边缘侧还可以将服务从云端传递到用户,因此边缘侧在工业互联网中扮演了更加丰富多彩的角色。

边缘计算具有以下几个基本特点和属性。

- 连接性是边缘计算的基础,所连接的物理对象及应用场景的多样性,需要边缘计算具备丰富的连接功能,如各种网络接口、网络协议、网络拓扑、网络部署与配置、网络管理与维护。连接性需要充分借鉴、吸收网络领域先进研究成果,如 TSN、SDN、NFV、Network as a Service、WLAN、NB-IoT、5G 等,同时还需要考虑与现有各种工业总线的互联互通。
- 数据第一入口是指边缘计算作为连接物理世界和数字世界的桥梁,拥有大量、实时、完整的数据,可基于数据全生命周期进行管理与价值创造,能更好地支撑预测性维护、资产效率与管理等创新应用;同时,作为数据第一入口,边缘计算也面临数据实时性、确定性、多样性等挑战。
- 约束性是指在工业场景下,对边缘计算设备的功耗、成本、空间有较高的要求。这主要是因为工业互联网边缘计算产品通常需要适配工业现场相对恶劣的工作条件与运行环境，如防电磁、防尘、防爆、抗振动、抗电流/电压波动等。因此，工业互联网边缘计算产品需要考虑通过软硬件集成与优化，从而满足各种条件约束，支撑行业数字化多样性场景。

- 分布性是指边缘计算实际部署天然具备分布式特征。这要求边缘计算具有分布式计算与存储、分布式资源的动态调度与统一管理、分布式智能、分布式安全等能力。

- 融合性是指 OT（Operational Technology，操作层面的技术）与 ICT（Information Communication Technology，信息通信技术）的融合，是行业数字化转型的重要基础，而边缘计算作为多种技术融合与协同的关键承载，需要支持在连接、数据、管理、控制、应用、安全等方面的协同。

五、任务实现

1. 明确任务

根据表 1-1 明确本任务需要搜集的资料。
（1）搜集、总结边缘计算的基本概念。
（2）搜集、总结边缘计算的几个基本特点和属性；
（3）搜集工业互联网边缘计算产品。
（4）描述工业互联网边缘计算的特性和应用场景。

2. 分组讨论

根据表 1-1 中的解决途径，通过头脑风暴、互联网搜索等方式搜集相关资料。

3. 总结问题

整理、归类搜集到的资料，提取有用信息。

4. 制作汇报 PPT

通过 PPT 汇报方式，分组讲解知识，提高分析问题、解决问题、总结问题的能力。

六、任务实施

1. 任务分配

请将人员分组及任务分配情况填写至表 1-2。

表 1-2 任务分配表

组名			日期	
组训			组长	
成员	任务分工		成员	任务分工

2．总结问题与验证

请将本任务执行过程中发现的问题及处理结果填写至表 1-3。

表 1-3　问题总结

任务名称			小组	
名称	结果		人员	存在问题
问题一				
问题二				
问题三				
问题四				

七、任务总结

任务完成后，学生根据任务实施情况，分析存在的问题和原因，填写分析表格，指导教师对任务实施情况进行点评。

八、任务评价

请将本任务评价情况填写至表 1-4。

表 1-4　任务评价表

序号	评价内容	自我评价	小组评价	教师评价	评分标准
1	态度端正，工作认真				5
2	遵守安全操作规范				5
3	能熟练、多渠道地查找参考资料				10
4	能够熟练地完成项目中的任务要求				30
5	方案优化，选型合理				10
6	能正确回答指导教师的问题				10
7	能在规定时间内完成任务				20
8	能与他人团结协作				5
9	能做好 7S 管理工作				5
合计					100
总分					

九、巩固自测

1．（　　）作为一种分布式开放平台（架构），部署于靠近物或数据源头的网络边缘地带。它有机融合了网络、计算、存储、应用等多方面的核心能力，旨在就近为用户提供边缘智能服务，精准契合行业数字化进程中的一系列关键诉求。

2．（　　）可以作为连接物理世界和数字世界的桥梁，使能智能资产、智能网关、智能系统和智能服务。

3．边缘计算具有哪些基本特点和属性？

任务 2　工业互联网边缘计算的背景与需求

一、任务描述

为什么在工业数字化转型的进程中会出现工业互联网边缘计算？我们要搞明白出现的背景和需求是什么。本任务从背景和需求两个方面了解为什么会出现工业互联网边缘计算。

二、任务分析

搜集资料了解工业互联网中数据存储、传输、处理方面存在的困难，了解制造业产业在数据处理方面所面对的挑战；熟悉工业互联网对于计算模式的需求。通过分组讨论总结发展工业互联网边缘计算的原因，能够简述工业互联网所需的边缘计算能力。在学习过程中养成科学严谨的工作态度；增强责任感，树立思考问题的意识。

三、任务准备

在教师的安排下，各学习小组通过查阅工业互联网近年来发展的相关资料，讨论发展工业互联网在计算方面亟待解决的问题，完成表 1-5 中的任务，然后教师根据讨论结果进行讲解和补充。通过启发式教学法激发学生的学习兴趣与主动性，使其最终实现认识工业互联网边缘计算的发展动因的学习目标。

创设情境： 在查阅相关资料并讨论后，请同学们说出工业互联网在数据存储、传输、计算、安全、隐私方面的需求，谈谈工业互联网面对的挑战及对边缘计算能力的要求。

表 1-5　任务表

任务编号	1-2	任务名称	工业互联网边缘计算的背景与需求
设备	计算机		
资料	工业互联网边缘计算教材		
任务要求	1. 查找工业互联网在数据存储、传输、计算、安全、隐私方面的需求； 2. 查找工业互联网中数据存储、传输、处理方面存在的困难； 3. 查找制造业产业在数据处理方面所面对的挑战； 4. 查找工业互联网对于计算模式的需求		
解决途径	1. 头脑风暴； 2. 查阅文献； 3. 互联网搜索； 4. 采用分组形式，制作 PPT 并讲解		

四、知识链接

1. 发展背景

工业互联网是连接机器、物料、人和信息系统的基础网络，其中包含了大量的异构节点设备和连接节点设备的有线及无线网络。大量的异构工业设备组成了边缘网络，用来实时收集工业数据并且传输到云服务器进行计算和控制。随着工业互联网的迅速发展，边缘网络的规模越来越大，传统的云端数据中心网络难以满足工业互联网巨大的数据传输和处理所需要的实时性、安全性和可靠性要求。根据某数据公司的预测，全球数据量将持续增长，预计到2028年将增至384.6ZB，年复合增长率高达24.4%，如图1-2所示。数据量的显著增加，对数据的存储、缓存、传输和计算带来了巨大的挑战。

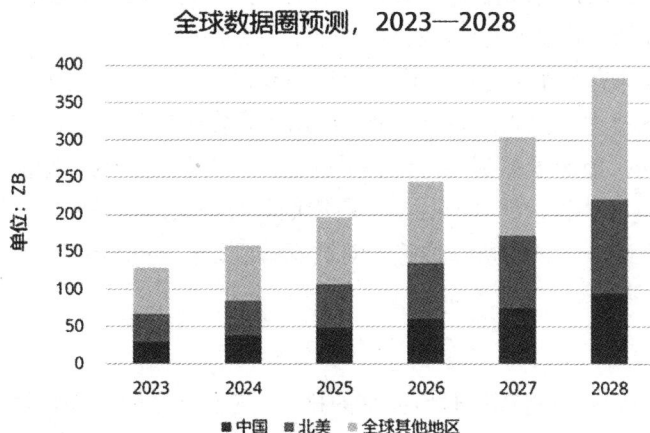

图 1-2　全球数据圈预测

　　例如，在一间智能工厂中，有时数据传输速率能够达到 GB/s 的级别，如果所有数据都上传到云平台进行处理，会消耗大量的带宽资源，运行成本会很高，且数据处理的延迟会增加。在一些对时间敏感的任务中，如智能工厂设备的急停，数据上传到云端进行处理并返回造成的延迟会产生严重的后果。因此，将数据从云端转移到边缘网络进行存储、缓存、计算和传输是一个有效的解决方案，即边缘计算。此外，云平台服务为用户提供集中式数据安全保护解决方案，一旦集中存储的数据发生泄露，将导致严重的后果。而边缘计算则可以在本地附近部署合适的安全解决方案，降低传输过程中的数据泄露风险，减少存储在云平台中的数据量，有效降低安全和隐私风险。

　　工业互联网是智能制造的基础设施，相比传统制造业，智能制造需要实现制造过程的数字化、网络化和智能化。

　　目前，全球已经掀起行业数字化的浪潮，数字化是基础，网络化是支撑，智能化是目标。通过对人、物、环境、过程等进行数字化从而产生数据，通过网络化实现数据的价值流动，以数据为生产要素，通过智能化为各个行业创造新的价值。目前，制造、电力、交通、医疗、农业、电梯、水务、物流、公共事业等行业已经率先开始尝试向智能制造迈进，而这也使这些行业面临新的挑战。

　　（1）OT 和 ICT 跨界协作挑战。OT 和 ICT 的关注重点不同，OT 关注物理和商业约束、人身安全，ICT 关注商业约束、信息安全；OT 和 ICT 在行业语言、知识背景、文化背景方面存在较大差异，相互理解困难；碎片化、专用化的 OT 技术体系与标准化、开放性的 ICT 技术体系集成协作存在困难；OT 与 ICT 的融合协作也在安全方面带来挑战。因此，OT 与 ICT 的跨界协作需要建立物理世界和数字世界的连接与融合。

　　（2）数据信息难以有效流动与集成。目前，工业界有超过 6 种工业实时以太网技术，超过 40 种工业总线，缺少统一的信息与服务定义模型。烟囱化的系统导致数据孤岛，使信息无法有效地流动与交互。但是，信息的有效流动与集成是支持数据创新、服务创新的基础，这需要建立数据的全生命周期管理。

（3）知识难以模型化。知识模型主要用于解决知识的表示、组织及其交互关系问题，实现知识的有序化，并构建知识处理模型。它是对知识进行形式化与结构化的抽象，以便计算机能够理解和处理，是高效、低成本地达成行业智能的关键要素。然而，知识模型在构建过程中面临诸多挑战：其输入信息存在不完整、不准确和不充分的情况；知识模型处理所采用的算法与建模方式仍有待持续改进与优化；知识模型的应用场景较为有限，需要不断积累和拓展。

（4）产业链变长，增加了端到端协作集成的挑战。工业互联网和智能制造需要物理世界和数字世界的产业链的协作，需要产品全生命周期的数据集成，需要价值链上的各产业角色建立起协作生态。这种多链条的协作与整合对数据端到端流动和全生命周期管理提出了更高的要求。

2. 产业需求

面对各个行业向智能制造迈进时所面临的挑战，工业互联网边缘计算需要具备四个关键的能力。

（1）建立物理世界和数字世界的连接与互动。

通过数字孪生，在数字世界建立起对多种协议、海量设备和跨系统的物理资产的实时映像，了解事务或系统的状态，应对变化，改进操作和增加价值。作为 ICT 产业的三大支柱，网络、计算和存储领域的技术可行性和经济可行性在过去的十几年中实现了指数性提升。网络带宽、计算力和单个硬盘容量都得到了显著的增长，而它们的成本则是原来的几十分之一。连接成本的下降、计算力的提升、海量的数据，使数字孪生可以在智能制造领域发挥重要作用。

（2）以模型驱动的智能分布式架构与平台。

在网络边缘侧的智能分布式架构与平台上，通过知识模型驱动智能化，实现了物自主化和物协作。边缘控制器可以通过融合网络、计算、存储等 ICT 能力，具有自主化和协作化能力；边缘网关通过网络连接、协议转换等功能连接物理和数字世界，提供轻量化的连接管理、实时数据分析及应用管理功能；边缘云基于多个分布式智能网关或服务器的协同构成智能系统，提供弹性扩展的网络、计算、存储能力；智能服务基于模型驱动的统一服务框架，面向系统运维人员、业务决策者、系统集成商、应用开发人员等多种角色，提供开发服务框架和部署运营服务框架。

（3）提供开发、部署、运营的端到端服务框架。

开发服务框架主要包括方案的开发、集成、验证和发布；部署运营服务框架主要包括方案的业务编排、应用部署和应用市场。开发服务框架和部署运营服务框架需要紧密协同、无缝运作，支持方案快速高效开发、自动部署和集中运营。

（4）边缘计算和云计算的能力协同。

边缘侧需要支持多种网络接口、协议与拓扑，业务实时处理与确定性时延，数据处理与分析，分布式智能和安全与隐私保护。而云端难以满足上述要求，需要边缘计算与云计算在网络、业务、应用和智能方面进行协同。

五、任务实现

1. 明确任务

根据表 1-5 明确本任务需要搜集的知识。

（1）查找工业互联网在数据存储、传输、计算、安全、隐私方面的需求。

（2）查找工业互联网中数据存储、传输、处理方面存在的困难。

（3）查找制造业产业在数据处理方面所面对的挑战。

（4）查找工业互联网对于计算模式的需求。

2. 分组讨论

根据表 1-5 中的解决途径，通过头脑风暴、查阅文献、互联网搜索等方式搜集相关资料。

3. 总结问题

整理、归类搜集到的资料，提取有用信息。

4. 制作汇报PPT

通过 PPT 汇报方式，分组讲解知识，提高分析问题、解决问题、总结问题的能力。

六、任务实施

1. 任务分配

请将人员分组及任务分配情况填写至表 1-6。

表 1-6 任务分配表

组名		日期	
组训		组长	
成员	任务分工	成员	任务分工

2. 总结问题与验证

请将本任务执行过程中发现的问题及处理结果填写至表 1-7。

表 1-7 问题总结

任务名称		小组	
名称	结果	人员	存在问题
问题一			
问题二			
问题三			
问题四			

七、任务总结

任务完成后，学生根据任务实施情况，分析存在的问题和原因，填写分析表格，指导教师对任务实施情况进行点评。

八、任务评价

请将本任务评价情况填写至表1-8。

表1-8　任务评价表

序号	评价内容	自我评价	小组评价	教师评价	评分标准
1	态度端正，工作认真				5
2	遵守安全操作规范				5
3	能熟练、多渠道地查找参考资料				10
4	能够熟练地完成项目中的任务要求				30
5	方案优化，选型合理				10
6	能正确回答指导教师的问题				10
7	能在规定时间内完成任务				20
8	能与他人团结协作				5
9	能做好7S管理工作				5
合计					100
总分					

九、巩固自测

1．工业互联网是智能制造的基础设施，相比传统制造业，智能制造需要实现制造过程的（　　　）、（　　　）和（　　　）。

2．简述面对各个行业向智能制造迈进时所面临的挑战，以及工业互联网边缘计算需要具备哪四个关键的能力。

3．简述 OT 和 ICT 的关注重点有什么不同。

4．导致数据孤岛的原因是什么？

任务3　工业互联网边缘计算的应用与价值

一、任务描述

本任务旨在通过深入学习与热烈讨论，全面了解工业互联网边缘计算的应用与价值。

二、任务分析

教师分配任务，学生通过查找工业互联网边缘计算在各个行业如何应用、工业互联网边缘计算的具体应用场景、工业互联网边缘计算的价值等相关资料，能够描述工业互联网边缘计算的应用框架，熟悉工业互联网边缘计算的应用场景，在学习总结中能够理解工业互联网边缘计算的价值。

三、任务准备

在教师的安排下，各学习小组通过头脑风暴讨论常见的行业，在教师的提示下，各学习小组讨论该如何将工业互联网边缘计算应用到这些行业，举出一些具体的工业互联网边缘计算的应用场景，最终总结出工业互联网边缘计算的价值，完成表1-9中的任务。教师通过启发式教学法激发学生的学习兴趣与主动性。

创设情境1： 进行头脑风暴，请同学们说说在自己了解的各个行业中工业互联网边缘计算该如何应用，并举出应用场景案例。

创设情境2： 在了解工业互联网边缘计算的应用后，请同学们总结一下工业互联网边缘计算具有哪些价值。

表1-9　任务表

任务编号	1-3	任务名称	工业互联网边缘计算的应用与价值
设备	计算机		
资料	工业互联网边缘计算教材		
任务要求	1．搜集工业互联网边缘计算的应用框架的相关资料； 2．查找工业互联网边缘计算在各个行业中的应用场景； 3．查找工业互联网边缘计算的价值		
解决途径	1．头脑风暴； 2．互联网搜索； 3．采用分组形式，制作PPT并讲解		

四、知识链接

1．工业互联网边缘计算的应用

目前，工业互联网边缘计算除在赋能制造业外，在食品工业、医疗产业、农业等行业也开展着广泛应用，实现了故障诊断、设备健康管理、智慧电网、智能网联汽车、智能物流等应用。

1）制造业

工业设备种类繁多，实时数据量大，通信网络拓扑和协议复杂，对信息的实时准确传输有高性能要求，因此工业场所中生产设备和软件管理系统的协作是一个巨大的挑战。在工业制造业场所部署边缘计算，尤其是与网络功能虚拟化技术和实时网络传输技术相结合，能够建立起从云平台到工业互联网边缘计算平台的高质量网络连接，实现灵活、独立的应用部署能力，提供智能、实时、安全和有质量保证的制造场所工业网络和边缘计算服务。

制造场所的一个典型应用是图像或视频的实时处理，从而实现产品检测和分类、工人运动校正、设备部件装配错误检测等。图像、视频处理流程包括图像采集、预处理、图像分割、特征提取、模型训练、匹配识别。在这一场景应用边缘计算技术，可以将模型训练过程部署在云平台，而将匹配识别过程部署在边缘计算平台，从而保证识别的准确率并减小识别的延迟。

制造场所通常有多种通信方式，如工业以太网、现场总线等，这些方式都包含了多个协议，导致它们难以互联。边缘计算平台可以将不同的协议转换为通用协议，从而解决工业网络中各网络之间的连接问题。同时，制造场所边缘计算平台提供管理和数据接口，采用轻量级网络和应用虚拟化管理，对大量设备和应用进行远程管理、升级和维护，实现远程配置和监控。此外，它还能对收集到的数据进行清理和脱敏处理，在确保数据可用性的同时保证敏感信息不泄露，结合芯片级安全启动和安全密钥验证，为工业网络提供安全的环境。

2）食品行业

现代食品行业高度依赖于自动化食品生产系统来提高产品的品质和生产速度。与其他行业不同，食品行业从原料到产品通常都是易腐物品，因此食品行业需要在生产、加工、分销等所有步骤实现可追溯性，从而优化制造和分销渠道，并在产品出现问题时以最小的损失召回。在这方面，工业互联网边缘计算因其分布式特点而成为可行性的框架。

食品制造业可以通过向整个供应链中的包装、托盘、卡车或集装箱等物体植入二维码、条形码、RFID（射频识别）标签或转发器来帮助识别和跟踪生产与供应管道。支持边缘计算服务的传感器可以用于生产和供应流水线沿线不同点的产品识别过程，确保产品的流动性。在这个系统中，边缘设备可以依靠无线自组织网络相互通信，以确定生产和供应流水线的瓶颈并自动优化。通过应用这类由边缘计算驱动的系统，可以依靠对延迟敏感的系统以更短的时间响应运行。

3）医疗产业

随着医疗物联网设备领域的进步，医疗产业开始采用物联网解决方案提供医疗服务，如心电图数据的检测、核磁共振图像处理。随着巨量数据的生成，如果采用传统的云计算模式，通常会在通信时导致不可预知的延迟，从而会对治疗产生明显影响，尤其是心脏病和中风等需要紧急反应的疾病。在医疗物联网设备中采用边缘计算模式可以有效减小延迟并增强可靠性。

图 1-3 展示了一个名为 BodyEdge 的医疗物联网系统框架，在这一框架中引入边缘层用于获取设备数据并进行本地处理从而生成有价值的建议或者特征，将这些建议或者特征传回终端设备或者传感器。通过采用这种基于边缘计算的网络架构，医疗物联网系统能够有效地减小延迟。

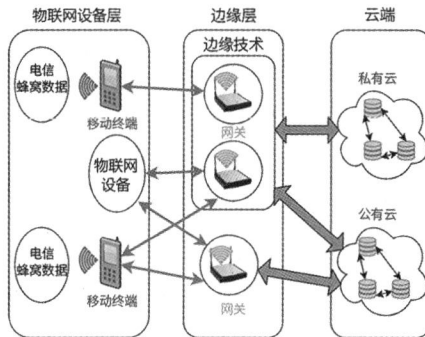

图 1-3　BodyEdge 框架

4）故障诊断和设备健康管理

故障诊断和设备健康管理（Prognostics and Health Management，PHM）系统是一个受到全球制造业重视的新的解决方案，主要目的是监测设备运行过程中出现的磨损、老化、腐蚀和故障，防止因计划外停机而造成的生命财产威胁。PHM 系统使用了大量的传感器实时监测部件状态，是工业互联网中的一个重要应用场景。由于数据量巨大，上传到云端并做最终决策会有较大延迟并导致不可预见的后果，因此将边缘计算引入 PHM 系统，并在传感器及其附近进行数据初步处理将大大减少上传到云端的数据量，从而减小紧急事件的决策延迟。目前，引入边缘计算的 PHM 系统已经广泛应用，其中铁路轨道安全检测就是一个重要的应用案例。边缘计算主要应用于铁路轨道实时特征提取、异常检测、列车实时性能监控、潜在故障预测，从而防止计划外停机，还支持优化决策。此外，无人机也可作为铁路轨道监测的信息来源。

5）智慧电网

智慧电网是工业互联网的一个典型应用场景，主要目的是实现电力传输的节点监测和信息互动。与传统电网相比，智慧电网的优势在于利用先进的信息技术将电力的生产、输电、配电、安全保护等环节集成到一起。电网公司和用户能够实时获取电网状态和电力消费信息，从而提高电网的整体效率。目前，智慧电网应用了大量的智能电表和传感设备，整体结构复杂、数据类型多种多样、瞬时数据量大。为解决这些问题，可以将边缘服务器部署在智能电表和传感设备附近。在数据源附近对数据进行分析，并做出部分决策，以实现区域设备管理和能效优化，从而提高管理效率，满足实时性要求。基于边缘计算的智慧电网系统能够智能地检测电网结构，将计算、存储和控制服务分发到边缘网络，有效地将整个电网系统的智能资源分配到离终端用户更近的地方，并实现智能低电压区域管理、用户电源管理和分布式外力破坏风险监测等高需求功能。

6）智能网联汽车

随着 5G 的发展，智能网联汽车（Intelligent Connected Vehicles，ICV）成为工业互联网的一个重要应用场景，其中，边云协同（边缘计算与云计算协同）是 ICV 的核心解决方案。云计算相当于车辆的超级大脑，用于解决相对复杂的处理过程，如某区域的交通状况预测；而边缘计算则相当于车辆的神经末梢，用于进行某些"潜意识"反应，如自动紧急制动。

自动驾驶是边缘计算应用于 ICV 的主要研究思路。区域自动驾驶较为简单，提前规划好路径和车速，识别周围环境信息，当有行人或车辆突然闯入时，边缘计算技术将用于比较行人或车辆闯入前后的图片信息并做出判断，实现瞬时响应。在任意环境实现自适应自动驾驶需要考虑到的各种场景和因素会复杂很多。在任意环境实现自适应自动驾驶需要考虑车辆巡航、变道辅助、交叉口通行、自动停车、速度控制、路径规划等，在这种情况下，对周围车辆的探测、红绿灯识别、紧急障碍物出现等都无法接受将数据上传到云端时可能产生的延迟。因此，在上述情况下，边缘计算将是处理中心，对于 ICV 来说，车辆在道路上高速运行，而边缘服务器则固定在路边用来支持与车辆进行实时通信，车辆、边缘服务器、云平台之间相互协同来实现这一应用场景。

7）智能物流

智能物流是工业互联网的一个重要的应用场景，传统的物流行业基于 RFID 技术，只记

13

录货物的存储和配送信息，对货物进行简单的更换和管理，若无人工干预，则难以实现物流仓储和配送。随着商品经济的发展，物流仓储的全自动化成为一个重要需求，全部物流过程数据的记录和管理成为新的趋势。

对于物流仓储和配送，货物通常需要经过包装、分拣、堆叠、装载的过程，并通过 RFID 标签来识别其信息。机械臂、物流机器人的使用，能够实现仓储和配送的全自动化。在分拣过程中，物流机器人作为智能终端设备通过 RFID 标签识别物流信息并传输给边缘服务器。边缘服务器规划货物从货架到物流车的路径并传送给物流机器人，由物流机器人运送货物并验证货物与车辆是否匹配。

物流车负责将货物从一个地点运送到另一个地点，当道路上边缘服务器或基站稀少时，为了有效记录物流车的状态、路线等信息，实现对突发事件的实时响应，我们需要使用基于边缘计算的车载智能终端对车辆状态进行全程监控。当发现任何异常时，可以提供实时报警服务和应对策略，并对驾驶员行为进行监测和警告以降低事故发生概率。对于某些需要特殊环境运输的货物，边缘计算设备可以实时监控存储环境，减少损失。当车辆经过边缘服务器或基站时，可以交换特定数据。

2. 工业互联网边缘计算的价值

工业互联网边缘计算的价值在于它可以实现海量、异构的连接，提高业务的实时性，实现数据的优化，提高应用的智能化，增强安全与隐私防护功能。

网络是系统互联与数据采集的基石，随着连接设备数量的急剧增加，网络灵活扩展、低成本运维和可靠性保障面临挑战。同时，工业现场长期以来存在大量异构的总线连接，多种制式的工业以太网并存，应用工业互联网边缘计算则有助于兼容多种连接并确保其实时可靠性。

工业系统的监测、控制、执行，以及新兴的虚拟现实、增强现实技术等应用对实时性的要求很高，若数据分析、处理均在云端实现，则难以满足实时性要求，从而影响终端业务体验。工业互联网边缘计算通过将数据的存储、缓存、计算和处理放在设备的边缘侧，避免将大量数据传输到云端进行处理的情况，可以减少延迟和带宽占用，从而提高数据处理的效率和实时性。

当前工业现场存在大量的多样化异构数据，需要通过数据优化实现数据的聚合、统一呈现与开放，从而灵活高效地服务于边缘应用的管理。

工业互联网边缘计算将数据计算和处理能力部署到设备边缘侧，使设备可以自主进行数据处理和决策，从而实现设备的智能化。边缘侧智能能够带来显著的效率与成本优势。例如，以预测性维护为代表的智能化应用场景正在推动众多行业向新的服务模式与商业模式转型。

安全跨越云端到边缘端之间的纵深，需要实施端到端的防护，工业互联网边缘计算可以在边缘侧对数据进行处理和分析，无须将数据发送到云端，可以降低数据被窃取、篡改或泄露的风险。关键数据的完整性、保密性，以及大量生产或人身隐私数据的保护也是安全领域需要重点关注的内容，边缘计算可以利用本地存储和加密技术，对数据进行加密和保护，增强数据的隐私和安全性。然而，边缘侧更贴近万物互联的设备，访问控制与威胁防护的广度和难度会大幅提升。

上述工业互联网边缘计算的价值推动计算技术从集中式的云计算走向分布式的边缘计算，使得边缘计算快速兴起，迎来爆炸式增长。但是，边缘计算与云计算各有所长，云计算擅长全局性、非实时、长周期的大数据处理与分析；而边缘计算则更适合局部性、实时、短周期的数据处理与分析。只有边缘计算与云计算紧密协同，才能满足各种需求与场景的匹配，放大边缘计算与云计算的应用价值。

五、任务实现

1. 明确任务

根据表 1-9 明确本任务需要搜集的知识。

（1）搜集工业互联网边缘计算的应用框架的相关资料。

（2）查找工业互联网边缘计算在各个行业中的应用场景。

（3）查找工业互联网边缘计算的价值。

2. 分组讨论

根据表 1-9 中的解决途径，通过头脑风暴、互联网搜索等方式搜集相关资料。

3. 总结问题

整理、归类搜集到的资料，提取有用信息。

4. 制作汇报 PPT

通过 PPT 汇报方式，分组讲解知识，提高分析问题、解决问题、总结问题的能力。

六、任务实施

1. 任务分配

请将人员分组及任务分配情况填写至表 1-10。

表 1-10　任务分配表

组名		日期	
组训		组长	
成员	任务分工	成员	任务分工

2. 总结问题与验证

请将本任务执行过程中发现的问题及处理结果填写至表 1-11。

表 1-11　问题总结

任务名称		小组	
名称	结果	人员	存在问题
问题一			
问题二			
问题三			

七、任务总结

任务完成后，学生根据任务实施情况，分析存在的问题和原因，填写分析表格，指导教师对任务实施情况进行点评。

八、任务评价

请将本任务评价情况填写至表 1-12。

表 1-12 任务评价表

序号	评价内容	自我评价	小组评价	教师评价	评分标准
1	态度端正，工作认真				5
2	遵守安全操作规范				5
3	能熟练、多渠道地查找参考资料				10
4	能够熟练地完成项目中的任务要求				30
5	方案优化，选型合理				10
6	能正确回答指导教师的问题				10
7	能在规定时间内完成任务				20
8	能与他人团结协作				5
9	能做好 7S 管理工作				5
合计					100
总分					

九、巩固自测

1. 简述工业互联网边缘计算常见的应用框架。
2. 简述工业互联网边缘计算常见的应用行业。
3. 简述工业互联网边缘计算的应用场景。
4. 简述工业互联网边缘计算的价值。

项目 2
边缘控制器实现设备的智能控制

一、项目情境

曹德旺曾言:"改变世界的,一定是制造业,中国要保持优势,制造业一定不能丢!" 在全球数字经济蓬勃发展的时代大背景下,企业数字化转型已然成为大势所趋,不进则退。数字化转型乃是企业适应数字经济环境、赢得市场竞争优势、谋求生存发展的必然之选。工赋小组创立的初衷,便是为更多企业实现数字化转型与智能化升级,推动传统工业朝着数字化、智能化、绿色化的方向稳步迈进,同时提升工业制造的竞争力与可持续发展能力。

企业的数字化转型既包含产业级的顶层规划,又涵盖设备层的技术迭代。边缘控制器的出现便是这样一种技术迭代的成果。当工程师们察觉传统的 PLC(可编程逻辑控制器)已难以胜任智能化程度越来越高的工作任务时,边缘控制器这种基于 PC(个人计算机)且兼具PLC 功能的控制器应运而生。常见的边缘控制器如图 2-1 所示。

图 2-1　常见的边缘控制器

本章围绕边缘控制器在工业现场的落地应用,设置了 4 个任务,分别是边缘设备的智能控制、智能生产线的优化控制、边缘控制器和 HMI 通信、设备数据的边缘处理。4 个任务层层递进,学生完成之后能够掌握边缘控制器的基础使用与调试技能。

二、项目要求

1. 认识边缘控制器。

2．实现边缘控制器和软 PLC 的通信配置及组态。

3．实现用边缘控制器控制步进电机。

三、项目目标

（一）知识目标

1．了解智能控制的理念。

2．了解智能控制的组成系统。

3．了解智能控制所涉及的学科。

（二）能力目标

1．能够正确识别边缘控制器。

2．能够正确实现边缘控制器与软 PLC 的通信配置。

3．能够实现步进电机的软件配置及 EtherCAT 通信。

4．能够实现对步进电机的控制。

四、知识图谱

边缘控制器实现设备的智能控制项目的知识图谱如图 2-2 所示，共分为边缘设备的智能控制、智能生产线的优化控制、边缘控制器和 HMI 通信、设备数据的边缘处理 4 个任务。

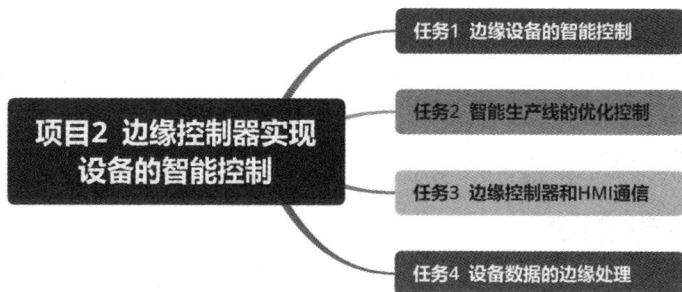

图 2-2　边缘控制器实现设备的智能控制项目的知识图谱

任务 1　边缘设备的智能控制

一、任务描述

作为工赋小组的产业指导教师，徐工带着工赋小组来到了一条长 180 余米的自动化装配生产线面前。在这条生产线上，工业机械臂精准地抓取各种零部件，按照严格的工艺流程进行组装；自动化的输送系统确保零部件在各个工位之间快速、准确地流转；生产线上配备了精密的检测设备，实时监测装配过程中的各项参数。生产线如水流动，诠释着工业美学。

徐工制定的目标是用边缘控制器替代原有的 PLC，以便快速满足小批量多品种柔性制造的控制工艺重构要求。

之前 PLC 通过给步进驱动器发送脉冲信号和方向信号来实现对步进电机的位置控制、速度控制和扭矩控制。徐工制定的任务是现在需要用边缘控制器替代传统的 PLC 实现对步进电机的点动控制，采用的控制方为 EtherCAT 总线控制。

二、任务分析

本任务虽然是用边缘控制器替代 PLC，但是其本质上使用的还是 PLC 功能，只是此处的 PLC 不再是实际的 PLC，而是运行在边缘控制器系统上的软 PLC。要想顺利地完成本任务，必须要做好软件和硬件的配置。软件配置包括新建工程、组态配置、总线添加、设备添加和程序编写等；硬件配置需要正确地连接各个设备的电源线和通信电缆。

三、任务准备

任务准备表如表 2-1 所示。

表 2-1　任务准备表

任务编号	2-1	任务名称	边缘设备的智能控制
设备	工业互联网边缘计算实训台		
耗材	1mm² RV 导线若干、网线 4 根、高清线 1 根		
工具	边缘控制器及配套的 12V 电源、24V 开关电源、步进电机、步进驱动器等		
软件	MaVIEW 软件		
资料	工业互联网边缘计算教材、边缘控制器操作手册		

四、知识链接

1. 边缘控制器

新一代控制器的设计，旨在利用最新的 IT（信息技术）通信和物联网方面的技术进步，同时保留 PLC/PAC（可编程自动化控制器）在 OT 方面的优势。对于许多应用而言，这种多种技术的组合能够满足多种应用需求，使边缘控制器非常适合工业应用。

边缘控制器是 IT 和 OT 之间的一个物理接口，它在完成工作站或生产线的控制功能的基础上，提升了工业设备的接口能力和计算能力，使工业设备能便捷地完成与其他制造系统进行数据交互的功能，并通过提供计算能力完成工作站或生产线的控制功能，提高了工业设备的适用性。

边缘控制器内置 PLC/PAC 功能，并且结合高级编程、安全选项、本地可视化和广泛的通信功能，不但能在现场直接控制设备，而且还能与其他智能设备实时地进行数据交互。边缘控制器可以直接替换现有的 PLC/PAC，也可以直接应用于新项目，边缘控制器的功能框架如图 2-3 所示。

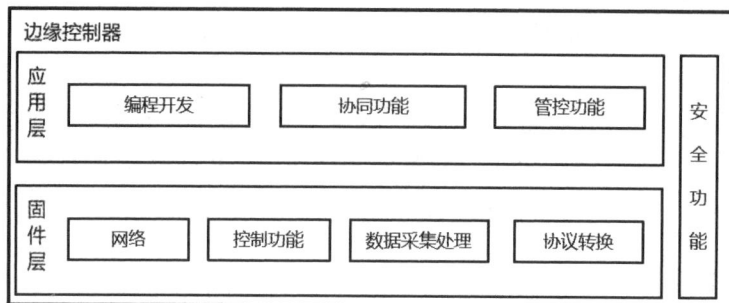

图 2-3　边缘控制器的功能框架

2. 边缘控制器参数

　　边缘控制解决方案融合了 PLC 自动化技术与 PC 信息化技术，将 PLC、PC、网关、运动控制、I/O 数据采集、现场总线协议、机器视觉、设备联网等功能集成在同一控制平台，可同时实现运动控制、机器视觉、设备预测维护、设备联网、数据分析和优化控制，数据可直接连接至工业云平台，在边缘侧协同远程工业云平台实现智能生产线控制。边缘控制器实物图如图 2-4 所示。

图 2-4　边缘控制器实物图

五、任务实现

通过连接硬件、配置边缘控制器参数，完成边缘设备的智能控制。

1. 硬件连接

　　选择 NewPre3100 系列边缘控制器，通过 EtherCAT 总线实现边缘控制器对步进电机的控制，边缘控制器控制电机的接线图如图 2-5 所示。根据接线图，边缘控制器接 12V DC 电源，步进驱动器接 24V DC 电源，显示器插头插 220V AC 插座，边缘控制器和显示器用高清线连接，步进驱动器和边缘控制器，以及步进驱动器之间用网线连接。这里必须强调，在接线过程中务必断电操作，请同学们一定要规范接线，养成良好的职业素养。

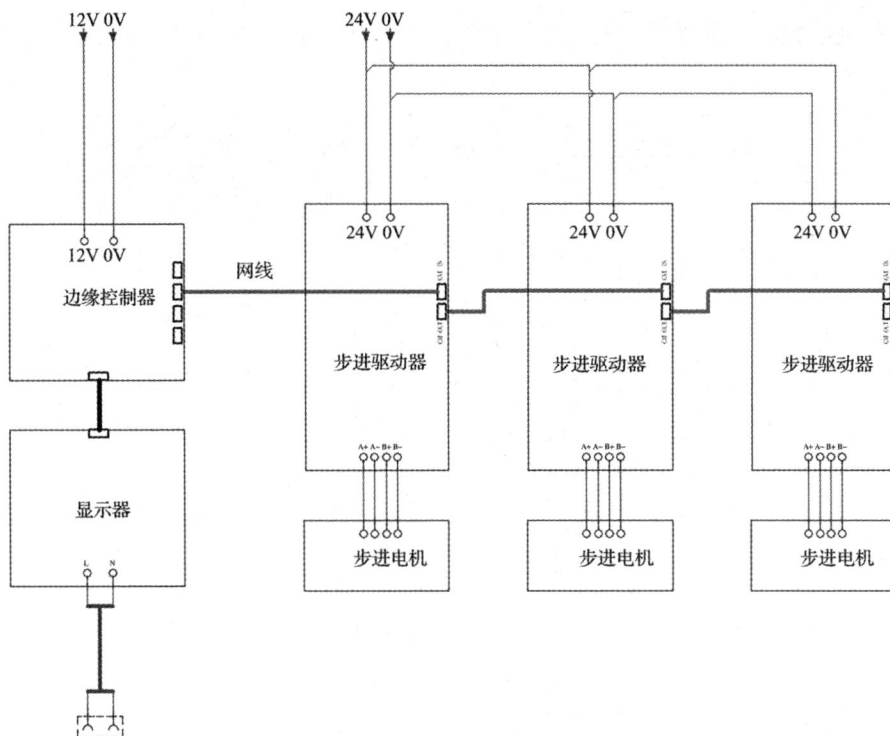

图 2-5　边缘控制器控制电机的接线图

2. 设备组态

双击桌面上的 MaVIEW 软件图标，单击"文件"→"新建"→"新建项目"选项，如图 2-6 所示，在弹出的对话框中输入工程名称并指定工程保存的路径，单击"确定"按钮。注意，工程名称和保存路径中均不能有中文。

图 2-6　新建工程

在弹出的对话框的左侧"Explorer"区域中会显示新建的工程名称。单击"LIANXI（工作区）"→"设备组态"→"设备管理"选项，在打开的"设备管理"页签中，将显示虚拟设备信息，如图 2-7 所示。在"设备管理"页签下的导航栏中找到要用到的边缘控制器的型号，按住鼠标左键不放，将鼠标指针拖曳至右侧空白区，即完成了边缘控制器的组态，如图 2-8 所示。

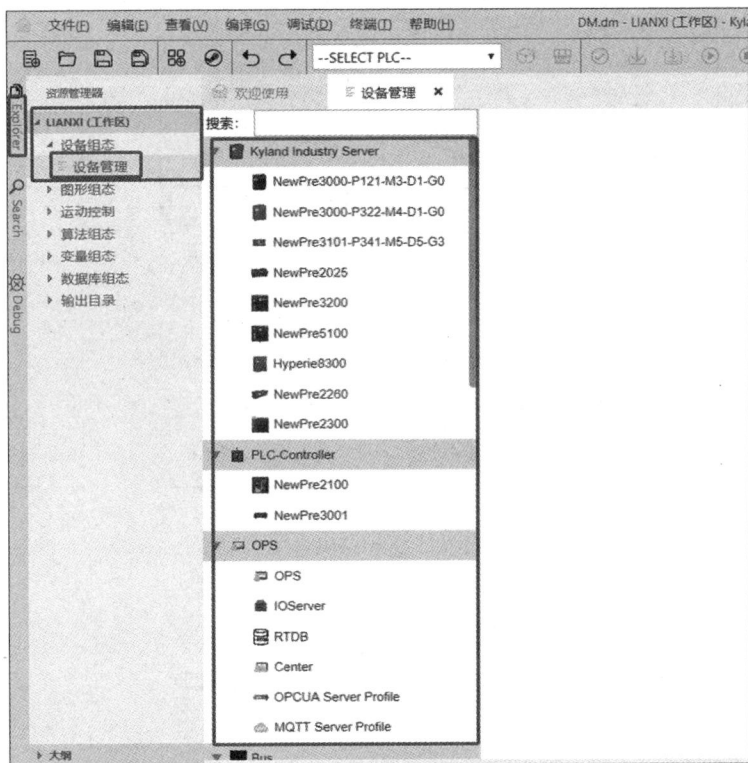

图 2-7　虚拟设备信息

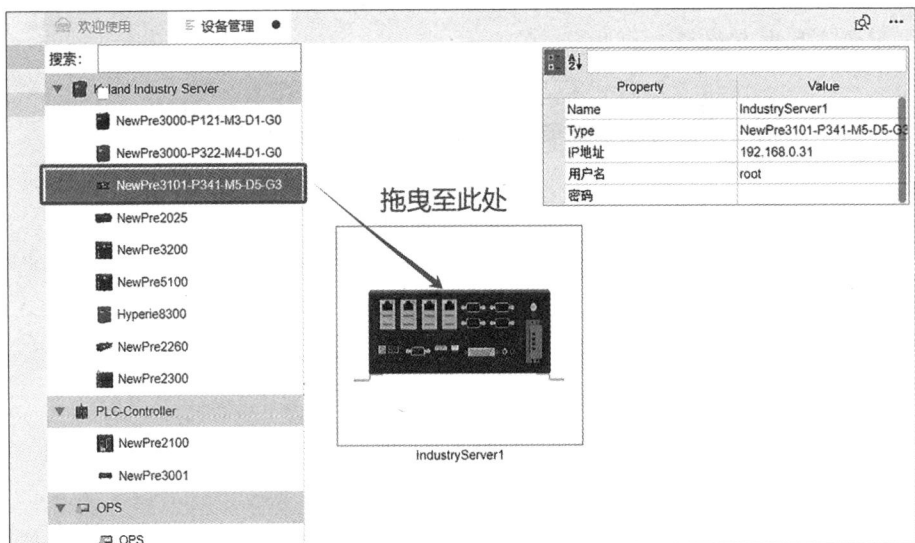

图 2-8　边缘控制器的组态

选择已添加的控制器设备，双击打开配置界面，单击鼠标左键选中"VM"选项下的"VPLC"选项，并拖曳到右侧位置，下方会自动创建 2-0 网卡对象，如图 2-9 所示。该网卡对象包含了槽位信息，2-0～2-3 网卡对象依次对应边缘控制器上从左到右的 4 个网口，该网口用于与 HMI 或其他上位机通信。

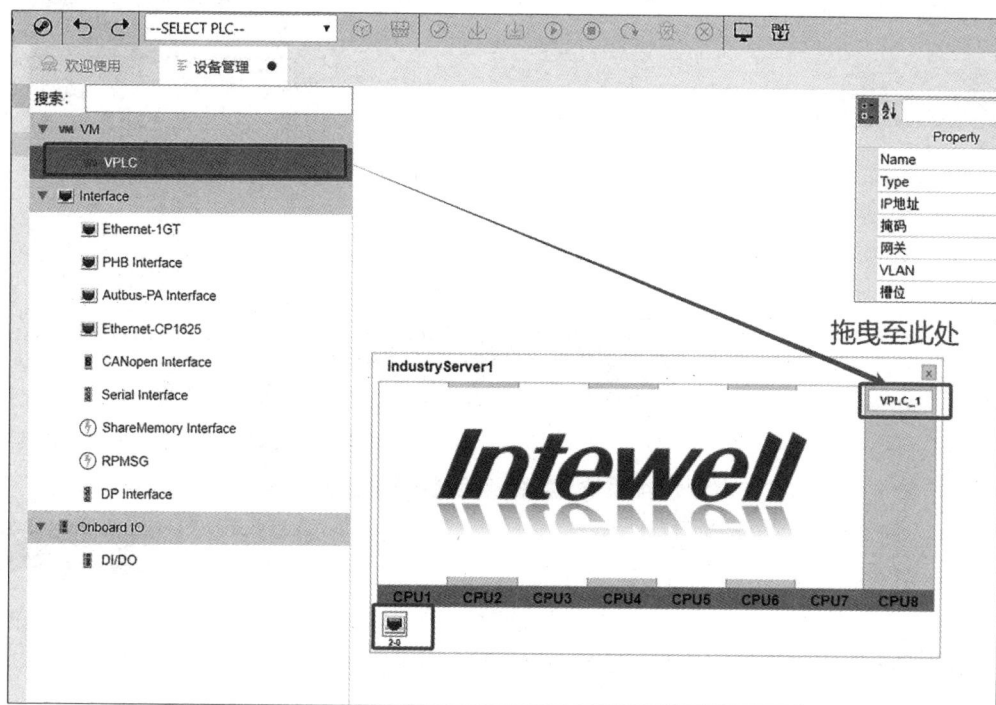

图 2-9　软 PLC 组态

根据实际需求，单击鼠标左键在左侧导航栏选中"Interface"选项下的相关设备，并拖曳至 VPLC_1 上，连续拖曳 2 个，下方区域会创建 2-1 和 2-2 网卡对象，如图 2-10 和图 2-11 所示。

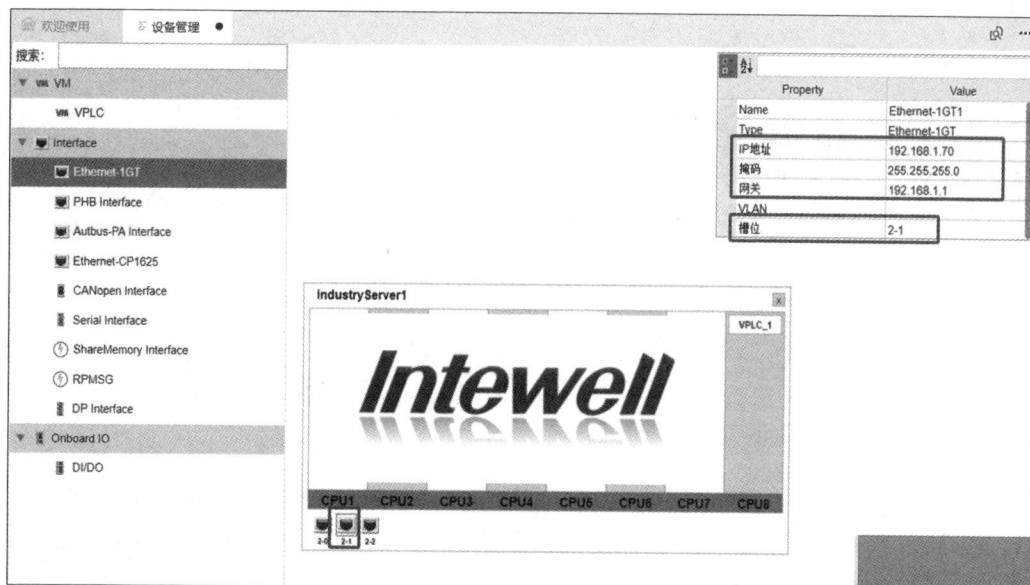

图 2-10　2-1 网卡对象

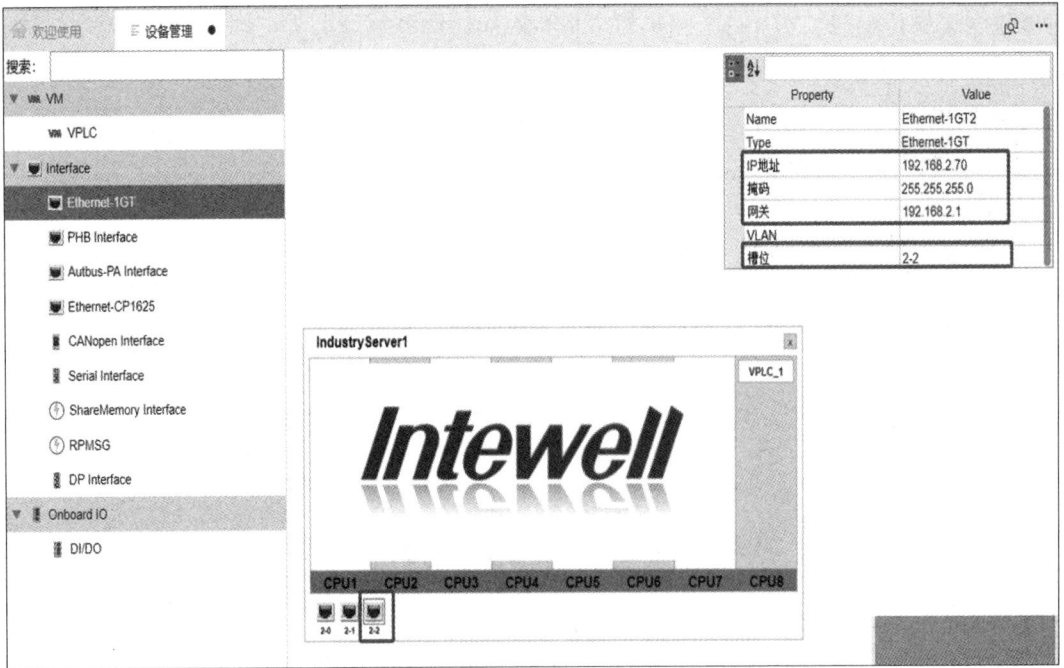

图 2-11　2-2 网卡对象

注：网卡对象对应着不同的网口，需要根据实际需要修改 IP 地址和网关地址。

　　单击左上方的"保存"按钮，关闭右侧区域的组态界面，完成设备组态，如图 2-12
所示。

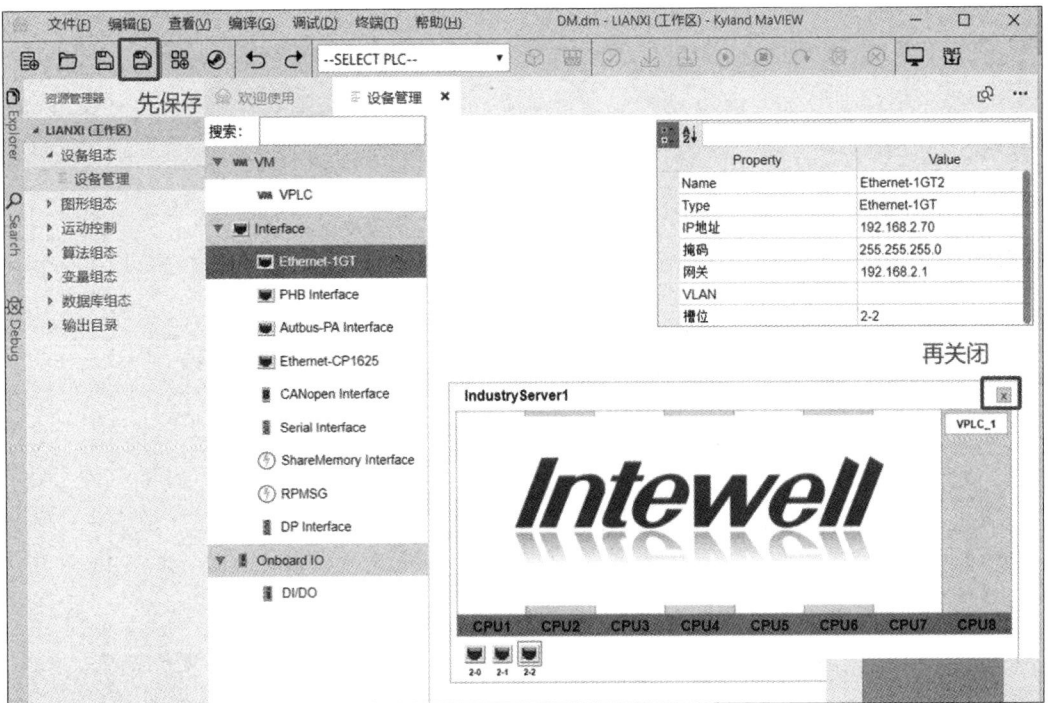

图 2-12　保存组态

3. 导入配置文件

要想控制外部的步进电机,还需要加载步进电机的描述文件。选择步进电机的描述文件,导入 MaVIEW 软件,在软件中添加该步进电机的虚拟设备。单击左上角的"文件"→"导入"→"导入配置文件"选项,在弹出的对话框的左上角选择"EtherCATESI"选项,单击"导入"按钮,找到描述文件所在的路径,选中要加载的描述文件,单击"Commit"按钮,等待描述文件导入成功即可,如图 2-13~图 2-16 所示。描述文件导入成功后,关闭当前对话框,导入配置文件就完成了。

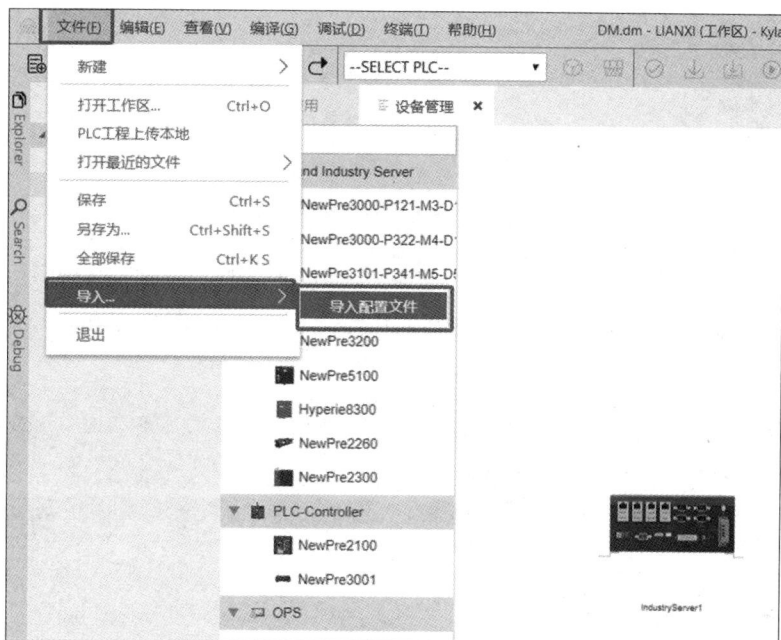

图 2-13　打开文件

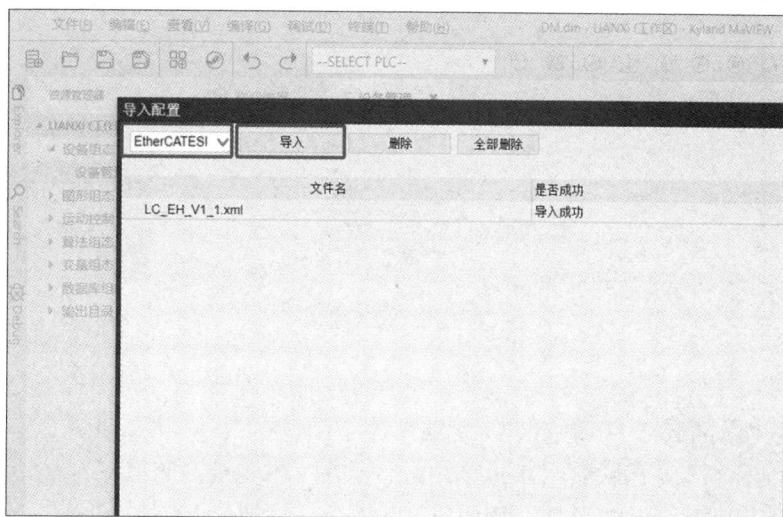

图 2-14　选择"EtherCATESI"选项

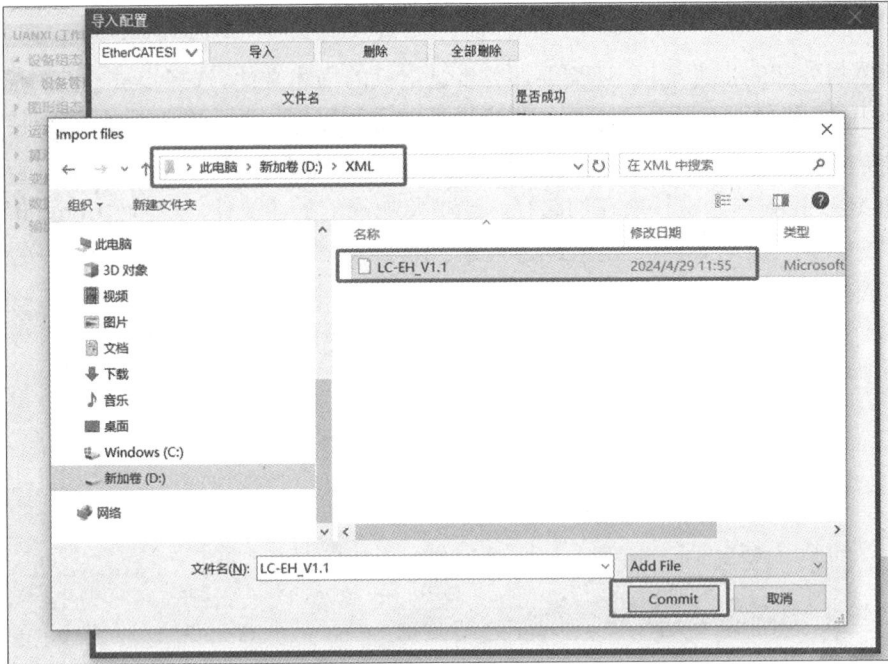

图 2-15　提交

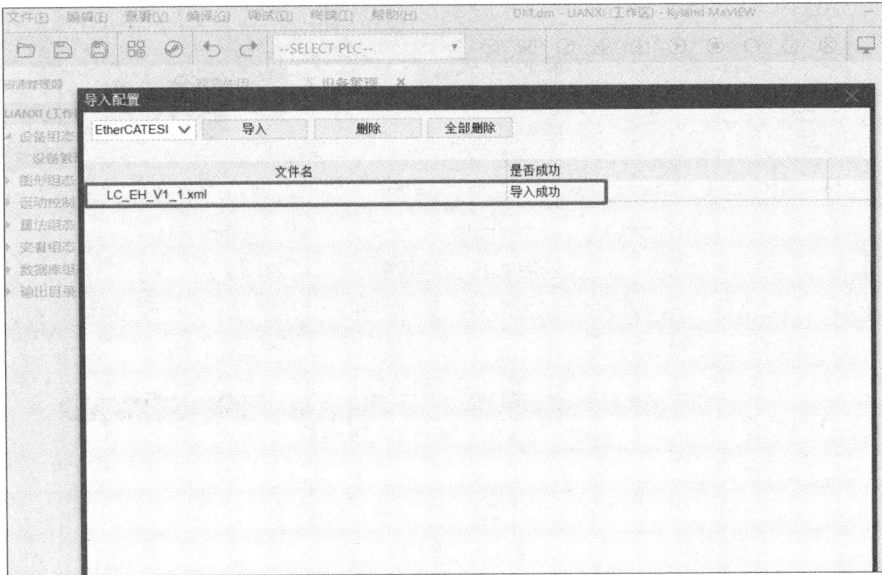

图 2-16　导入成功

4．组态轴

在左侧的"Explorer"区域中单击"LIANXI（工作区）"→"设备组态"→"设备管理"选项，找到"Bus"选项下面的"EtherCAT Bus"选项，拖曳至右侧组态的控制器上，就完成了 EtherCAT 总线的添加。选择实际网线所插的网口（插槽），系统会自动匹配 IP 地址，如图 2-17 所示。

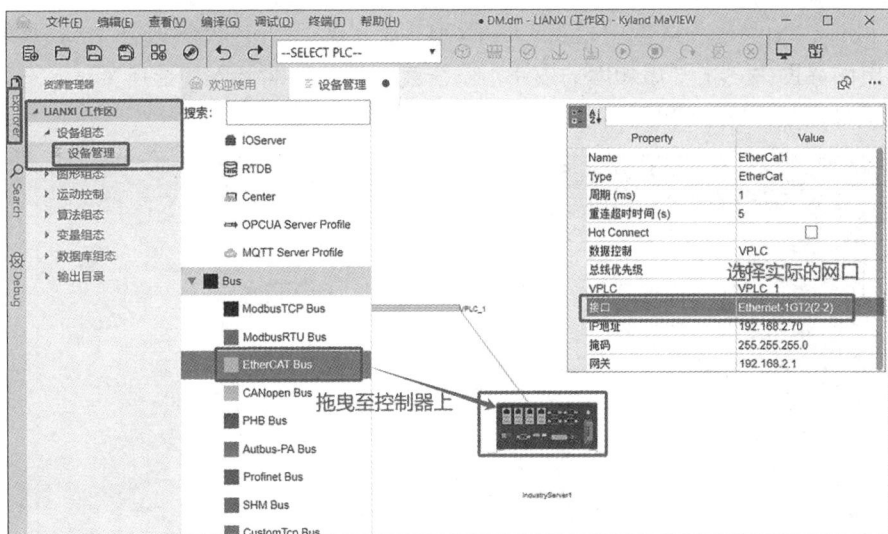

图 2-17　添加 EtherCAT 总线

　　边缘控制器共有 4 个网口，从左到右的排序为 2-0、2-1、2-2、2-3。添加 EtherCAT 总线时，需选择控制器和步进驱动器相连网线所用的网口。本任务中网线插在了第三个网口（2-2）上，因此 EtherCAT 总线接口就选择了 2-2。

　　配置 EtherCAT 总线后需添加轴。单击"External"→"EtherCAT"选项，找到导入的步进电机驱动器的组态设备，直接拖曳至 EtherCAT 总线上即可，如图 2-18 所示。在拖曳虚拟设备时，软件会提示"是否创建对应轴模型"，单击"是"按钮即可。

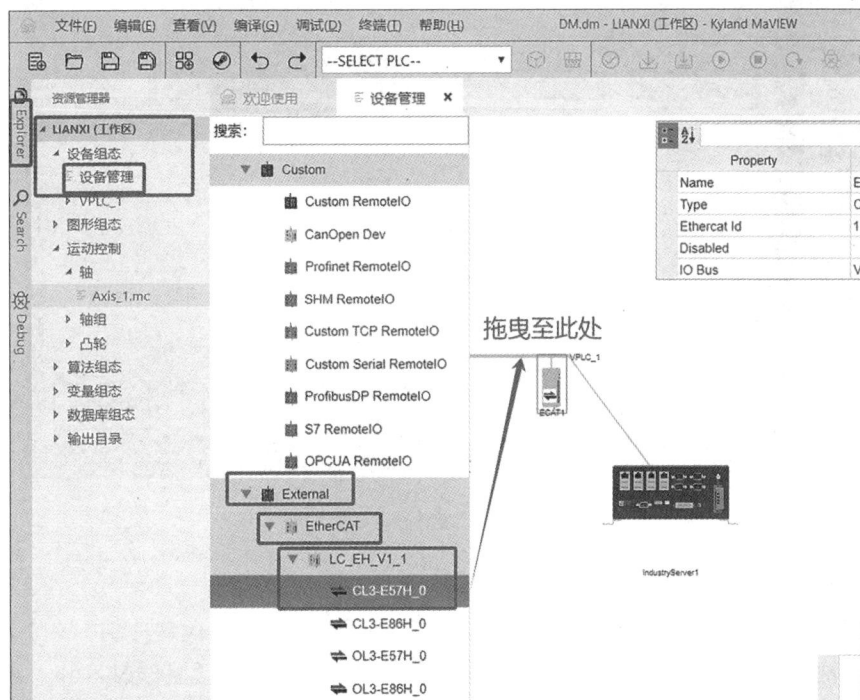

图 2-18　添加设备

在左侧的"Explorer"区域中单击"LIANXI（工作区）"→"算法组态"→"库管理"选项，在弹出的界面中单击"添加库"按钮，系统就会弹出前面导入的描述文件，选择并添加需要的库文件，如图 2-19 和图 2-20 所示。

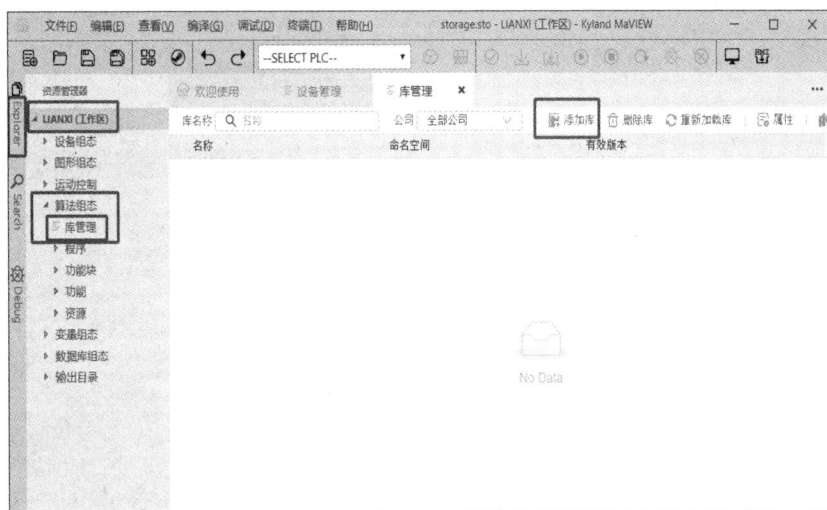

图 2-19　添加库

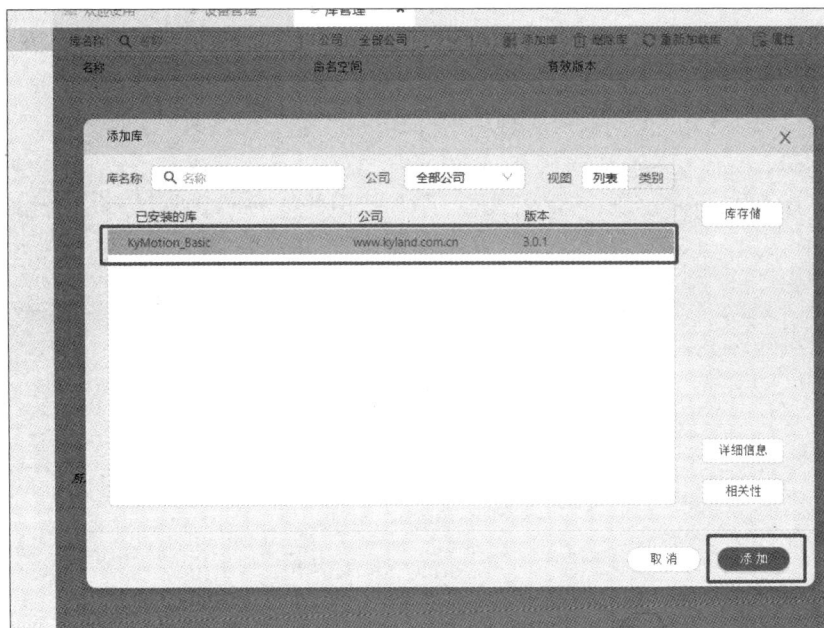

图 2-20　选择库文件

5. 轴调试

在左侧的"Explorer"区域中单击"LIANXI（工作区）"→"运动控制"→"轴"选项，选中创建的轴，在弹出的界面中单击"基本参数"选项卡，选中"直线轴"和"旋转电机"单选按钮，在"增量/电机转"文本框中需要填写电机的细分比或分辨率，必须根据电机实际的细分比或分辨率填写，如图 2-21 所示。

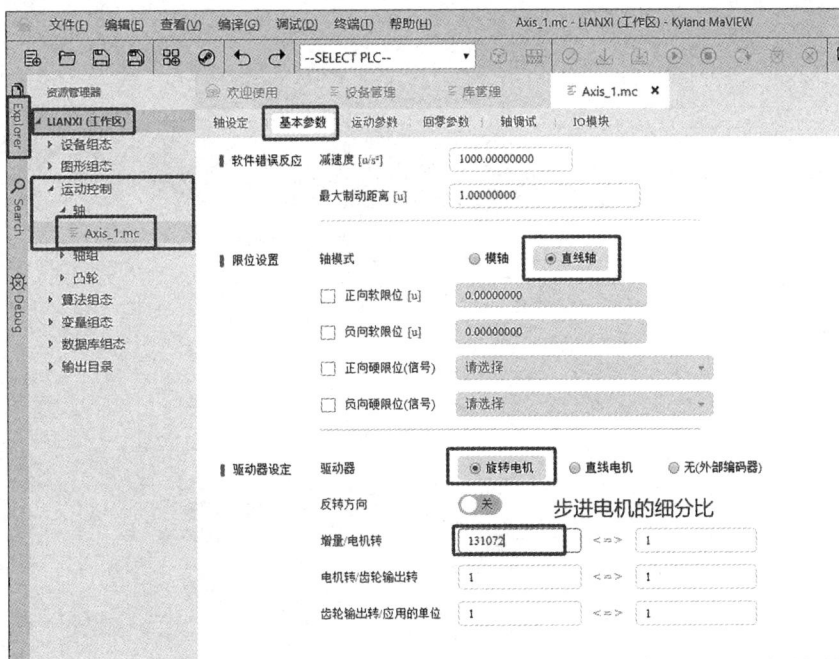

图 2-21 电机参数设置

单击左上角的"文件"→"新建"→"新建 POU"选项，在弹出的对话框中输入该程序的名称并选择编程语言，单击"确定"按钮。在左侧的"Explorer"区域中单击"LIANXI（工作区）"→"算法组态"→"资源"→"VPLC_1"→"任务"选项，在弹出界面的中间就有创建的程序，直接把它拖曳至右侧的任务中即可。最后把创建的程序添加到任务中，否则该程序不执行。注意，在单击"编译"按钮之前，需要选择当前使用的 VPLC。操作步骤如图 2-22～图 2-25 所示。至此，程序就创建完成了。

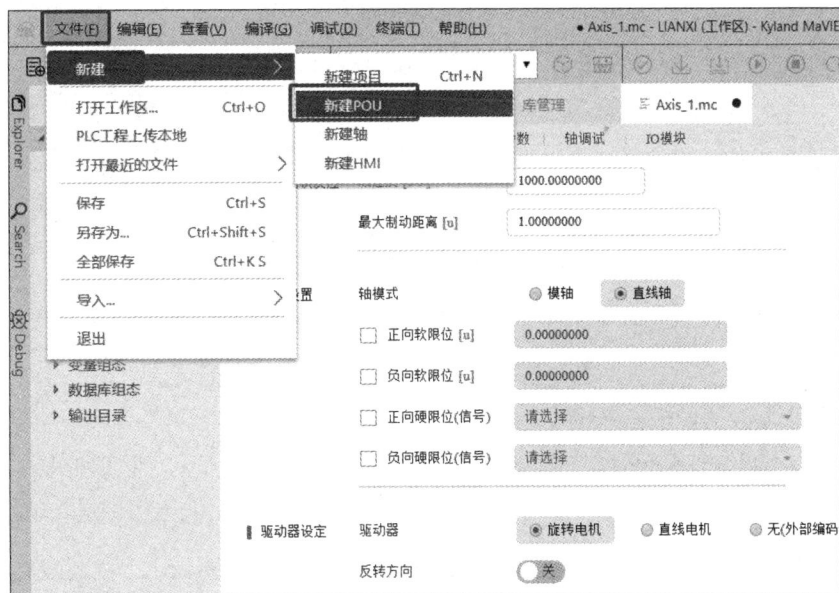

图 2-22 新建 POU

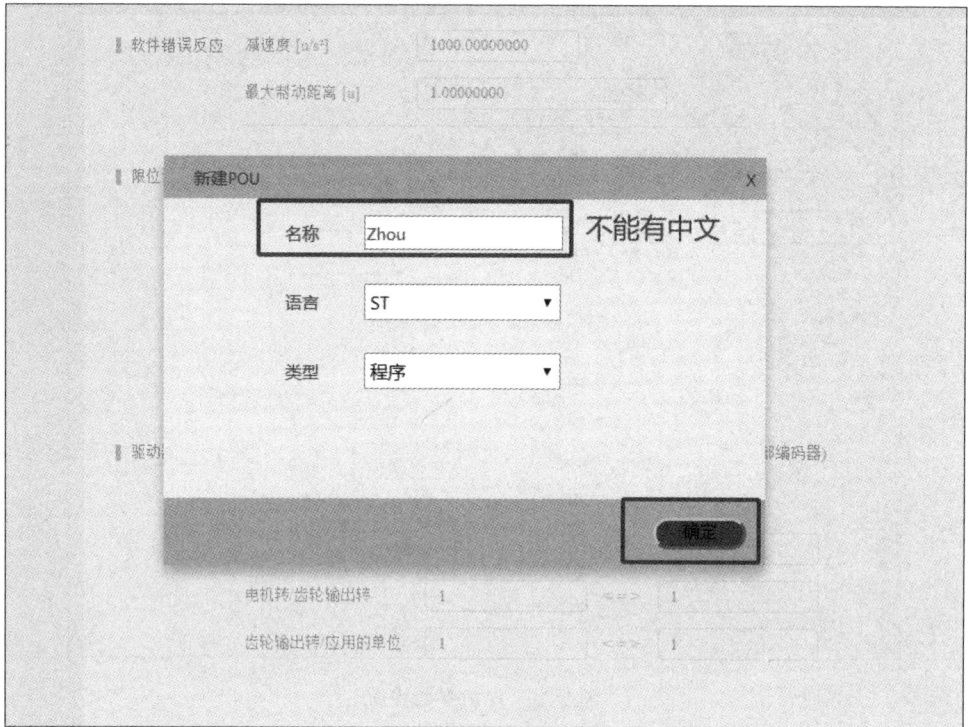

图 2-23　输入名称

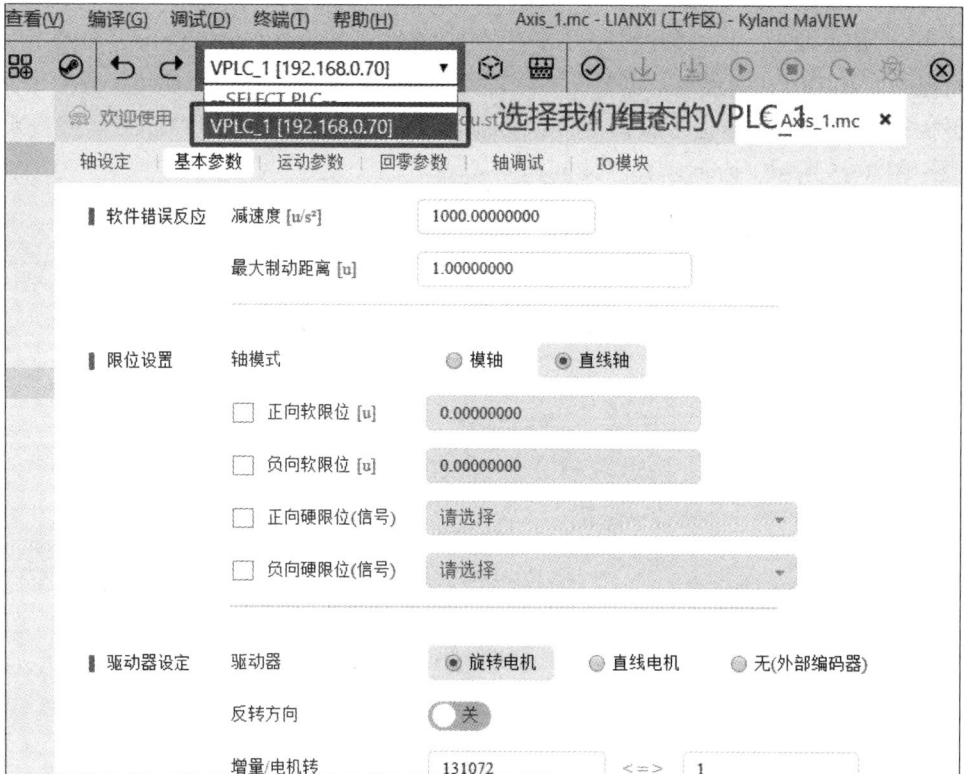

图 2-24　选择对应的 VPLC

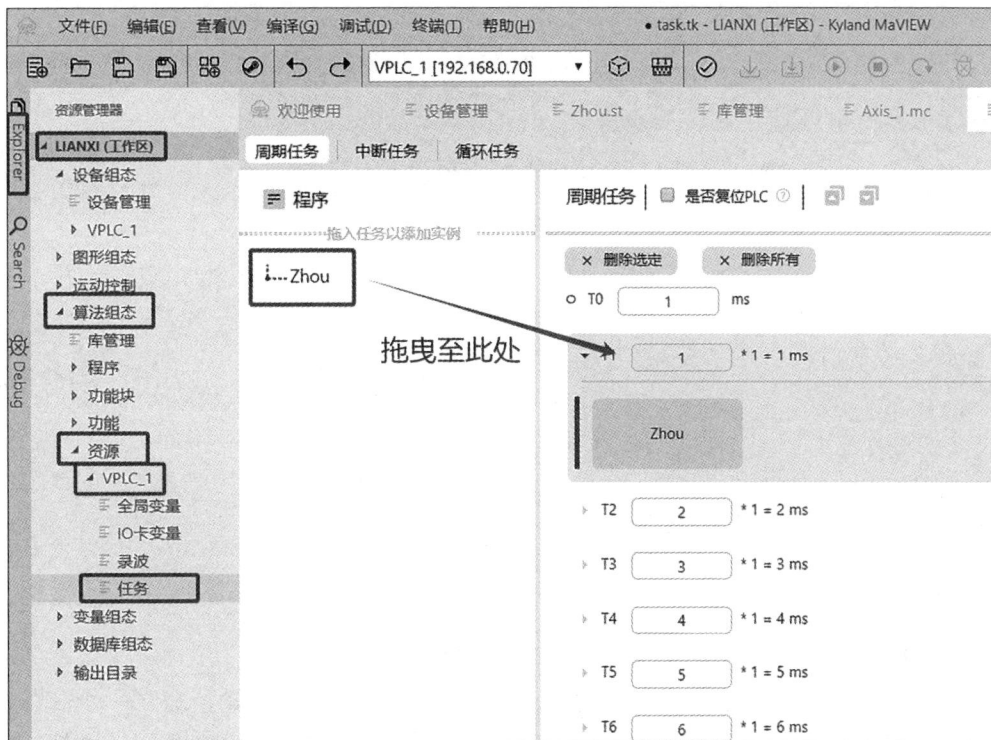

图 2-25　将程序添加到任务中

再编译一下，如果没有错误，就下载程序，单击"编译"→"在线"→"下装"→"运行"按钮，如图 2-26 和图 2-27 所示。

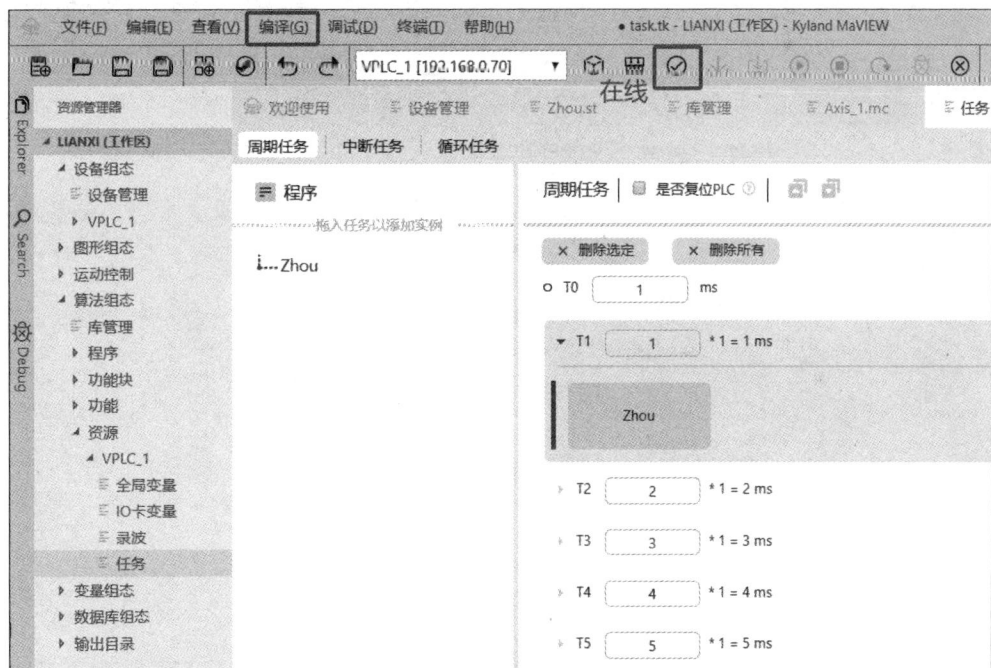

图 2-26　编译项目

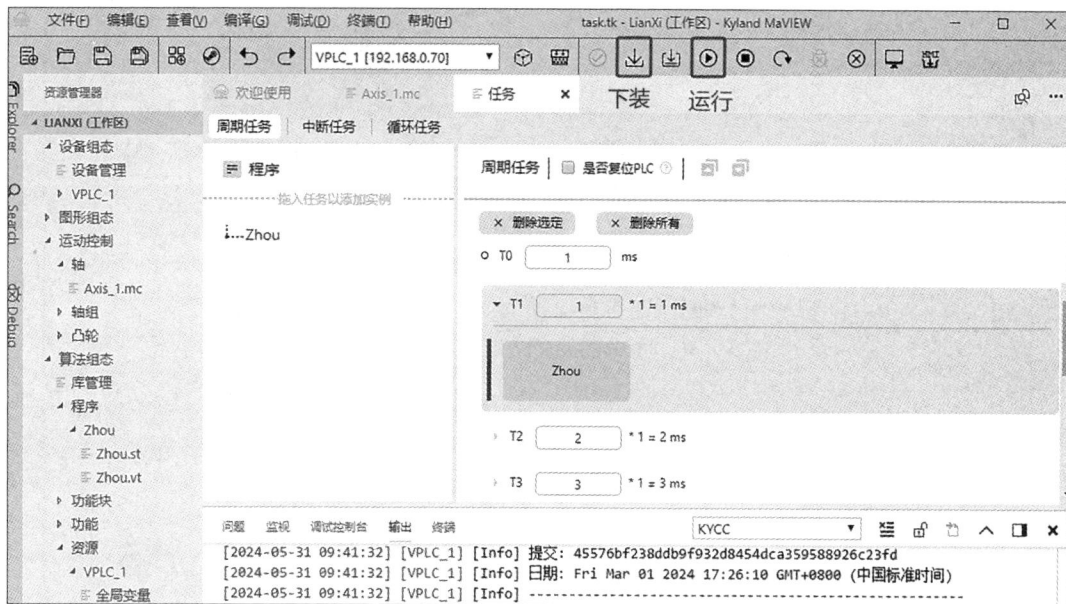

图 2-27　程序下装及运行

在左侧的"Explorer"区域中单击"LIANXI（工作区）"→"运动控制"→"轴"选项，
选中创建的轴，在弹出的界面中单击"轴调试"选项卡，并单击"调试"按钮，如图 2-28 所
示。完成以上操作后，选中"调试模式"单选按钮，打开"Power"，单击"故障解除"按钮
（如果有故障）后，就可以手动控制步进电机了，如图 2-29 所示。

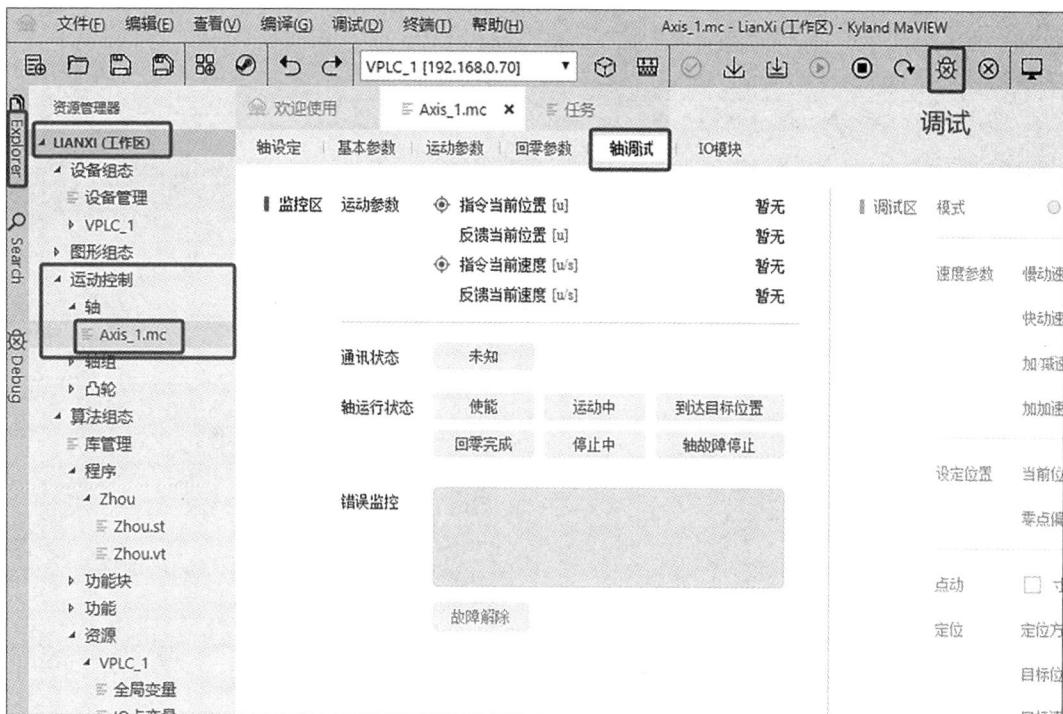

图 2-28　轴调试

图 2-29 手动控制步进电机

6. 编写控制程序

变量可以分为全局变量和局部变量。其中，全局变量作用于整个工程，还可以被触摸屏和上位机读写。在左侧的"Explorer"区域中单击"LIANXI（工作区）"→"算法组态"→"资源"→"VPLC_1"→"全局变量"选项，在右侧界面的"Default"页签下建立变量，如图 2-30所示。变量添加完成后，根据需要为变量命名、选择数据类型等，如图 2-31 和图 2-32所示。

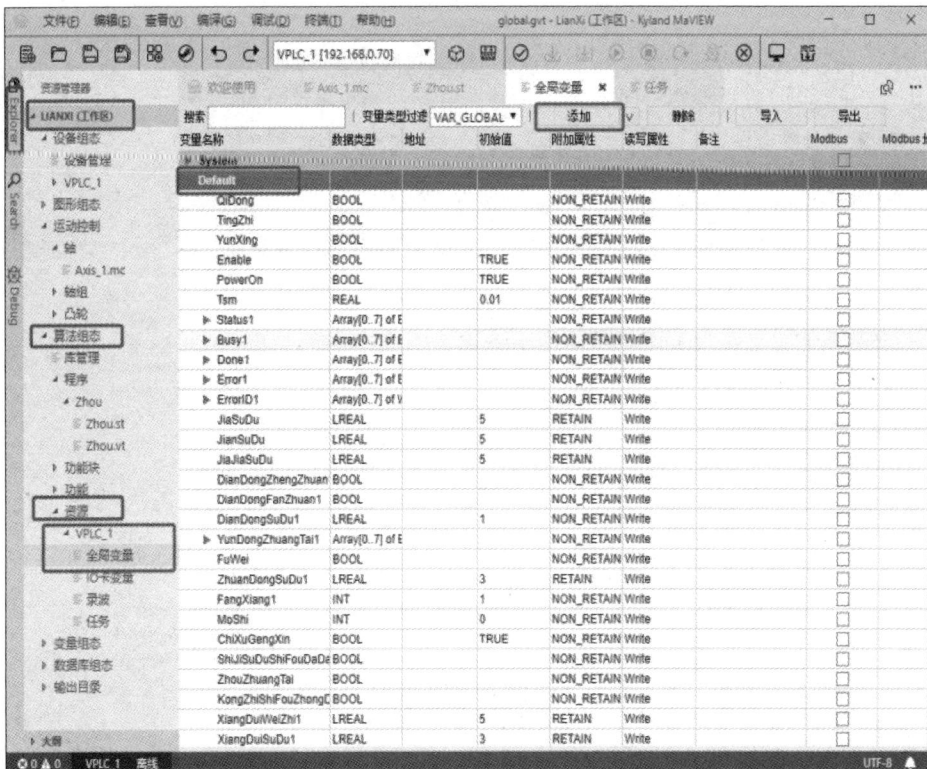

图 2-30 新建全局变量

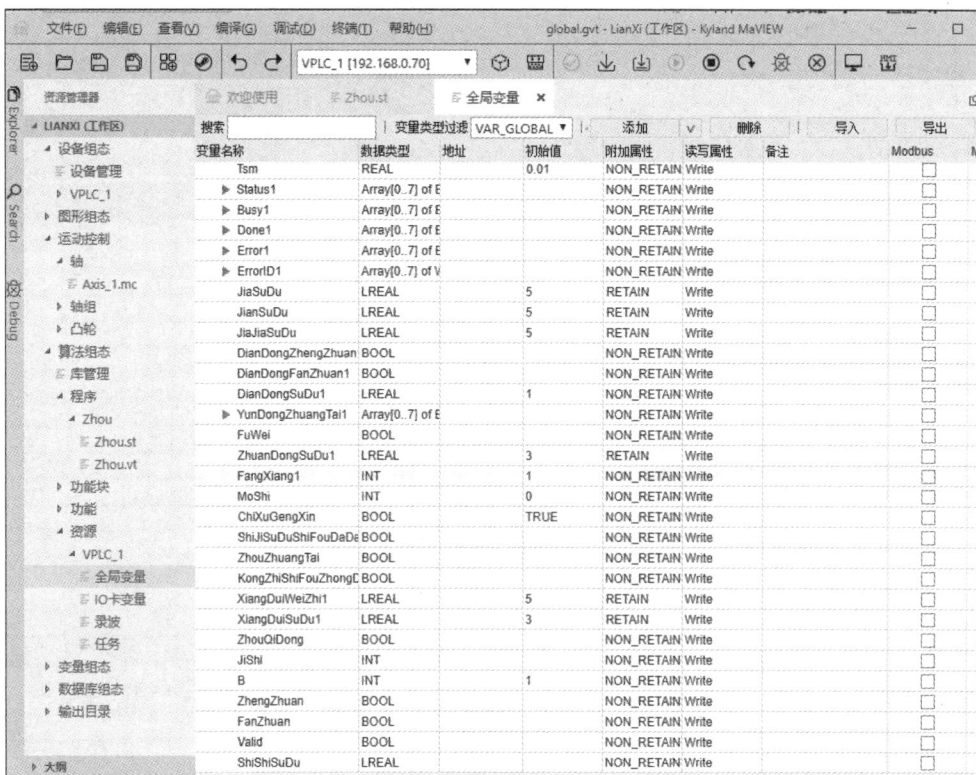

图 2-31　全局变量添加结果

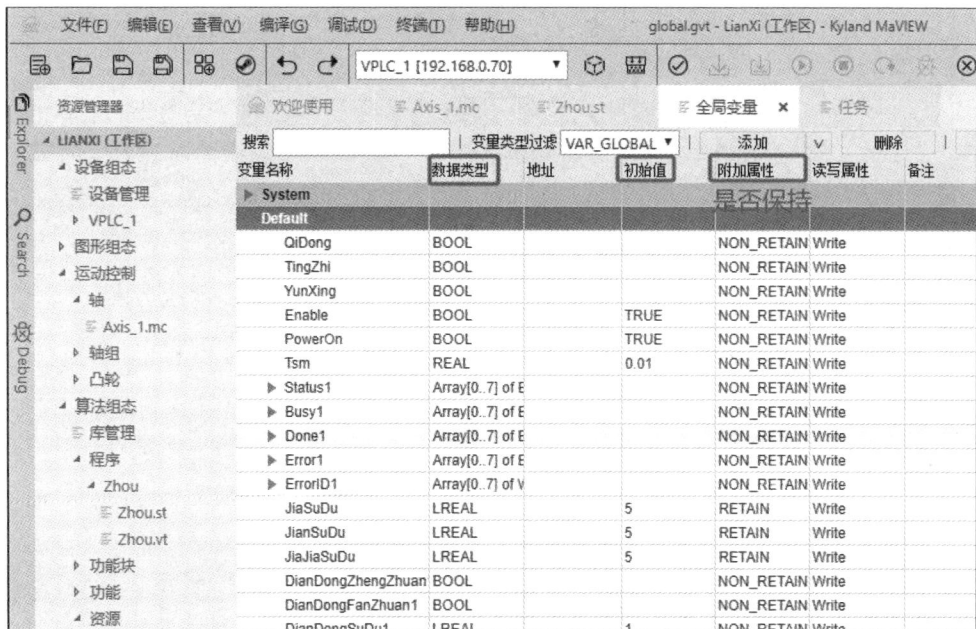

图 2-32　修改变量

局部变量只能在其所对应的 POU 中使用，新建方法和全局变量一样，只是局部变量的位置在其所对应的 POU 的.vt 文件中，如图 2-33 所示。

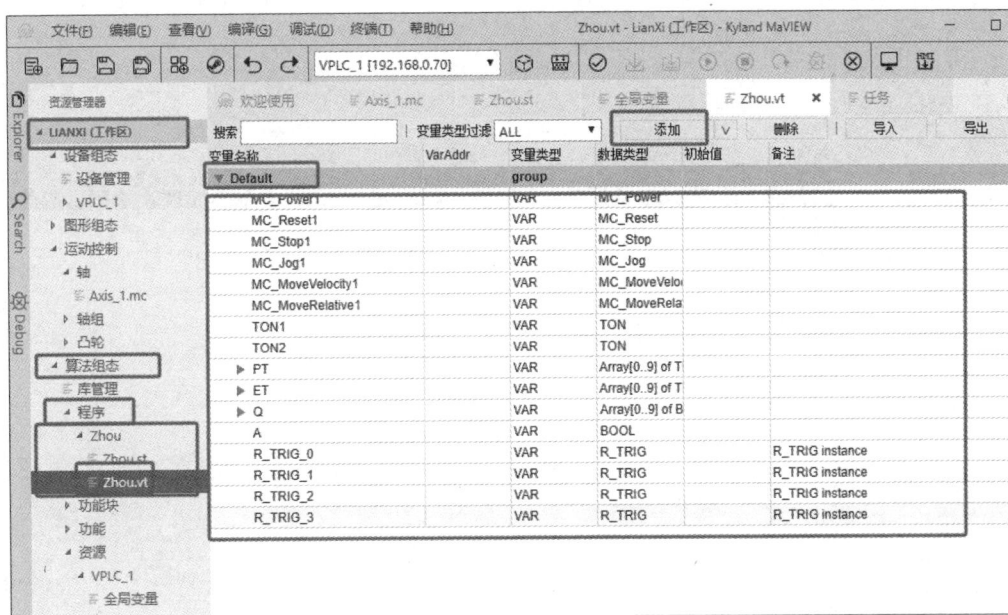

图 2-33　新建局部变量

（1）创建变量。在编写程序前，需要先建立程序"Zhou"的局部变量。因为要控制的是步进电机，所以需要新建与轴有关的变量，包括 MC_Power1（轴使能）、MC_Reset1（轴复位）、MC_Stop1（轴停止）、MC_Jog1（轴点动）、MC_MoveVelocity1（速度控制）、MC_MoveRelative1（相对位置控制）及用于填充指令引脚的变量，如图 2-34 所示。除此之外，还要建立编写程序所需的全局变量，如图 2-35 所示。

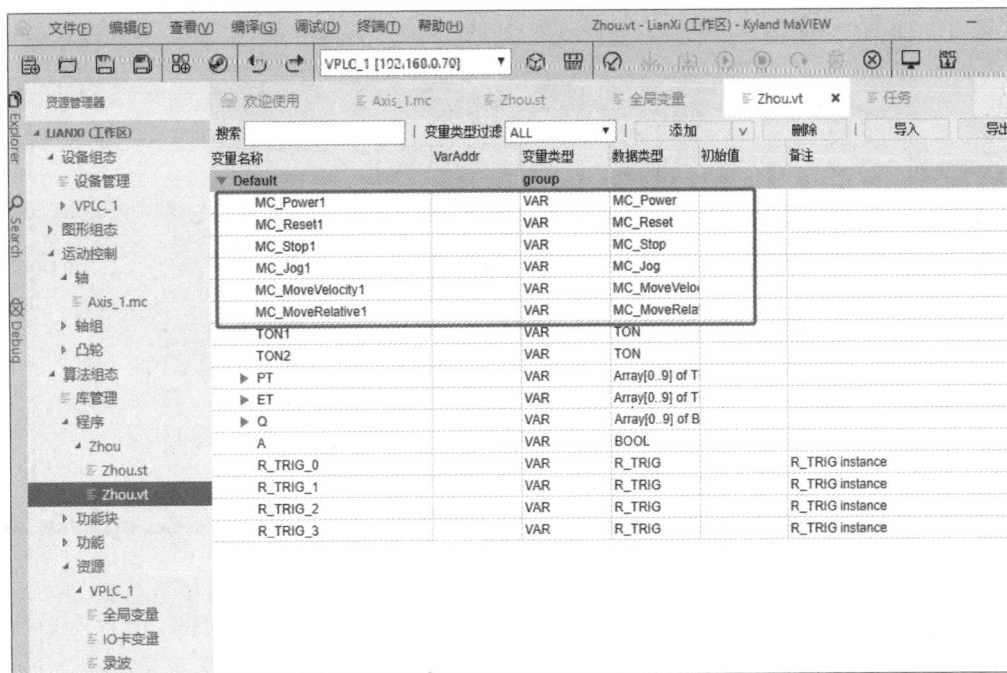

图 2-34　创建与轴有关的变量

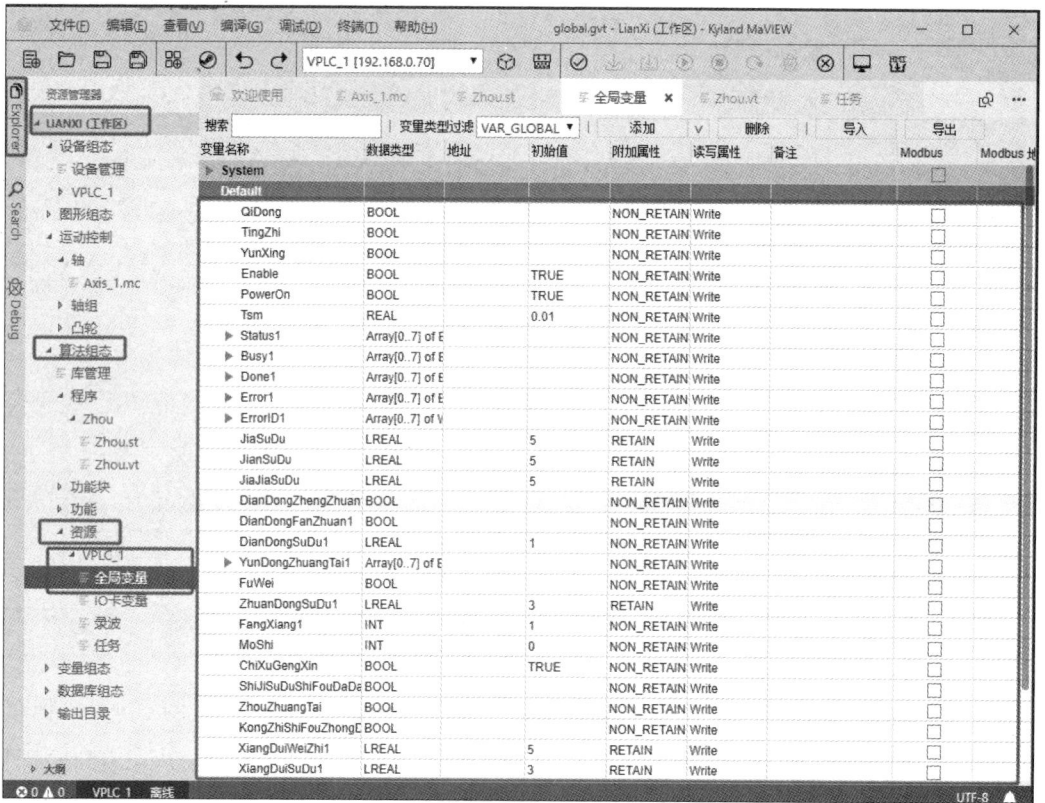

图 2-35   建立全局变量

（2）步进电机的点动程序。编写步进电机的点动程序，如图 2-36 所示。

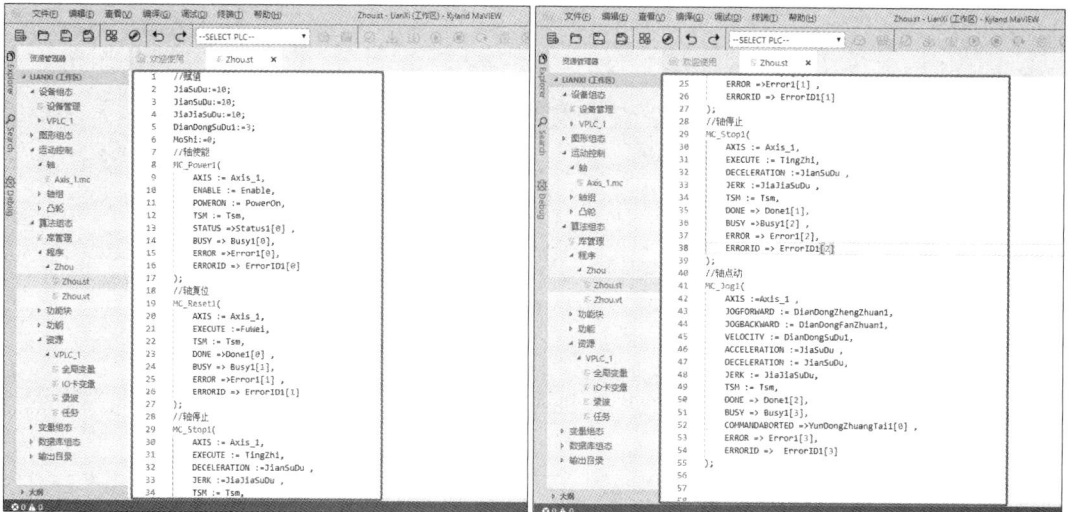

图 2-36   步进电机的点动程序

编写完程序后，先编译，编译成功后开始调试，如图 2-37～图 2-39 所示。单击"点动正转"按钮，可以看到设备已经转动；单击"点动反转"按钮，设备就会反向转动，如图 2-40 所示。程序运行监控图如图 2-41 所示。

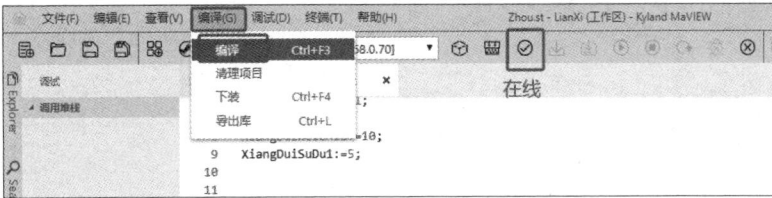

图 2-37　程序编译

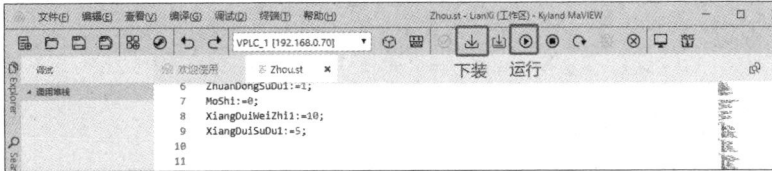

图 2-38　程序下装及运行

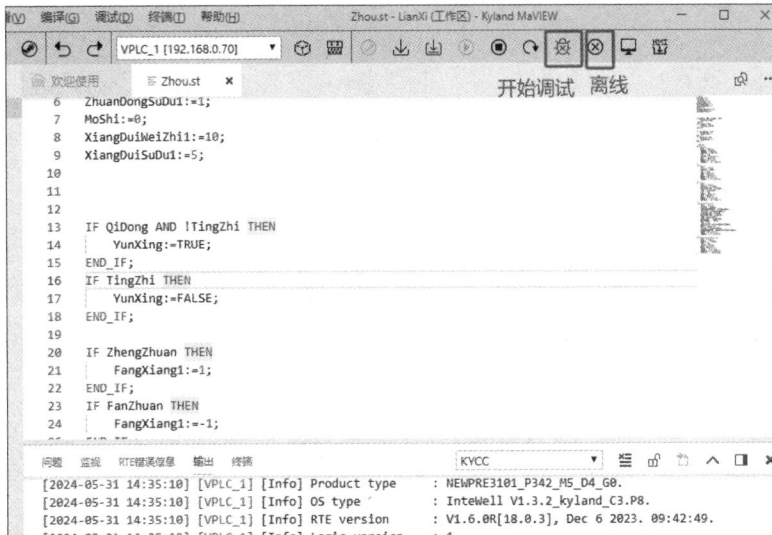

图 2-39　调试程序

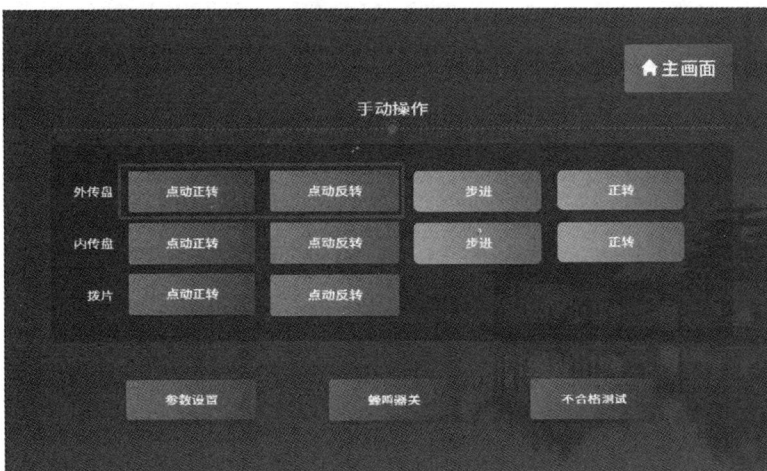

图 2-40　触摸屏操作图

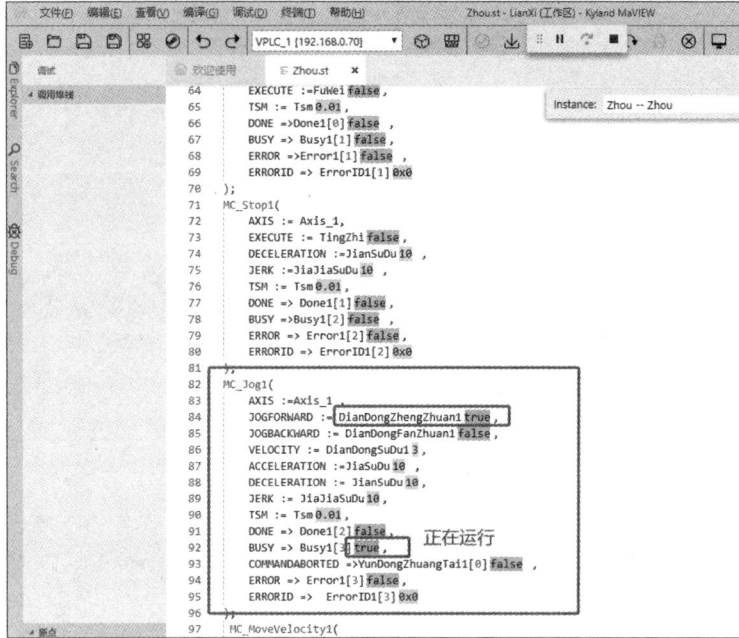

图 2-41　程序运行监控图

六、任务实施

1. 任务分配

请将人员分组及任务分配情况填写至表 2-2。

表 2-2　任务分配表

组名		日期	
组训		组长	
成员	任务分工	成员	任务分工

2. 拟定方案

小组成员共同拟定数据采集方案，列出本任务需要用到的设备、参数，并填写至表 2-3。

表 2-3　任务方案表

序号	设备	参数	备注

3．运行测试

请将运行测试结果填写至表 2-4。

表 2-4　运行测试表

任务名称		测试小组	
测试名称	测试结果	测试人员	存在问题
安装测试			
硬件测试			
软件测试			
采集测试			

七、任务总结

任务完成后，学生根据任务实施情况，分析存在的问题和原因，并填写至表 2-5，指导教师对任务实施情况进行点评。

表 2-5　任务总结表

任务实施过程	存在问题	解决办法
硬件连接		
软件配置		
数据采集与调试		
其他		

八、任务评价

请将本任务评价情况填写至表 2-6。

表 2-6　任务评价表

序号	评价内容	自我评价	小组评价	教师评价	评分标准
1	态度端正，工作认真				5
2	遵守安全操作规范				5
3	能熟练、多渠道地查找参考资料				10
4	能够熟练地完成项目中的任务要求				30
5	方案优化，选型合理				10
6	能正确回答指导教师的问题				10
7	能在规定时间内完成任务				20
8	能与他人团结协作				5
9	能做好 7S 管理工作				5
合计					100
总分					

九、巩固自测

1．边缘控制器是（　　　）和（　　　）之间的一个物理接口，它在完成工作站或生产线的控制功能的基础上,提升了工业设备的接口能力和计算能力,从而提高了工业设备的适用性。

2．边缘控制解决方案融合了（　　）与（　　），将 PLC、PC、网关、运动控制、I/O 数据采集、现场总线协议、机器视觉、设备联网等功能集成在同一控制平台。

3．用 MaVIEW 软件新建工程时,项目名称和存储路径（　　）。

4．轴调试时必须要填写轴基本参数中的（　　）参数。

5．想要运行创建好的程序,首先要把程序（　　）。

任务 2　智能生产线的优化控制

一、任务描述

工赋小组在熟悉边缘控制器编程环境后,保质保量地完成了对电机的点动控制。紧接着徐工下达了第二个任务:"对于智能生产线来说,不同的控制模式会呈现出不同的运行效果,我们要借助边缘控制器对比在速度控制模式和相对位置控制模式下设备的运行效果,并根据最终的运行效果选择更加合适的控制模式。"

二、任务分析

由任务 1 可知,边缘控制器既可以控制智能设备,又可以通过改变控制模式来优化设备控制。速度控制模式和相对位置控制模式都能满足智能生产线的控制,但这两种控制模式对设备的控制又有不同的效果。速度控制模式让设备以一个恒定的速度一直连续转动,而相对位置控制模式则是让设备以一种步进的方式转动,即转动一定距离停一段时间。本任务就是通过比较这两种控制模式的效果来选择更优的控制模式,实现设备的优化控制。

三、任务准备

任务准备表如表 2-7 所示。

表 2-7　任务准备表

任务编号	2-2	任务名称	智能生产线的优化控制
设备	工业互联网边缘计算实训台		
耗材	1mm²RV 导线若干、网线 4 根、高清线 1 根		
工具	边缘控制器及配套的 12V 电源、24V 开关电源、步进电机、步进驱动器等		
软件	MaVIEW 软件		
资料	工业互联网边缘计算教材、边缘控制器操作手册		

四、知识链接

在本任务中边缘控制器和步进驱动器间的通信是通过 EtherCAT 总线来实现的,在这里就简单地介绍一下 EtherCAT 总线。

1. EtherCAT 总线

EtherCAT（以太网控制自动化技术）是一个以以太网为基础的开放架构的现场总线系统。EtherCAT 又称为 Ethernet On The Fly，是一种超高速的以太网现场总线，该网络有一个主站和多个从站，并且只有主站能发送报文，从站只会和这条报文进行交互。EtherCAT 总线基于以太网技术，使用标准帧及 IEEE802.3 以太网标准中描述的物理层，改变原来的 CSMA/CD（载波侦听多路访问/冲突检测）链路层。EtherCAT 使用与以太网相同的物理层与数据链路层，但协议有所不同，与以太网中使用的多个以太网帧相比，EtherCAT 通常为单个数据流，大大减少了延迟。EtherCAT 通信结构和拓扑结构分别如图 2-42 和图 2-43 所示。

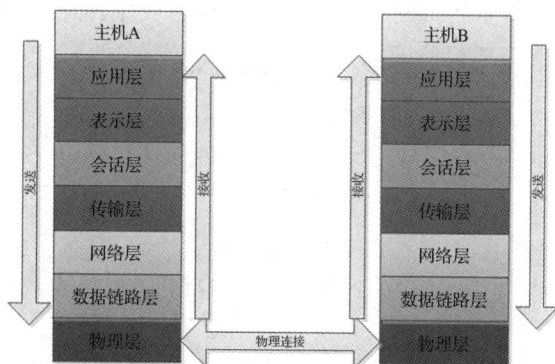

图 2-42 EtherCAT 通信结构

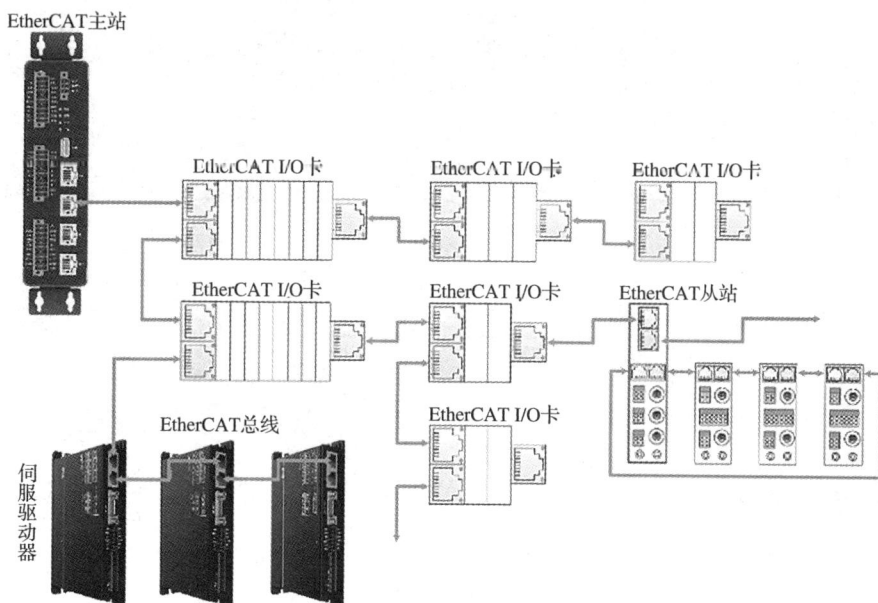

图 2-43 EtherCAT 拓扑结构

2. EtherCAT 总线的性能特点

1）数据高速交互

EtherCAT 的数据处理完全在硬件中进行，使得工作效率大大提高。1000 个分布式 I/O

数据的刷新周期仅为 30μs，其中包括端子循环时间。

2）分布式时钟（实时特性）

精确同步在广泛要求同时动作的分布过程中显得尤为重要，如几个伺服轴在执行同时联动任务时热连接许多应用都需要在运行过程中改变 I/O 组态。"热连接"功能可以将网络的各个部分连在一起或断开，或者"动态"进行重新组态，对变化的组态提供了灵活的响应能力。

3）开放性

EtherCAT 是一个完全开放式协议，它已被认定为一个正式的 IEC 规范（IEC/PAS62407）。标准的以太网设备可通过交换机端子连接一个 EtherCAT 系统，该端子并不会影响循环时间。配备传统现场总线接口的设备可通过 EtherCAT 现场总线主站端子的连接集成到网络中。UDP 协议变体允许被整合在任何插槽接口中。

五、任务实现

1. 步进电机的速度控制

1）编写控制程序

（1）建立程序"Zhou"的局部变量。要控制步进电机，就需要新建与轴有关的变量，包括 MC_Power1（轴使能）、MC_Reset1（轴复位）、MC_Stop1（轴停止）、MC_Jog1（轴点动）、MC_MoveVelocity1（速度控制）、MC_MoveRelative1（相对位置控制）及用于填充指令引脚的变量，如图 2-44 所示。

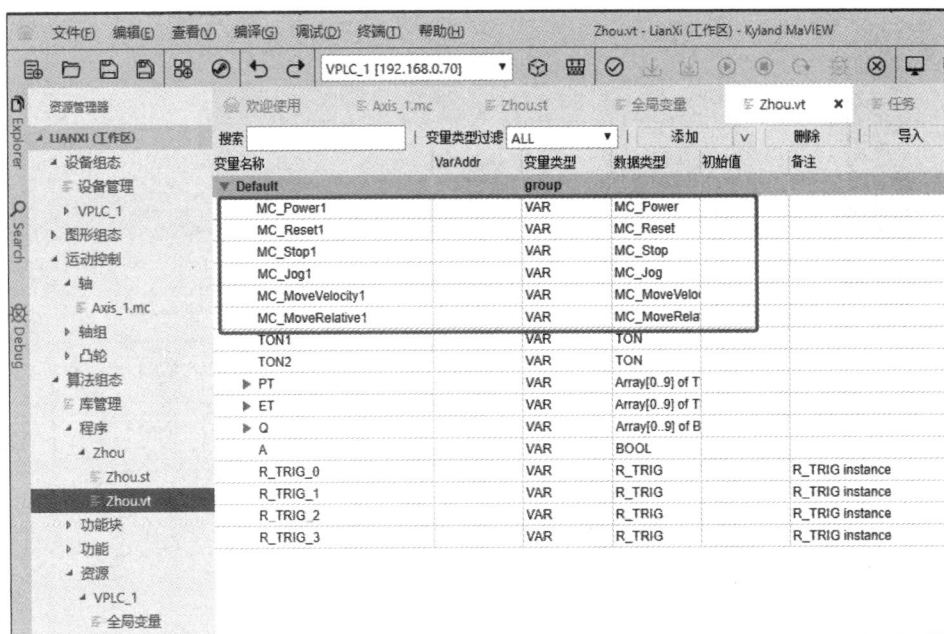

图 2-44 "Zhou"的局部变量

（2）建立程序"Zhou"的全局变量。全局变量可以作用于整个工程，这个工程的任何一个程序都可以访问，包括上位机和 HMI。当进行参数设置时，就必须用全局变量，如图 2-45 所示。

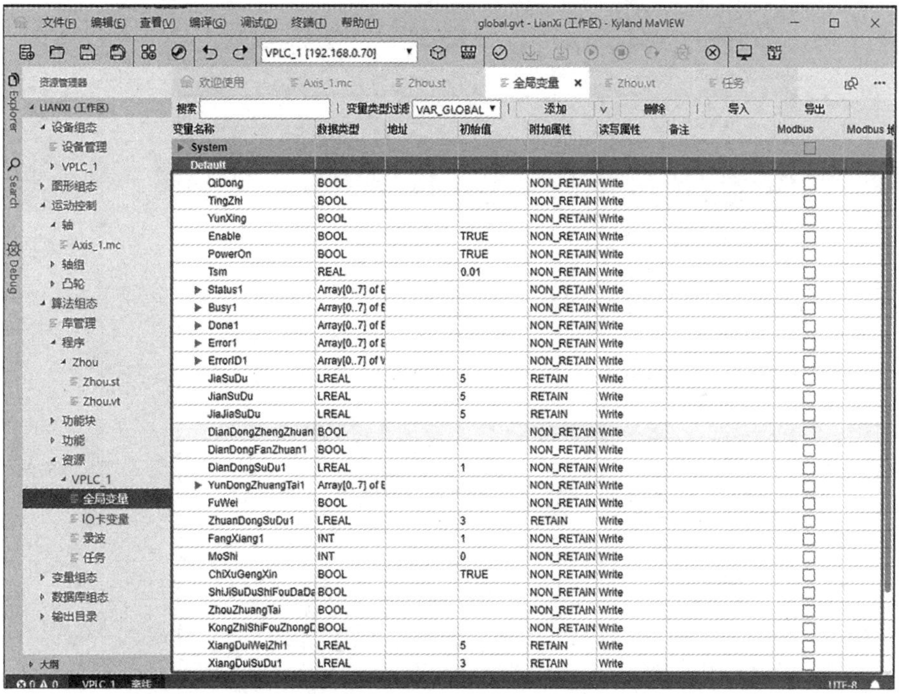

图 2-45　"Zhou"的全局变量

（3）步进电机的速度控制程序。把速度控制的指令变量、方向变量、速度变量及其他相关变量建立好之后，就可以编写速度控制程序了。编写程序时，注意不要有语法错误。步进电机的速度控制程序如图 2-46～图 2-48 所示。

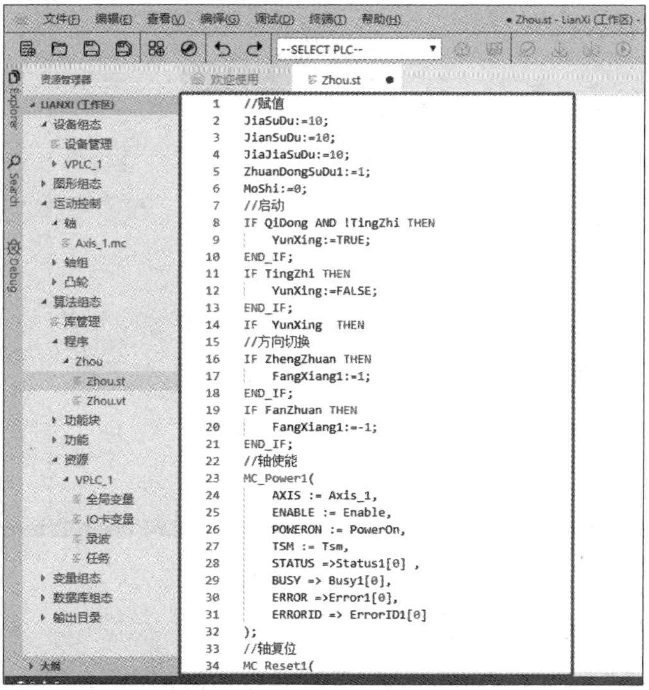

图 2-46　步进电机的速度控制程序（一）

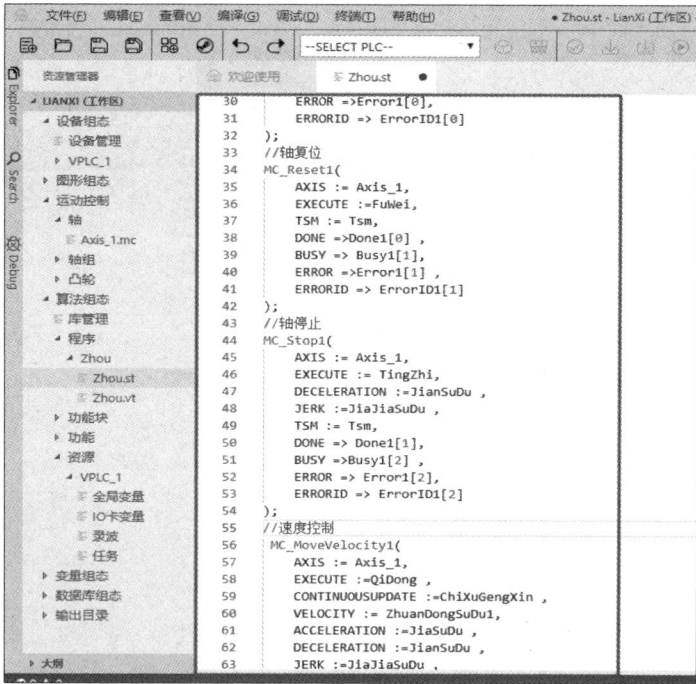

图 2-47　步进电机的速度控制程序（二）

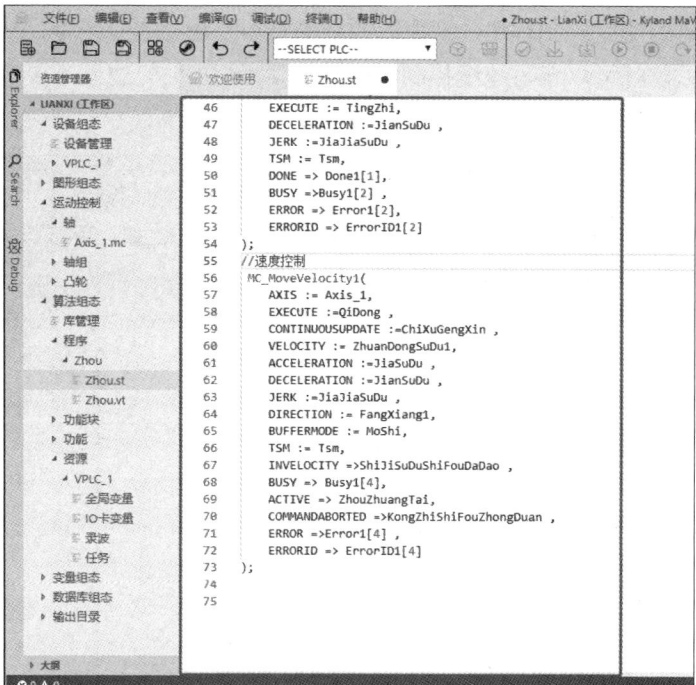

图 2-48　步进电机的速度控制程序（三）

2）在线监控

编写完程序后，先编译，编译成功后，依次单击"在线""下装""运行""开始调试"按钮，"离线"按钮的作用是取消程序监控，如图 2-49～图 2-51 所示。

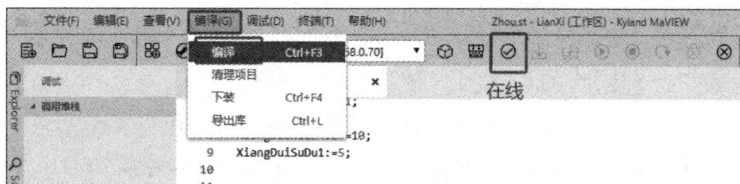

图 2-49 程序在线

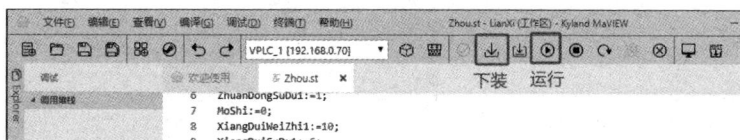

图 2-50 程序下装及运行

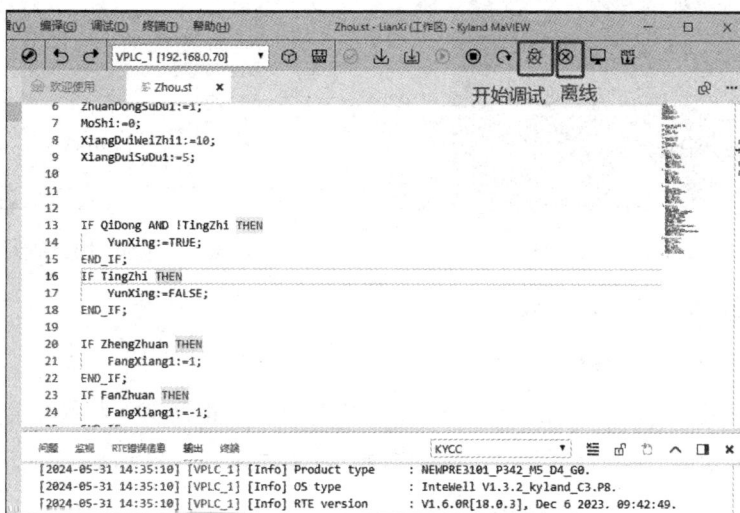

图 2-51 开始监控程序

注释程序块如图 2-52 所示。

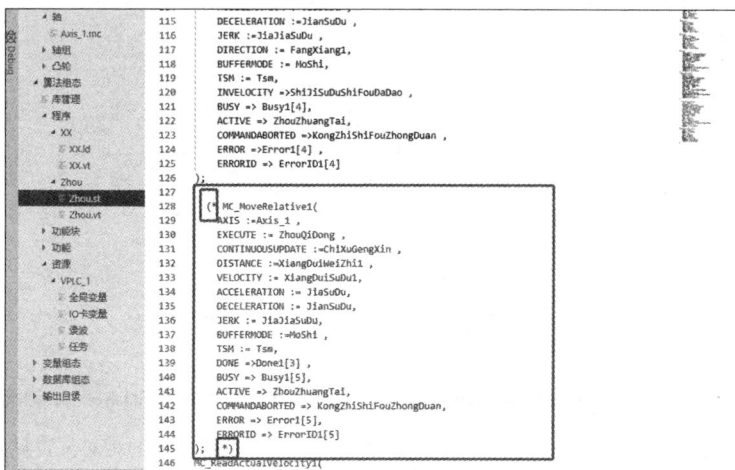

图 2-52 注释程序块

注意，速度控制模式和相对位置控制模式不能同时使用，因此在运行程序时，只能分别运行两个程序，选定一种模式后，把另一种功能块注释掉即可。

如图 2-53 所示，单击触摸屏上的"设备启动"按钮，设备就开始运行了，就可以看到设备在以恒定的速度连续运行，通过程序也可以看出，如图 2-54 所示。

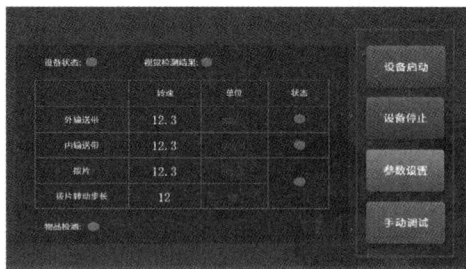

图 2-53　速度控制模式设备启动

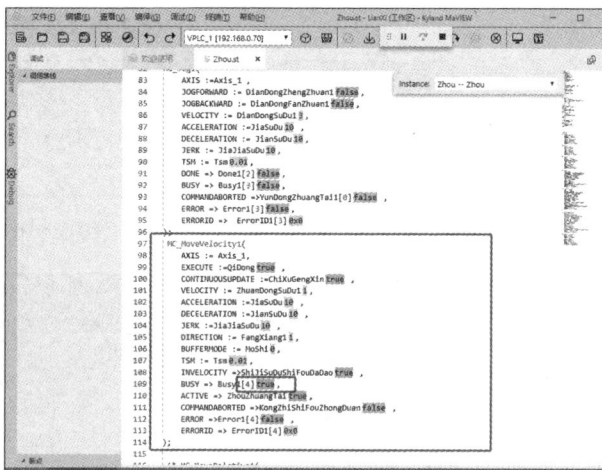

图 2-54　速度控制模式程序运行图

2. 步进电机的相对位置控制

1）步进电机的相对位置控制程序

把位置控制的指令变量、相对位置变量、相对速度变量及其他相关变量建立好之后，就可以编写相对位置控制程序了。编写程序时，注意不要有语法错误。步进电机的相对位置控制程序如图 2-55～图 2-57 所示。

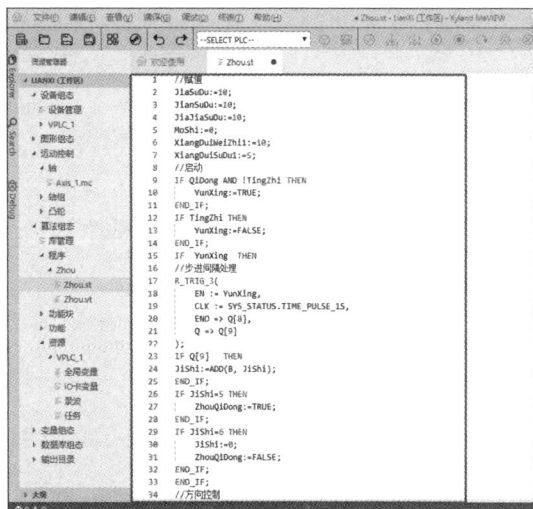

图 2-55　步进电机的相对位置控制程序（一）

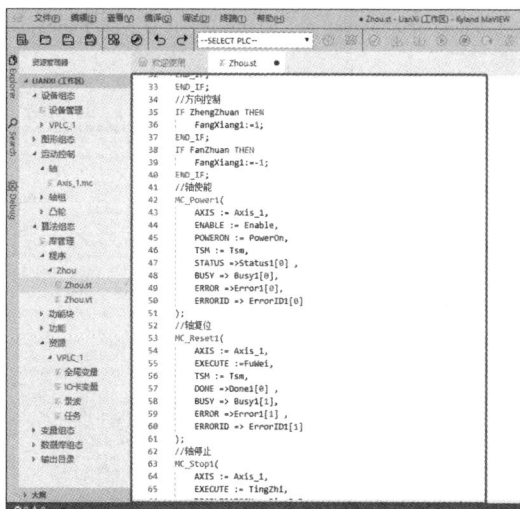

图 2-56　步进电机的相对位置控制程序（二）

图 2-57　步进电机的相对位置控制程序（三）

2）相对位置控制模式

如图 2-58 所示，单击触摸屏上的"设备启动"按钮，可以看到设备每隔 5s 运行一段特定的距离，通过程序也能看出设备在运动，每次运动 10mm，如图 2-59 所示。

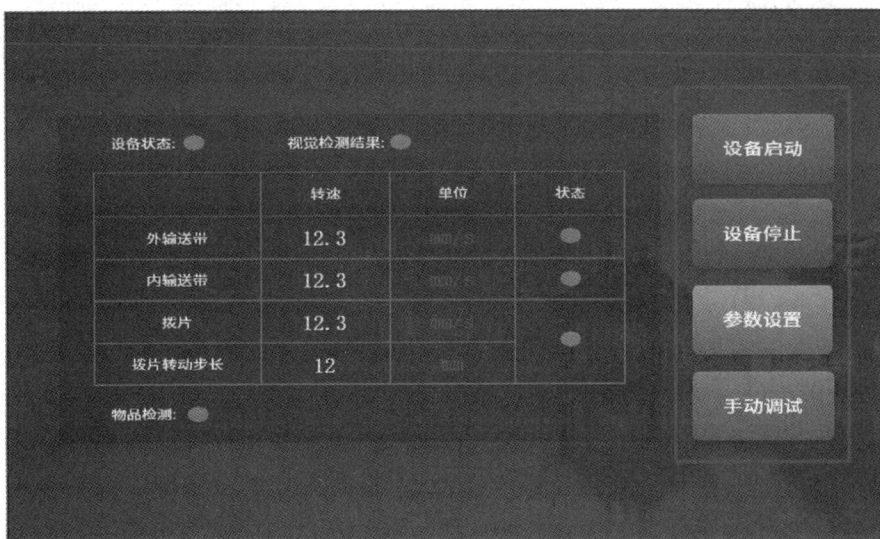

图 2-58　相对位置控制模式设备启动

47

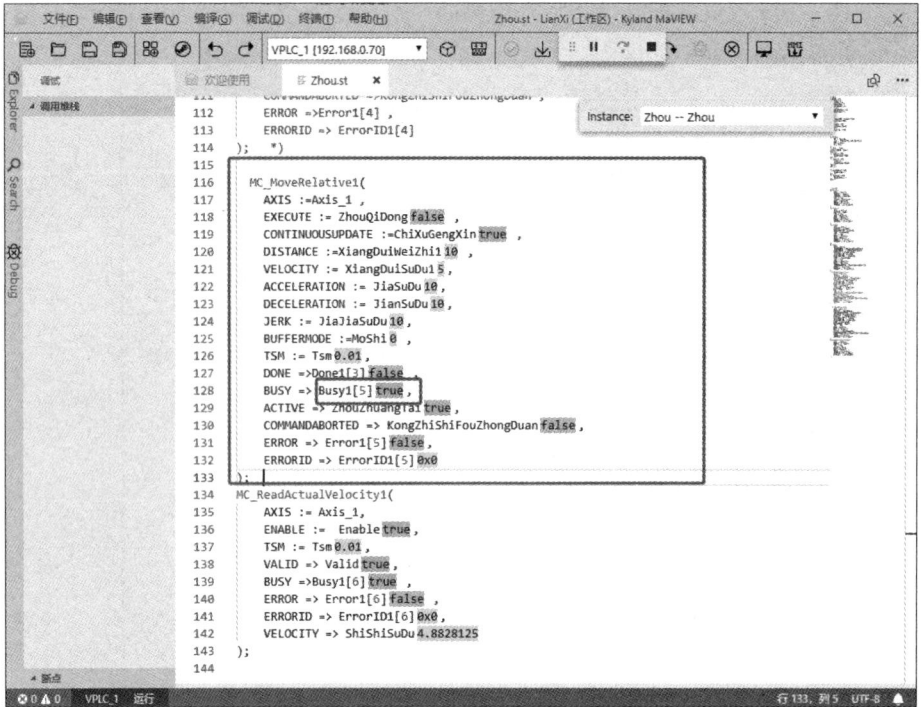

图 2-59　相对位置控制模式程序运行图

3. 速度控制模式和相对位置控制模式对比

由本任务可知，边缘控制器是可以通过不同的控制模式对设备产生的不同效果来优化智能设备的控制的；相对位置控制模式是以一种步进的方式控制步进电机运行的，节拍太长，效率较低；而速度控制模式是以恒定的速度控制步进电机连续运行的。从对设备的控制效果上来看，速度控制模式优于相对位置控制模式。借助边缘控制器可以优化智能生产线的控制。

六、任务实施

1. 任务分配

请将人员分组及任务分配情况填写至表 2-8。

表 2-8　任务分配表

组名		日期	
组训		组长	
成员	任务分工	成员	任务分工

2. 拟定方案

小组成员共同拟定数据采集方案，列出本任务需要用到的设备、参数，并填写至表 2-9。

表 2-9 任务方案表

序号	设备	参数	备注

3．运行测试

请将运行测试结果填写至表 2-10。

表 2-10 运行测试表

任务名称		测试小组	
测试名称	测试结果	测试人员	存在问题
安装测试			
硬件测试			
软件测试			
采集测试			

七、任务总结

任务完成后，学生根据任务实施情况，分析存在的问题和原因，并填写至表 2-11，指导教师对任务实施情况进行点评。

表 2-11 任务总结表

任务实施过程	存在问题	解决办法
硬件连接		
软件配置		
数据采集与调试		
其他		

八、任务评价

请将本任务评价情况填写至表 2-12。

表 2-12 任务评价表

序号	评价内容	自我评价	小组评价	教师评价	评分标准
1	态度端正，工作认真				5
2	遵守安全操作规范				5
3	能熟练、多渠道地查找参考资料				10
4	能够熟练地完成项目中的任务要求				30
5	方案优化，选型合理				10
6	能正确回答指导教师的问题				10

续表

序号	评价内容	自我评价	小组评价	教师评价	评分标准
7	能在规定时间内完成任务				20
8	能与他人团结协作				5
9	能做好 7S 管理工作				5
合计					100
总分					

九、巩固自测

1．EtherCAT（以太网控制自动化技术）是一个以（　　）为基础的开放架构的现场总线系统。

2．EtherCAT 的数据处理完全在（　　）中进行，使得工作效率大大提高。

3．EtherCAT 总线的性能特点有（　　）、分布式时钟、（　　）。

任务 3　边缘控制器和 HMI 通信

一、任务描述

徐工一边通过触摸屏评估同学们在任务 2 中的成果，一边发布了最新的新手任务："在边缘控制器和 MCGS 触摸屏间建立通信进行数据传输，从而实现人机交互。我们不但要正确地连接硬件，还要正确地配置软件，只有二者配置得都正确，边缘控制器和 MCGS 触摸屏间的通信才能建立。"

二、任务分析

边缘控制器支持 Modbus TCP 通信，MCGS 触摸屏也支持 Modbus TCP 通信，故采用 Modbus TCP 通信作为二者间数据交互的桥梁。对于边缘控制器来说，上传输数据的网口只有 2-0 网口（边缘控制器上左边第一个网口），故和 HMI 相连的网线必须插在边缘控制器上左边第一个网口。

三、任务准备

任务准备表如表 2-13。

表 2-13　任务准备表

任务编号	2-3	任务名称	边缘控制器和 HMI 通信
设备	工业互联网边缘计算实训台		
耗材	1mm²RV 导线若干、网线 4 根、高清线 1 根		
工具	边缘控制器及配套的 12V 电源、24V 开关电源、MCGS 人机界面等		
软件	MaVIEW 软件		
资料	工业互联网边缘计算教材、MCGS 编程手册、边缘控制器操作手册		

四、知识链接

1. Modbus TCP 的介绍

Modbus 是一种广泛应用于工业自动化领域的通信协议。该协议在设备之间提供了通用的语言并建立了主从式的通信。Modbus 协议简单、开放、易于实现，且支持多种物理层通信介质（RS232、RS485、TCP/IP 网络等），是工业领域通信协议的业界标准之一。Modbus TCP 是一种基于以太网 TCP/IP 的应用层协议。Modbus TCP 是对成熟的 Modbus 协议的改编，可在 TCP/IP 网络上使用。Modbus TCP 提供标准化的 TCP 接口，允许 Modbus 设备通过以太网进行无缝通信，实现高效可靠的数据交换。

2. Modbus TCP 的寻址

Modbus TCP 是 Modbus 协议在以太网上的一种实现。它虽然保留了 Modbus 协议的核心功能和数据模型，但对消息封装进行了调整，使其符合 TCP/IP 的要求。

1）Modbus 协议的存储区

Modbus 协议的存储类型分为布尔量和寄存器，并且规定了 4 个存储区，分别是 0、1、4、3，如表 2-14 所示。

表 2-14　Modbus 协议的存储区和地址

通信类型	存储类型	名称（类别）	数据类型	地址范围（5 位）	所属区
读/写	布尔量	输出线圈（DO）	位	00001～09999	0 区
读		输入线圈（DI）	位	10001～19999	1 区
读/写	寄存器	输出寄存器（A0/设备设置）	字	40001～49999	4 区
读		输入寄存器（AI）	字	30001～39999	3 区

2）Modbus 协议的功能码

Modbus 协议定义了一系列的功能码，这些功能码表示主站请求从站执行的具体操作，Modbus 协议常见的功能码如表 2-15 所示。

表 2-15　Modbus 协议常见的功能码

名称	读	写（单个）	写（多个）
输出线圈	（0x01）	（0x05）	（0x0F）
输入线圈	（0x02）		
输出寄存器	（0x03）	（0x06）	（0x10）
输入寄存器	（0x04）		

五、任务实现

1. 硬件连接

边缘控制器接 12V DC 电源，HMI 和步进驱动器接 24V DC 电源，显示器插头插 220V AC 插座，边缘控制器和显示器用高清线连接，步进驱动器和边缘控制器，以及步进驱动器之间用网线连接；HMI 和边缘控制器也是通过网线连接的，具体硬件接线如图 2-60 所示。

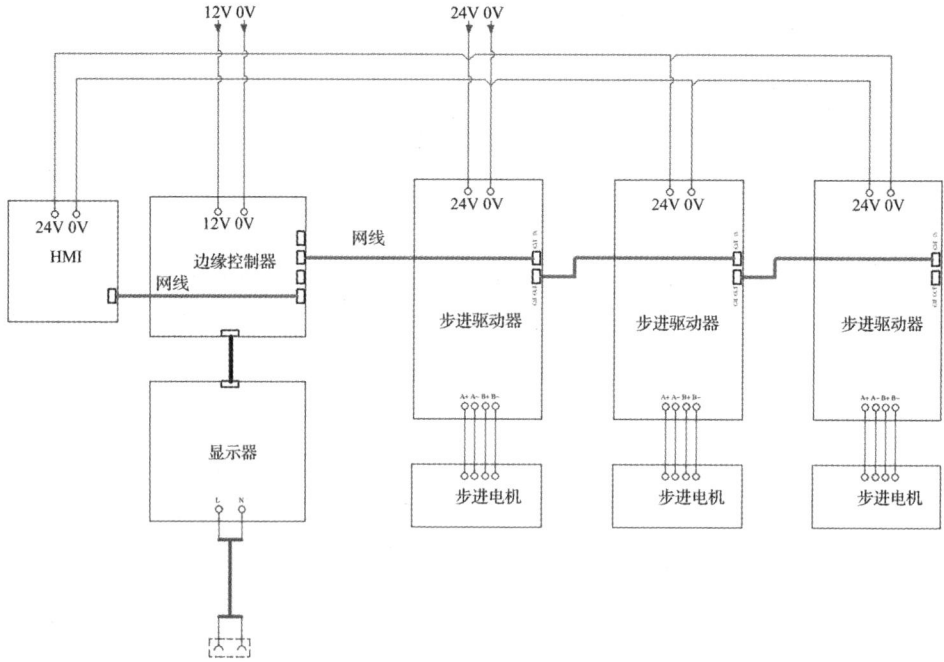

图 2-60　硬件连接图

2. MCGS HMI 软件配置

1）驱动配置

双击打开 MCGS 创建的工程，单击对话框中的"设备窗口"按钮，在窗口内部会显示另一个"设备窗口"，双击打开这个"设备窗口"，在弹出的"设备工具箱"对话框中，先双击选择"通用 TCP/IP 父设备"选项，再双击选择"Modbus TCP"选项，在弹出的对话框中单击"是"按钮，双击打开"通用 TCPIP 父设备 0--[通用 TCP/IP 父设备]"，分别设置触摸屏和 PLC 的 IP 地址，如图 2-61～图 2-65 所示。这里是触摸屏做主站 PLC 做从站时的配置。

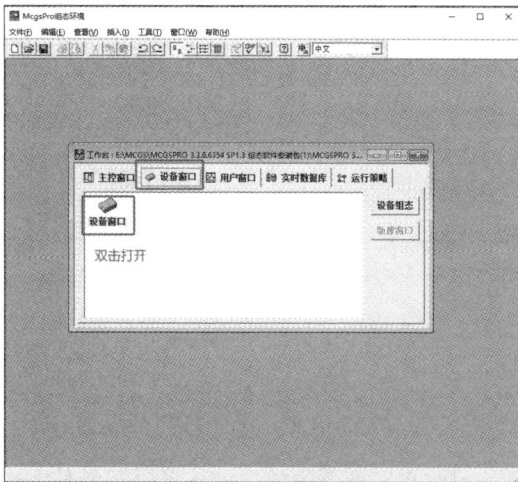

图 2-61　打开"设备窗口"

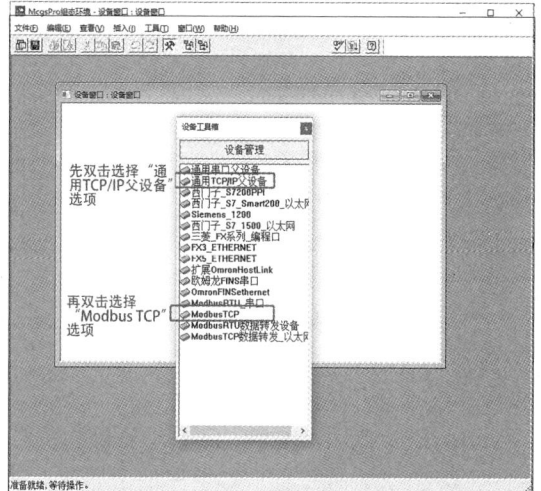

图 2-62　选择对应设备

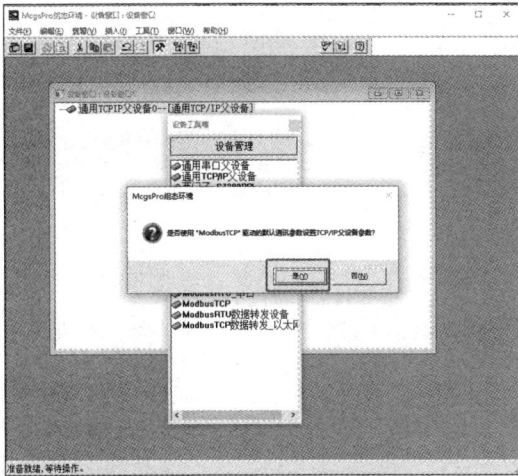

图 2-63　配置通信参数　　　　　　　　图 2-64　选择通用 TCP/IP 父设备

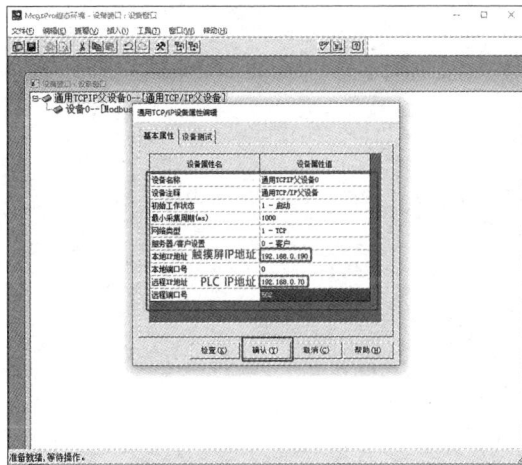

图 2-65　IP 地址设置

2）变量地址映像

触摸屏端的变量地址必须要与边缘控制器的变量地址相对应才能通信；变量的 Modbus 地址可在变量列表中查看，如图 2-66 所示。

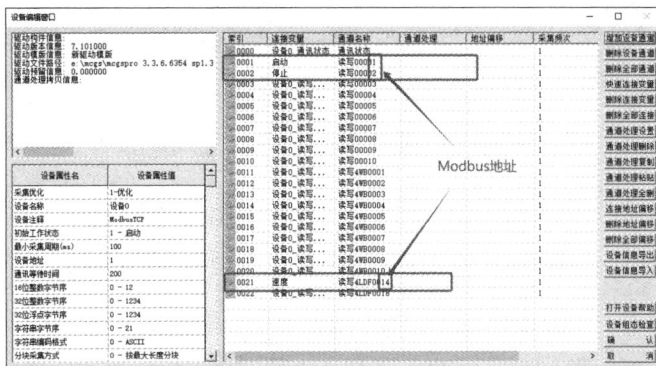

图 2-66　变量的 Modbus 地址

53

3. 边缘控制器软件配置

在本任务中，我们选用步进电机的速度控制模式来验证边缘控制器和 HMI 间的通信。利用任务 2 中做好的速度控制程序来配置变量的 Modbus 地址，配置方法就是把需要配置的变量后面的"Modbus"复选框勾选上，保存并编译后，Modbus 地址就会显示出来了，如图 2-67 所示。然后把控制程序下载到边缘控制器即可。

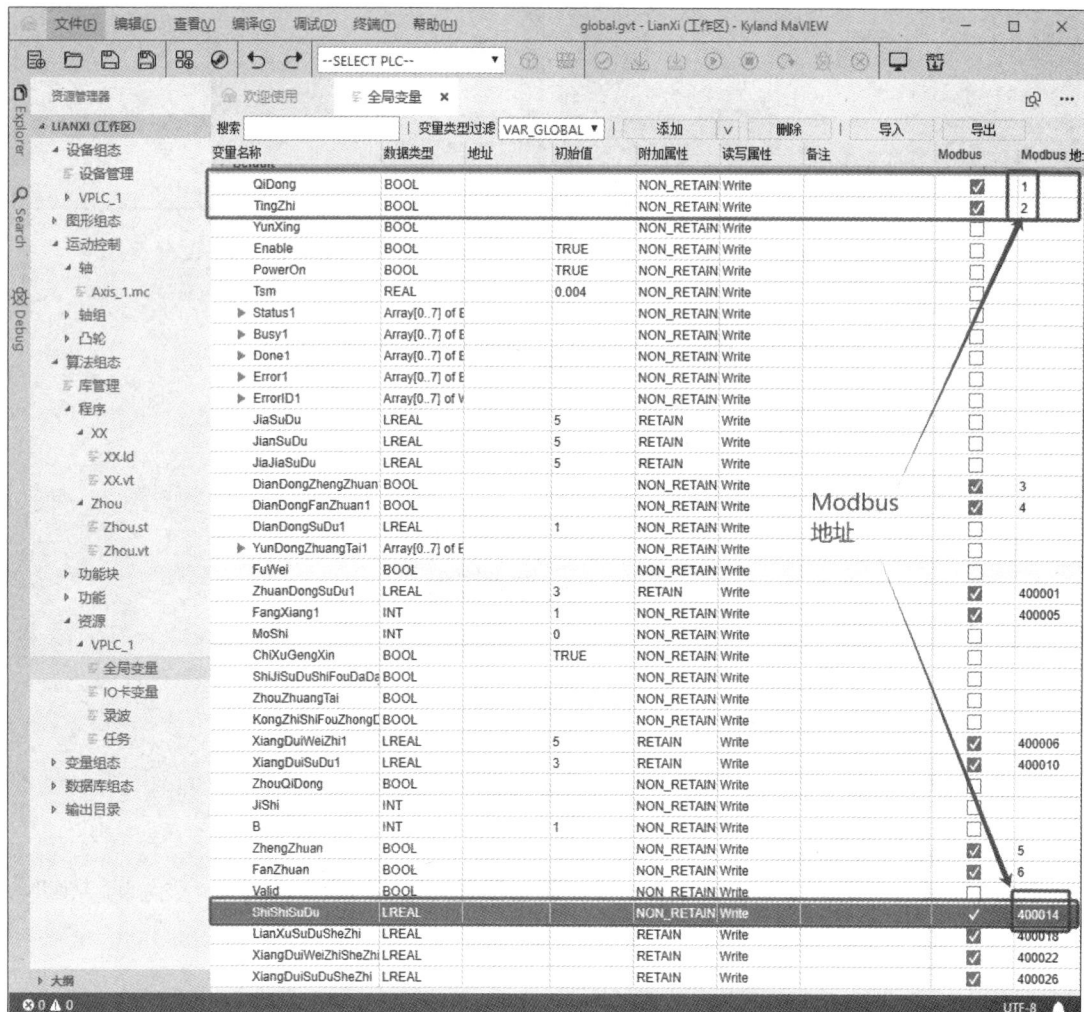

图 2-67　边缘控制器变量的 Modbus 地址

4. 在线监控

在触摸屏上单击"设备启动"按钮，电机启动，速度被实时读取，按下"设备停止"按钮，电机停止。程序监控图和测试监控图分别如图 2-68 和图 2-69 所示。

图 2-68　程序监控图

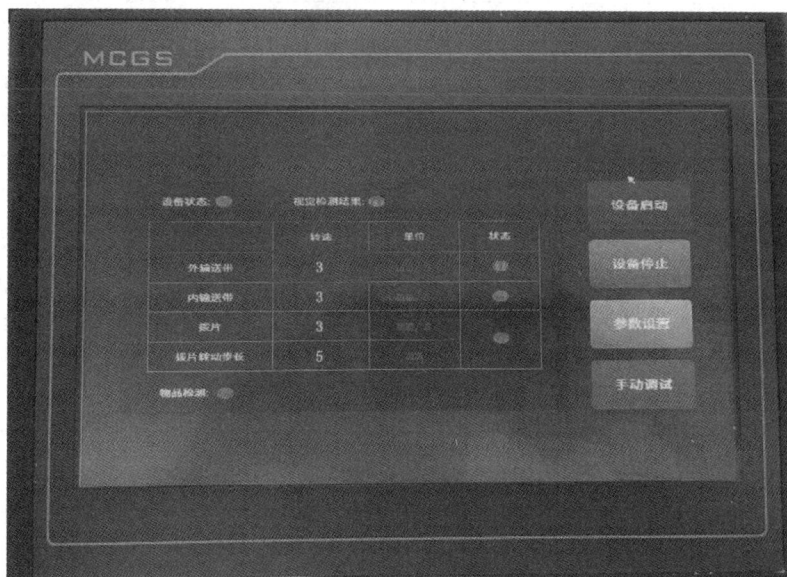

图 2-69　测试监控图

六、任务实施

1. 任务分配

请将人员分组及任务分配情况填写至表 2-16。

表 2-16　任务分配表

组名		日期	
组训		组长	
成员	任务分工	成员	任务分工

2. 拟定方案

小组成员共同拟定数据采集方案，列出本任务需要用到的设备、参数，并填写至表 2-17。

表 2-17　任务方案表

序号	设备	参数	备注

3. 运行测试

请将运行测试结果填写至表 2-18。

表 2-18　运行测试表

任务名称		测试小组	
测试名称	测试结果	测试人员	存在问题
安装测试			
硬件测试			
软件测试			
采集测试			

七、任务总结

任务完成后，学生根据任务实施情况，分析存在的问题和原因，并填写至表 2-19，指导教师对任务实施情况进行点评。

表 2-19　任务总结表

任务实施过程	存在问题	解决办法
硬件连接		
软件配置		
数据采集与调试		
其他		

八、任务评价

请将本任务评价情况填写至表 2-20。

表 2-20　任务评价表

序号	评价内容	自我评价	小组评价	教师评价	评分标准
1	态度端正，工作认真				5
2	遵守安全操作规范				5
3	能熟练、多渠道地查找参考资料				10
4	能够熟练地完成项目中的任务要求				30
5	方案优化，选型合理				10
6	能正确回答指导教师的问题				10
7	能在规定时间内完成任务				20
8	能与他人团结协作				5
9	能做好 7S 管理工作				5
合计					100
总分					

九、巩固自测

1．Modbus TC 是对成熟的 Modbus 协议的改编，可在（　　）网络上使用。

2．Modbus TCP 是 Modbus 协议在（　　）上的一种实现。它虽然保留了 Modbus 协议的核心功能和数据模型，但对消息封装进行了调整，使其符合 TCP/IP 的要求。

3．Modbus 是一种广泛应用于工业自动化领域的通信协议。该协议在设备之间提供了通用的语言并建立了（　　）的通信。

4．Modbus 协议的存储类型分为（　　）和（　　），并且规定了 4 个存储区，分别是 0、1、4、3。

5．Modbus TCP 是一种基于（　　）的应用层协议。

任务 4　设备数据的边缘处理

一、任务描述

恭喜同学们通过之前的任务掌握了一种边缘控制器的基础功能。而这仅仅是跨入边缘控制器山门的第一步。

本任务主要验证边缘控制器设备数据的边缘处理功能。在步进电机的相对位置控制模式下，通过对步进电机运行的时间间隔的计算和步进电机运行的实时速度的采集来验证数据的边缘处理。

二、任务分析

所谓数据的边缘处理,简言之,即数据的就近处理,涵盖设备侧的数据计算与存储。经过处理后的数据,既可由设备端自用,也可供上位机进行读写。在步进电机的相对位置控制模式下,需借助边缘控制器的系统时钟进行计时,当计数达到设定值时,便触发电机动作,电机动作完成后,对计数予以清零。在电机运行期间,实时采集其运行速度,以供上位机读取。

三、任务准备

任务准备表如表 2-21 所示。

表 2-21 任务准备表

任务编号	2-4	任务名称	设备数据的边缘处理
设备	工业互联网边缘计算实训台		
耗材	1mm²RV 导线若干、网线 4 根、高清线 1 根		
工具	边缘控制器及配套的 12V 电源、24V 开关电源、步进电机、步进驱动器等		
软件	MaVIEW 软件		
资料	边缘控制器操作手册		

四、知识链接

1. 边缘控制器数据处理的需求境况

传统上,工业自动化系统设计有 PLC 和 HMI,以提供基本的控制和监控功能。在典型的场景中,可以通过 OPC 数据服务器收集数据,并在历史数据库或数据采集与监视控制(SCADA)系统中实现情境化。PLC、HMI/SCADA 和历史数据库通常与 IT 基础设施分开。伴随着 OT 设备的改进,以及相关网络和通信协议技术的发展,数据收集变得更简单,在某种程度上,OT 设备甚至可以更直接地与 IT 系统进行交互。OT 和 IT 技术的融合带来了一个关键发展,那就是新型的工业控制器和计算设备——边缘控制器。

边缘控制器通常将实时的 PLC 控制与通用 PLC/SCADA 的计算和通信能力相结合。边缘控制器把数据的存储和计算资源从中央数据中心或云,转移到生成数据的边缘位置。在设备边缘的 PLC 和工业互联网设备提供了重要且有价值的数据,现在有许多途径可以通过边缘控制器将这些数据传输到现场或基于云的资源,以进行监测和分析。

2. 边缘控制器数据处理的特点

边缘控制器具有网络、数据处理功能,可以满足大部分 IT 可访问性要求,而且成本合理,实现简单。它们支持边缘计算功能,如远程连接、高级监控和分析集成。边缘控制器数据处理的特点如下。

(1)数据的实时性。边缘控制器的最大特点之一是其提供数据的实时性。由于数据在边缘侧进行处理,因此可以更快地进行决策并采取行动。这种实时性对于许多应用场景至关重要，如工业自动化、智能家居和自动驾驶汽车等。通过边缘计算，可以实时监测和控制系统，从而实现更高效、更准确的操作。

（2）数据的隐私性。边缘控制器由于将数据存储和计算移动到网络的边缘侧，因此可以更好地保护隐私。在云计算中，数据需要传输到云端进行处理，因此存在一定的安全隐患。而在边缘计算中，数据在本地进行处理，可以减少数据泄露和被攻击的风险。这对于对隐私有较高要求的领域（如医疗、金融等）具有重要意义。

（3）数据的低延迟性。由于内存和其他计算资源的限制，传统 PLC 通常不可能在边缘就地聚合数据，或者与执行控制代码相比，其优先级较低。边缘控制器平衡了内存和数据处理对计算资源的需求，允许就地收集和聚合基本数据，同时优先执行实时控制代码。在数据源头对低延迟数据进行预处理，并且减少数据获取和转换所需的上游网络流量和处理量。

五、任务实现

1. 编写控制程序

1）创建变量

建立程序"Zhou"的局部变量。要控制步进电机，就需要新建与轴有关的变量，包括 MC_Power1（轴使能）、MC_Reset1（轴复位）、MC_Stop1（轴停止）、MC_Jog1（轴点动）、MC_MoveVelocity1（速度控制）、MC_MoveRelative1（相对位置控制）及用于填充指令引脚的变量，除此之外，还要建立编写程序所需的全局变量，如图 2-70 和图 2-71 所示。

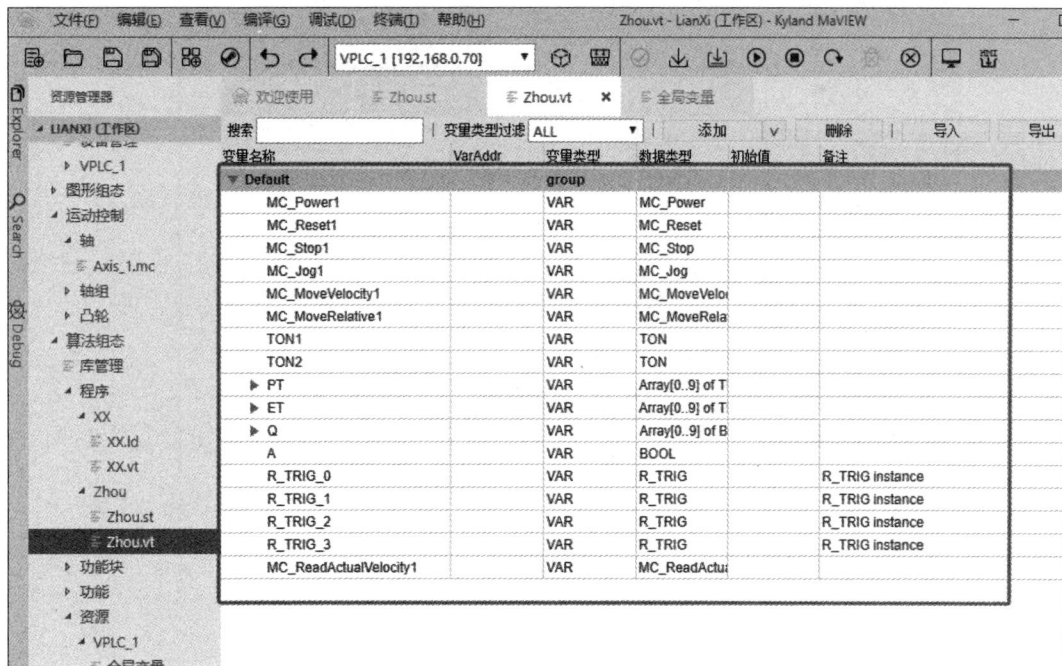

图 2-70　局部变量

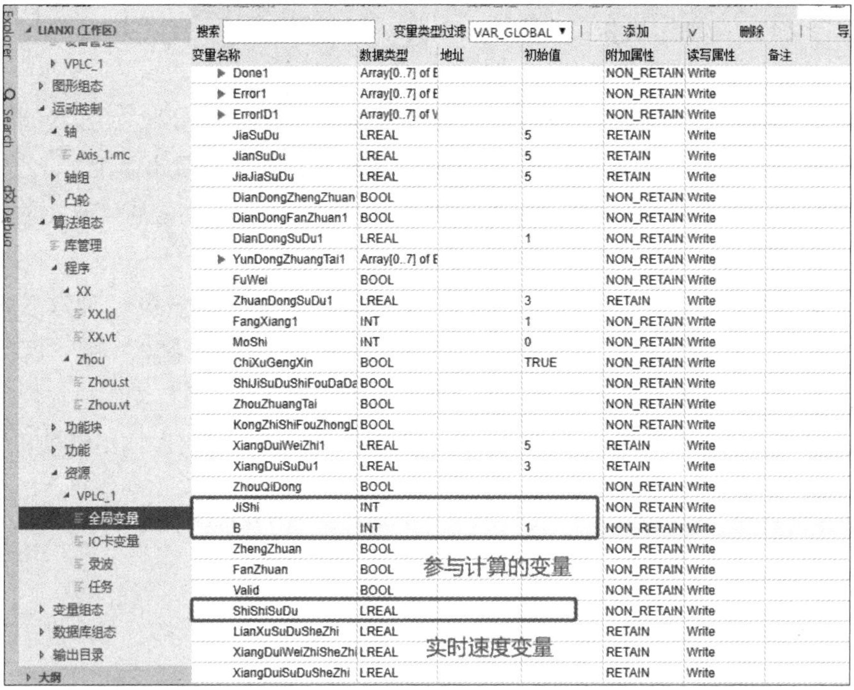

图 2-71　全局变量

2）步进电机的相对位置控制程序

步进电机的相对位置控制程序如图 2-72～图 2-76 所示。

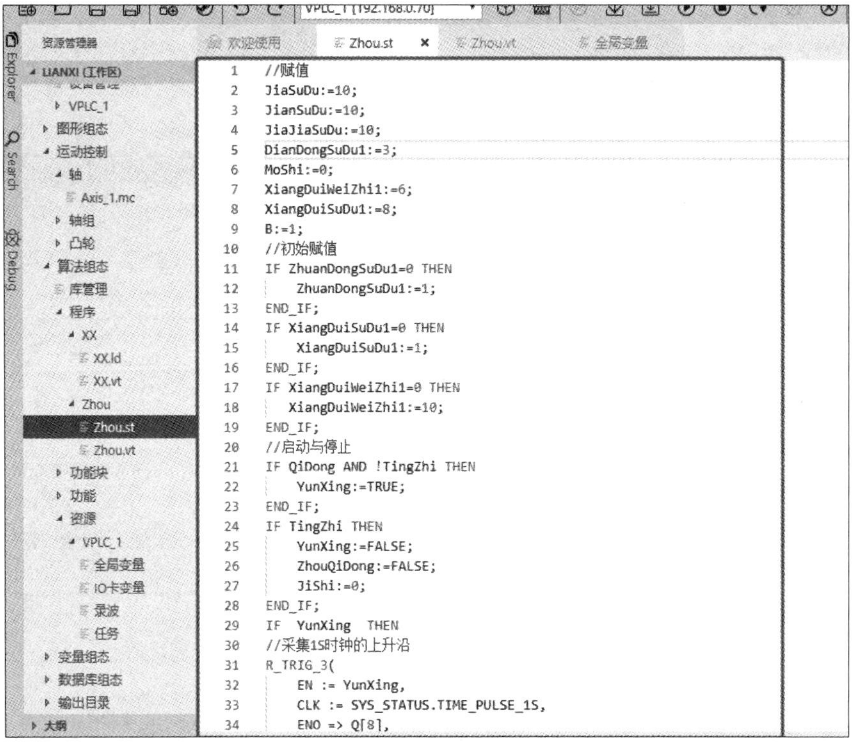

图 2-72　初始化程序

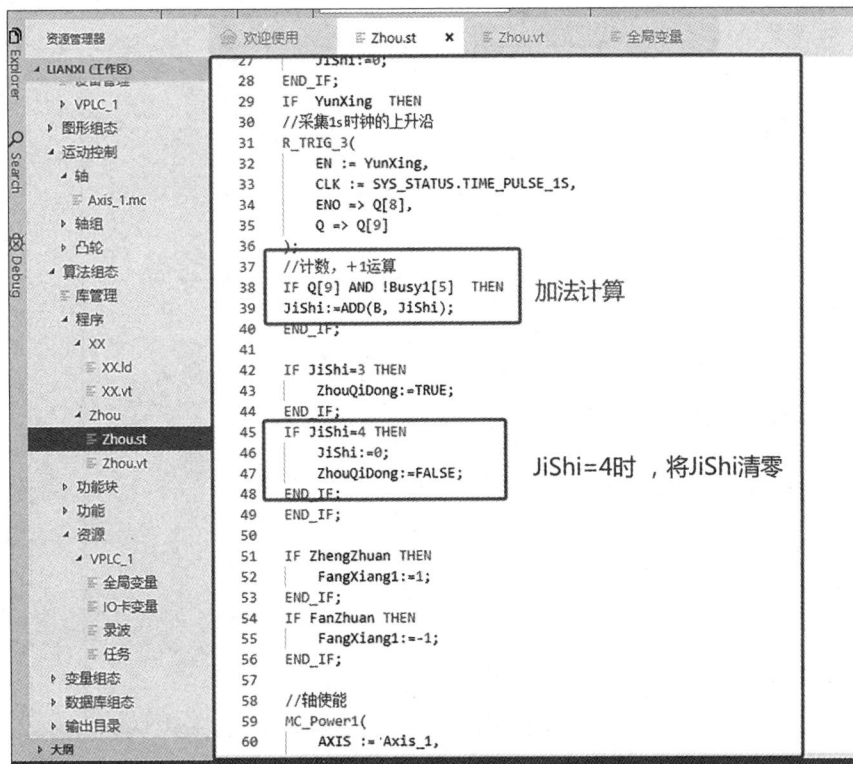

图 2-73　计算程序

图 2-74　轴控制程序

图 2-75　点动控制程序

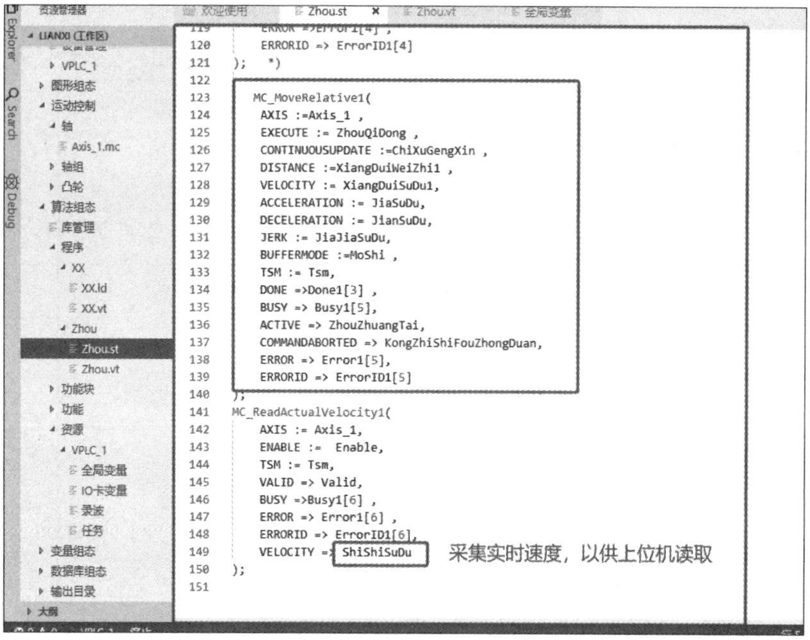

图 2-76　相对位置控制程序

2．在线监控

编写完程序后，先编译，编译成功后，依次单击"在线""下装""运行""开始调试"按钮；"离线"按钮的作用是取消程序监控，如图 2-77～图 2-79 所示。

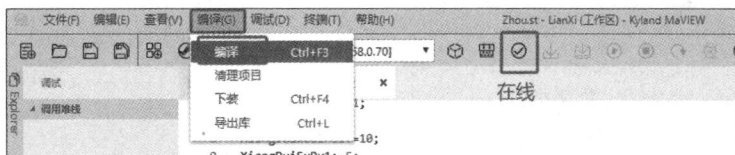

图 2-77　程序在线

图 2-78　程序下装及运行

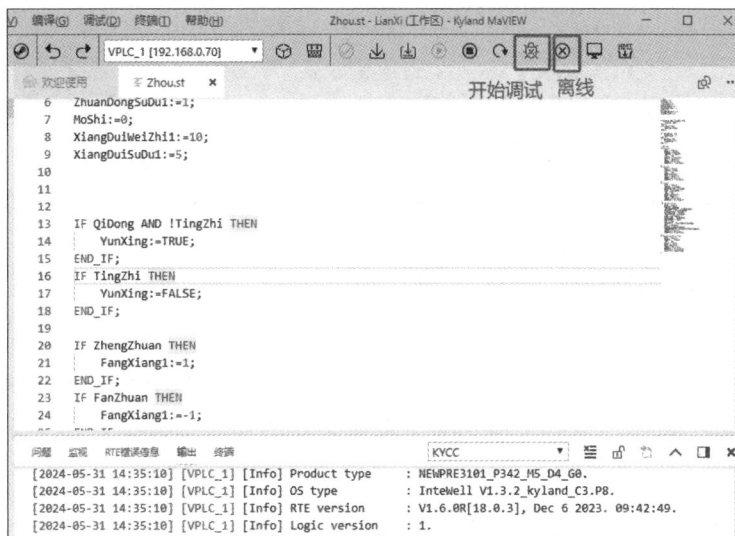

图 2-79　程序调试

如图 2-80 所示，单击"设备启动"按钮，可以看到设备启动；单击"设备停止"按钮，设备就会停止。初始化程序监控图、计算程序监控图、实时速度程序监控图分别如图 2-81～图 2-83 所示。

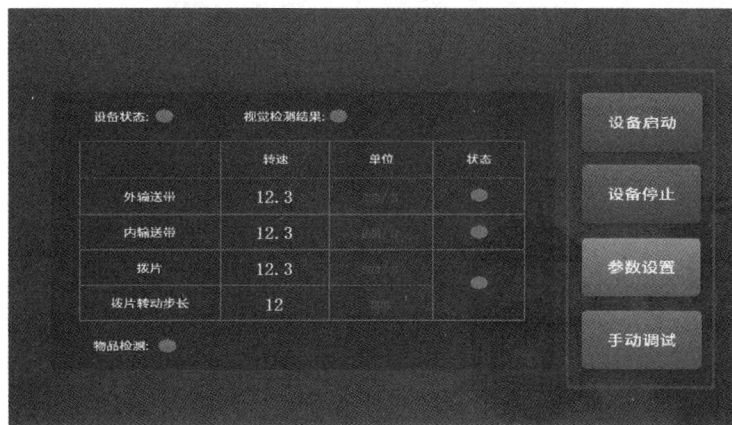

图 2-80　触摸屏操作图

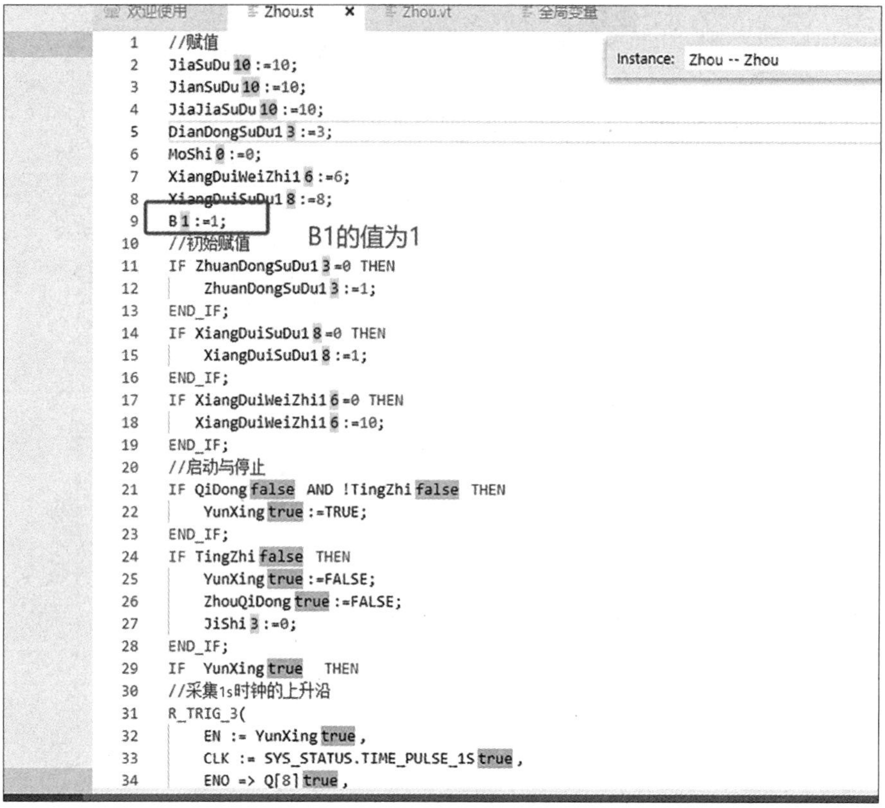

图 2-81 初始化程序监控图

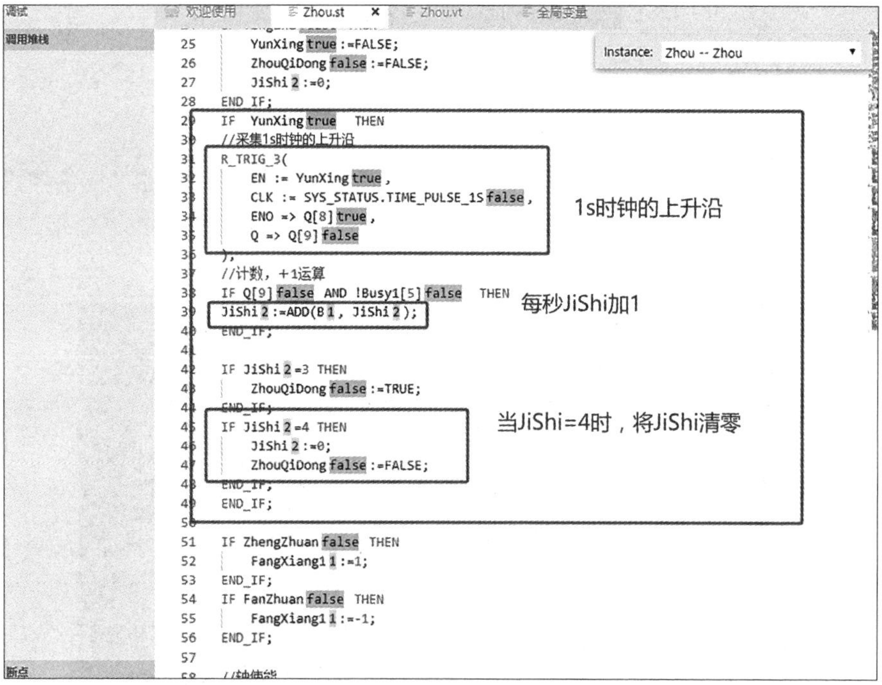

图 2-82 计算程序监控图

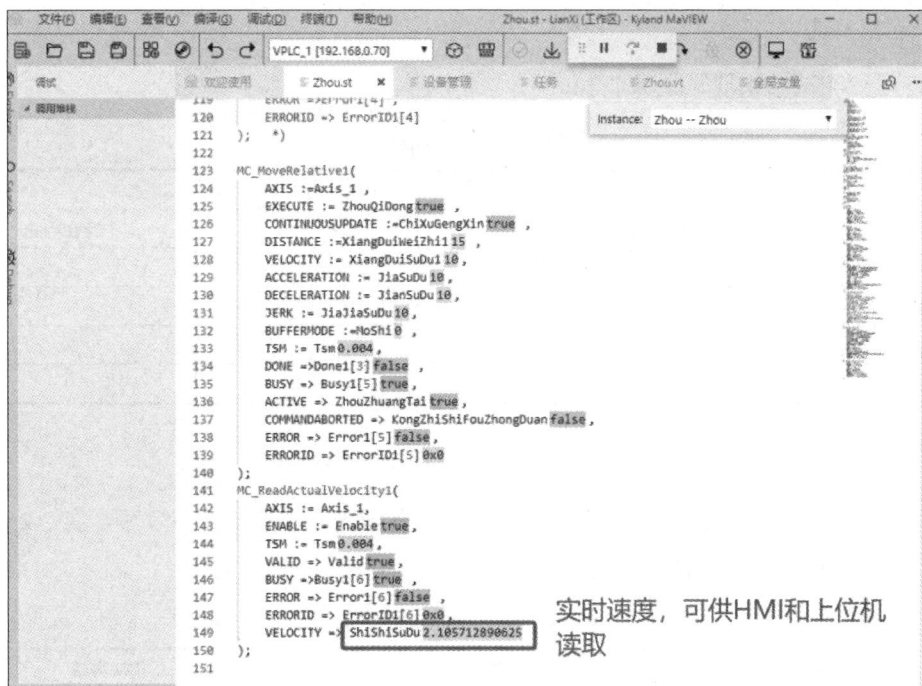

图 2-83 实时速度程序监控图

至此，本任务结束。

六、任务实施

1. 任务分配

请将人员分组及任务分配情况填写至表 2-22。

表 2-22 任务分配表

组名		日期	
组训		组长	
成员	任务分工	成员	任务分工

2. 拟定方案

小组成员共同拟定数据采集方案，列出本任务需要用到的设备、参数，并填写至表 2-23。

表 2-23 任务方案表

序号	设备	参数	备注

3．运行测试

请将运行测试结果填写至表 2-24。

表 2-24　运行测试表

任务名称		测试小组	
测试名称	测试结果	测试人员	存在问题
安装测试			
硬件测试			
软件测试			
采集测试			

七、任务总结

任务完成后，学生根据任务实施情况，分析存在的问题和原因，并填写至表 2-25，指导教师对任务实施情况进行点评。

表 2-25　任务总结表

任务实施过程	存在问题	解决办法
硬件连接		
软件配置		
数据采集与调试		
其他		

八、任务评价

请将本任务评价情况填写至表 2-26。

表 2-26　任务评价表

序号	评价内容	自我评价	小组评价	教师评价	评分标准
1	态度端正，工作认真				5
2	遵守安全操作规范				5
3	能熟练、多渠道地查找参考资料				10
4	能够熟练地完成项目中的任务要求				30
5	方案优化，选型合理				10
6	能正确回答指导教师的问题				10
7	能在规定时间内完成任务				20
8	能与他人团结协作				5
9	能做好 7S 管理工作				5
合计					100
总分					

九、巩固自测

1．边缘控制器通常将实时的（　　）与通用（　　）的计算和通信能力相结合。

2．边缘控制器把（   ）和（   ）从中央数据中心或云，转移到生成数据的边缘位置。

3．在设备边缘的 PLC 和工业互联网设备提供了重要且有价值的数据，现在有许多途径可以通过边缘控制器将这些数据传输到（   ），以进行监测和分析。

4．边缘控制器具有（   ），可以满足大部分 IT 可访问性要求，而且成本合理，实现简单。

5．由于内存和其他计算资源的限制，传统 PLC 通常不可能在边缘就地聚合数据，或者与执行控制代码相比，其优先级较低。边缘控制器平衡了内存和数据处理对计算资源的需求，允许（   ）和（   ），同时优先执行实时控制代码。

项目 3
边缘网关实现设备的
互联互通

一、项目情境

本项目工赋小组要用技术来解决工业现场的生产问题。

为保证产品质量，SMT（Surface Mount Technology）工厂的车间环境对温湿度的要求非常严格。车间的最佳温度通常被设定在 23±3℃的范围内，湿度一般应该保持为 45%～65%RH。过高的温度容易导致设备过热，影响设备的稳定性和寿命，同时可能导致电子元器件和 PCB（印制电路板）出现热应力，影响产品质量。过低的温度则可能导致一些元器件出现低温脆性，影响焊接质量。环境湿度过大会导致元器件受潮，影响导电性能和焊接质量，甚至可能导致设备损坏。湿度过低会使元器件过于干燥，容易产生静电，对元器件的静电防护产生不利影响。

因此，本项目将研究如何精准控制 SMT 车间的温湿度，SMT 车间如图 3-1 所示。

图 3-1　SMT 车间

二、项目要求

本项目选用 RS485 型和模拟量型两种不同类型的温湿度传感器，实时采集车间的温湿度；经过数据采集和数据处理后，在边缘网关中能够正确显示实时温湿度数据；借助边缘网关编写处理决策，判断温湿度是否在设置的范围内，并将温湿度数据、报警状态显示在触摸屏中。

三、项目目标

（一）知识目标

1. 掌握边缘网关的数据处理功能。
2. 了解边缘网关与触摸屏的组成结构。
3. 了解边缘网关与触摸屏的工作原理。

（二）能力目标

1. 能够对边缘网关采集的原始数据进行预处理。
2. 能够在边缘网关中编写处理决策。
3. 能够将温湿度数据、报警状态传送至触摸屏中。

（三）素养目标

1. 具备网络安全文明生产、现场精益管理、精益求精的工匠精神。
2. 具备沟通能力、团队协作能力、举一反三能力和实践创新能力。
3. 具备爱岗敬业的职业素养和数智化思维意识。

四、知识图谱

本项目名为边缘网关实现设备的互联互通，共分为 4 个任务，分别为边缘数据的预处理、报警事件触发推送、边缘数据的可视化及边缘数据的决策处理，知识图谱如图 3-2 所示。

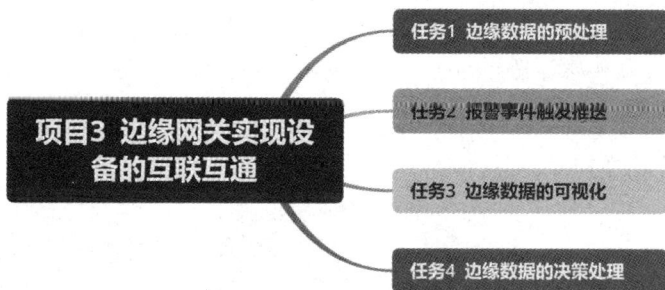

图 3-2　边缘网关实现设备的互联互通项目知识图谱

任务 1　边缘数据的预处理

一、任务描述

车间温湿度异常会导致生产中断和返工率的提升，降低生产效率。某企业为了优化生产流程，减少因环境问题导致的生产和质量问题，计划进行车间环境监控。本任务根据企业实际制定合理的温湿度采集方案，正确进行硬件接线和软件配置，并在边缘网关中实时监控温湿度数据。

二、任务分析

准确高效地采集温湿度数据需要考虑多方面因素，主要包括温湿度传感器的型号、边缘网关性能、通信参数的设置及设备的调试监控环节。

三、任务准备

任务准备表如表 3-1 所示。

表 3-1 任务准备表

任务编号	3-1	任务名称	边缘数据的预处理
设备	24V 稳压电源、温湿度传感器、研华 ADAM4017+、计算机		
网关	ECU-1152 边缘网关		
耗材	导线若干、网线 1 根		
工具	接线工具		
软件	Advantech EdgeLink Studio 软件、Advantech Adam/Apax.NET Utility 软件		
资料	工业互联网设备数据采集使用手册、智慧职教 MOOC-工业数据采集技术		

四、知识链接

温湿度传感器以温湿度一体式的探头作为测温组件，将温度和湿度信号采集出来，转换成与温度和湿度呈线性关系的电流信号或电压信号输出。

根据输出信号的不同，温湿度传感器主要分为 RS485 型温湿度传感器、模拟量型温湿度传感器、网络型温湿度传感器等，如图 3-3 所示。本次数据采集选用车间常用的两类传感器：RS485 型温湿度传感器和模拟量型温湿度传感器。

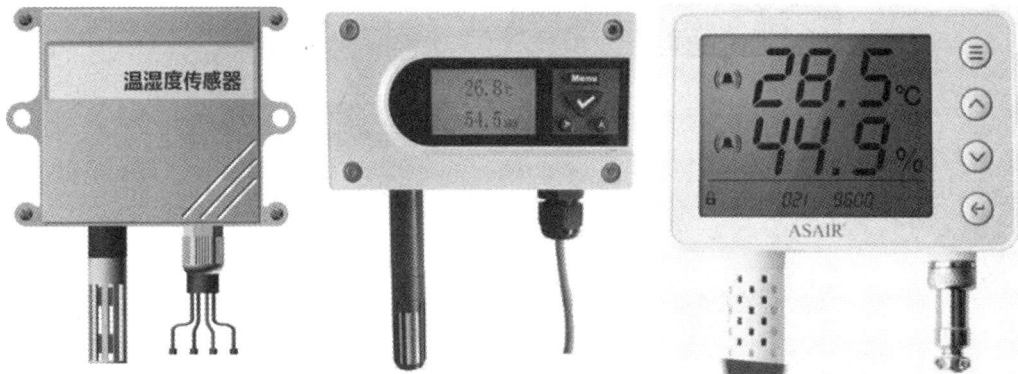

图 3-3 不同种类的温湿度传感器

五、任务实现

1. RS485 型温湿度传感器数据采集

本任务采用的是 SIN-TH800 系列高精度温湿度传感器，如图 3-4 所示。

图 3-4　温湿度传感器

接线说明如下。

- 红色（24V）：24V（电源正）。
- 黑色（公共端）：0V。
- 蓝色：网络输出 RS485 信号线的 A+端。
- 白色：网络输出 RS485 信号线的 B−端。

RS485 型温湿度传感器采用 Modbus-RTU 通信协议进行主从站之间的通信传输，通信地址如表 3-2 所示。

表 3-2　RS485 型温湿度传感器通信地址

寄存器地址	映像地址（十进制）	内容	操作
20H	40033	湿度（单位 0.1%RH）	只读
21H	40034	温度（单位 0.1℃）	只读

1）硬件连接

利用 RS485 型温湿度传感器和 ECU-1152 边缘网关完成温湿度的采集，温湿度传感器接线图如图 3-5 所示。

注意，在接线过程中务必断电操作。请同学们一定规范操作接线，养成良好的职业素养。

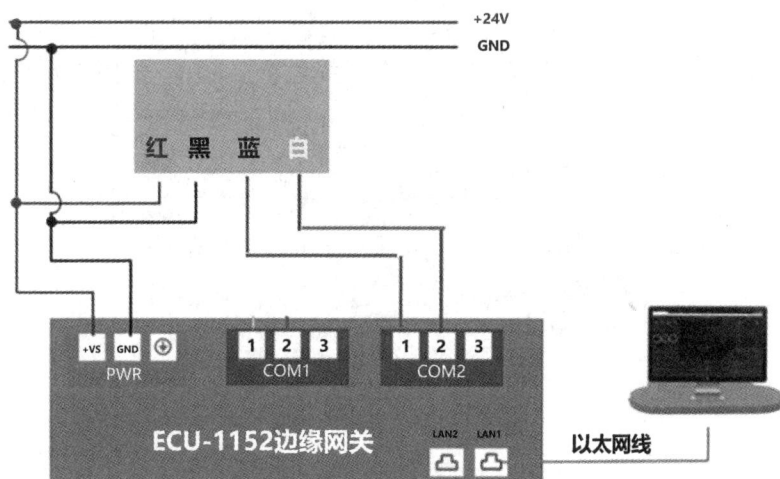

图 3-5　温湿度传感器接线图

2）软件配置

（1）网络配置。需要将静态 IP 地址与边缘网关 IP 地址配置在同一个网段。在 Windows 桌面单击"开始"→"控制面板"→"网络和 Internet"→"网络和共享中心"→"更改适配器"→"本地连接"→"属性"→"Internet 协议版本 4（TCP/IPv4）"选项，在弹出的对话框中，设置计算机 IP 地址和 DNS 服务器地址，如图 3-6 所示。

图 3-6　设置计算机 IP 地址和 DNS 服务器地址

打开 Advantech EdgeLink Studio 软件，在"在线"选项卡下单击"搜索设备"按钮，选择"在 IP 范围内搜索"选项，搜索出来的设备以绿色状态显示，如图 3-7 所示。

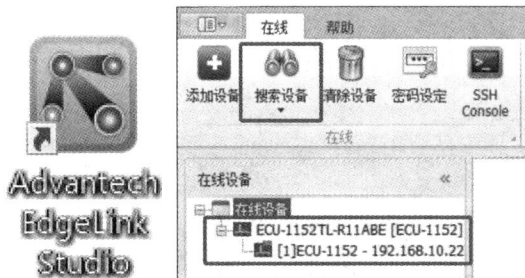

图 3-7　搜索设备

在"在线"选项卡下单击"搜索设备"按钮，新增的设备会出现左侧列表中，右击设备，单击"设置 IP"命令，弹出"设置 IP"对话框，配置 LAN1、LAN2 口参数，完成后单击"设置"按钮，如图 3-8 所示。

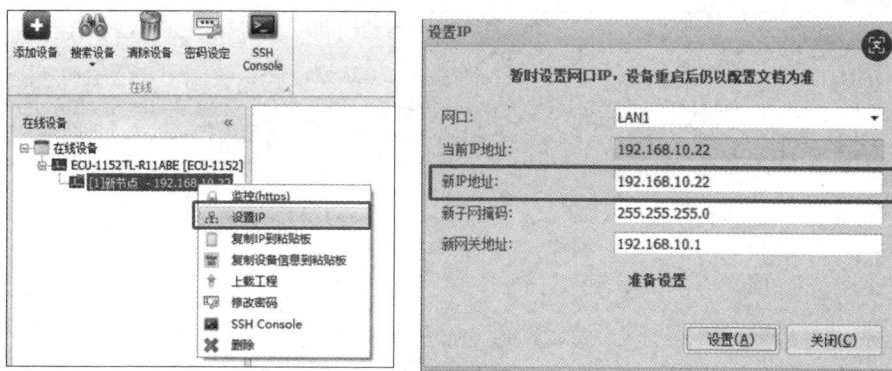

图 3-8 设置 IP 地址

（2）创建温湿度传感器工程。在任务栏"工程"下，单击"新建工程"按钮，弹出"工程"对话框，输入对应的名称、创建人、路径和描述，单击"确定"按钮即可，如图 3-9 所示。

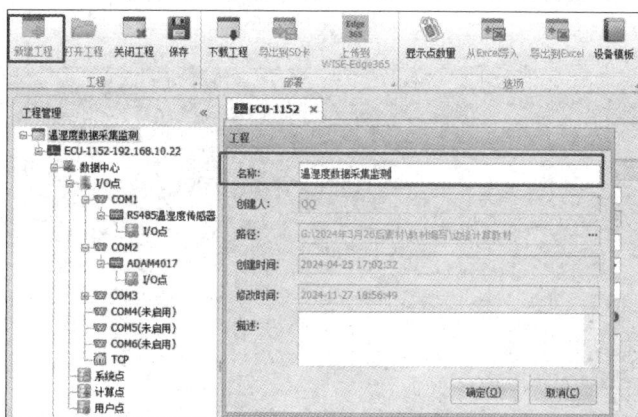

图 3-9 新建工程

在"工程管理"属性下右击"温湿度数据采集监测"选项，在弹出的快捷菜单中选择"添加设备"命令，如图 3-10 所示，在弹出的界面中配置设备基本属性，这里采用 IP 地址进行设备识别，IP 地址为 192.168.10.22，配置完成后，单击"应用"按钮，完成设备添加，如图 3-11 所示。

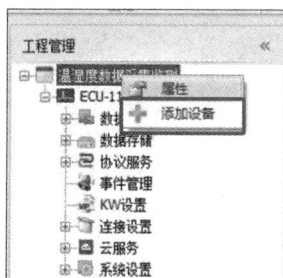

图 3-10 添加设备 1

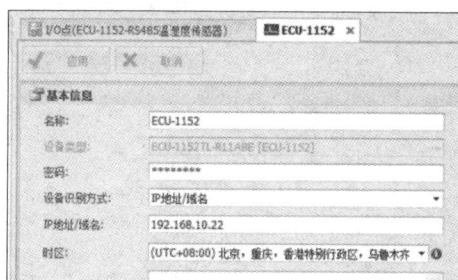

图 3-11 设备编辑

（3）启用 COM 端口。展开"数据中心"→"I/O 点"，双击"COM1"串口，在弹出的界面中勾选"启用"复选框，根据选用的温湿度传感器进行串口设定，如图 3-12 所示。

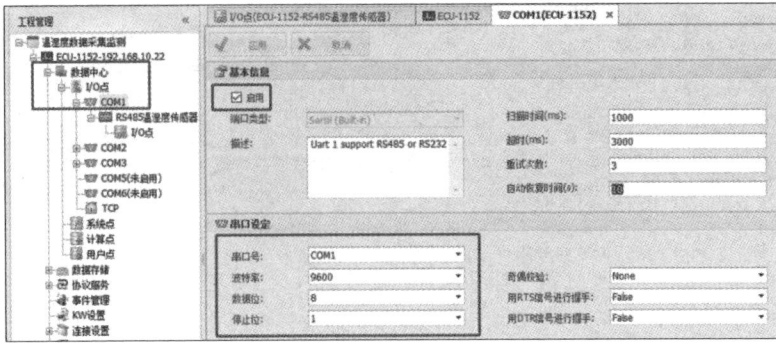

图 3-12 设备信息 1

（4）添加温湿度传感器。右击"COM1"串口，在弹出的快捷菜单中选择"添加设备"命令，如图 3-13 所示。在弹出的"RS485 温湿度传感器（ECU-1152）"界面中勾选"启用设备"复选框，配置温湿度传感器基本属性，配置完成后，单击"应用"按钮，完成设备添加，如图 3-14 所示。

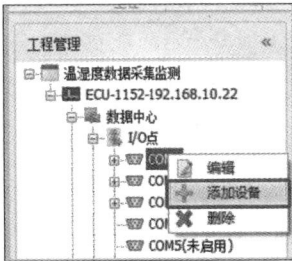

图 3-13 添加设备 2

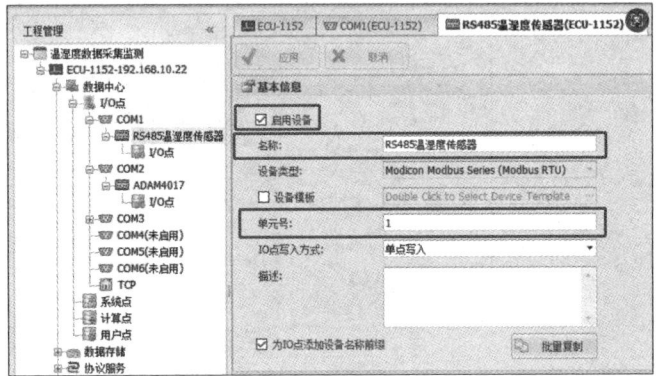

图 3-14 设备信息 2

（5）添加温湿度传感器终端 I/O 点。右击"RS485 温湿度传感器"选项，在弹出的快捷菜单中选择"添加"命令，在弹出的界面中为温湿度传感器终端设备添加通信 I/O 点，如图 3-15 所示。

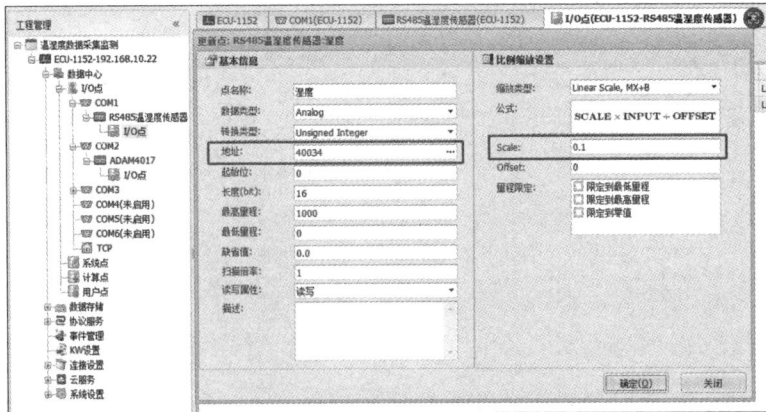

图 3-15 温湿度传感器湿度信息

温湿度传感器终端 I/O 点建立完成后，将在 I/O 点列表中集中显示，包含点名称、数据类型、地址、转换类型、缩放类型等 I/O 点关键参数，如图 3-16 所示。

图 3-16 设备 I/O 点列表

回到"工程管理"属性，单击"温湿度数据采集监测"选项，单击"下载工程"按钮，如图 3-17 所示。

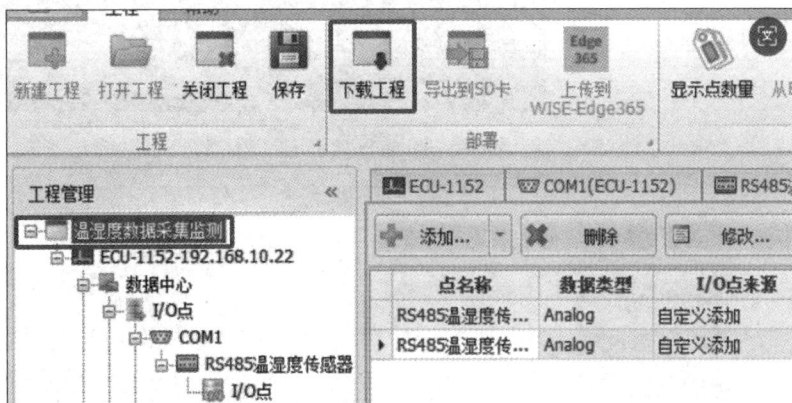

图 3-17 下载工程

等待工程自动编译，完成后，状态显示为编译成功，单击"下载工程"按钮，如图 3-18 所示。

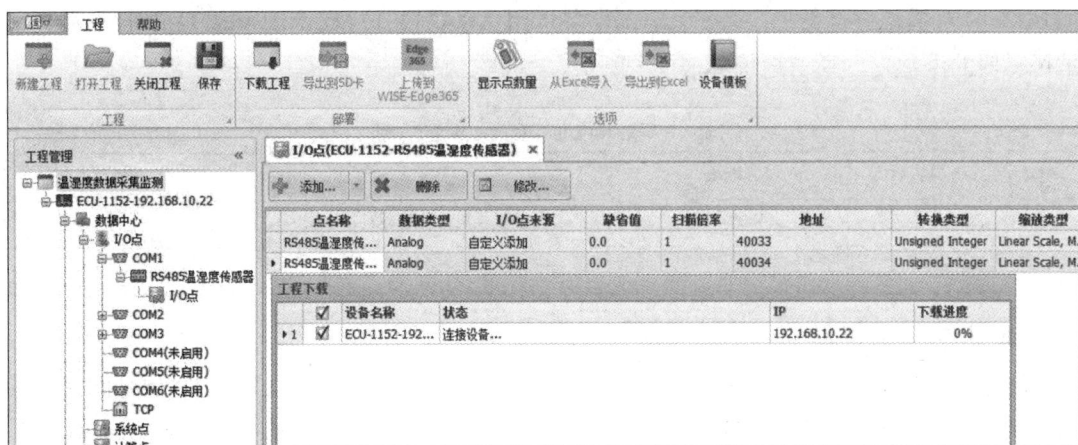

图 3-18 工程下载编译和下载重启成功

在"在线设备"列表中右击设备，在弹出的快捷菜单中选择"监控"命令，打开监控弹出框，输入设备默认密码 0000000，单击"登录"按钮，如图 3-19 所示。若"质量"显示为

"Good"，则表示设备与网关连接成功，采集的温湿度数值如图 3-20 所示。

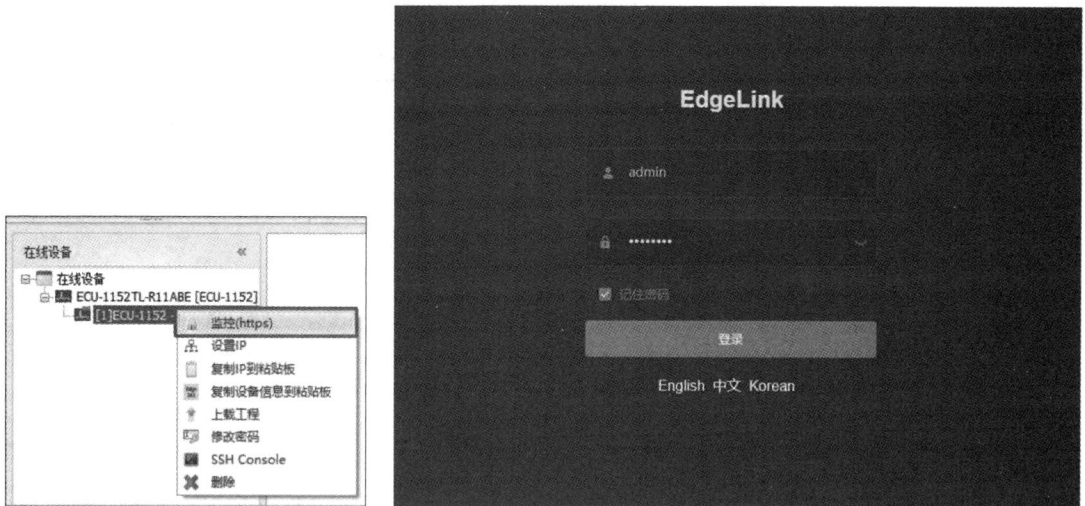

图 3-19　设备监控

图 3-20　I/O 点在线监控

2. 模拟量型温湿度传感器数据采集

选用 KSW-AJ-80 系列模拟量型温湿度传感器。模拟量型温湿度传感器需配合
ADAM4017+模块进行数据采集分析，本任务选用 ADAM4017+模块的 Vin6+和 Vin7+端口采
集传感器的温湿度，通信地址如表 3-3 所示。

表 3-3　模拟量型温湿度传感器通信地址

ADAM4017+模块端口	映像地址	内容	操作
Vin6+	40007	湿度（单位 0.1%RH）	只读
Vin7+	40008	温度（单位 0.1℃）	只读

1）硬件连接

利用模拟量型温湿度传感器、模拟量输入模块 ADAM4017+及 ECU-1152 边缘网关完成
温湿度的采集，温湿度传感器接线图如图 3-21 所示。ADAM4017+模块的 DATA+、DATA-
分别与 ECU-1152 边缘网关中的 COM3 口的 1 口和 2 口连接。ECU-1152 边缘网关网口通过
以太网连接本地服务器，ECU-1152 边缘网关的电源口接 24V 电源的正负极。这里必须强调，
在接线过程中务必断电操作，请同学们一定要规范接线，养成良好的职业素养。

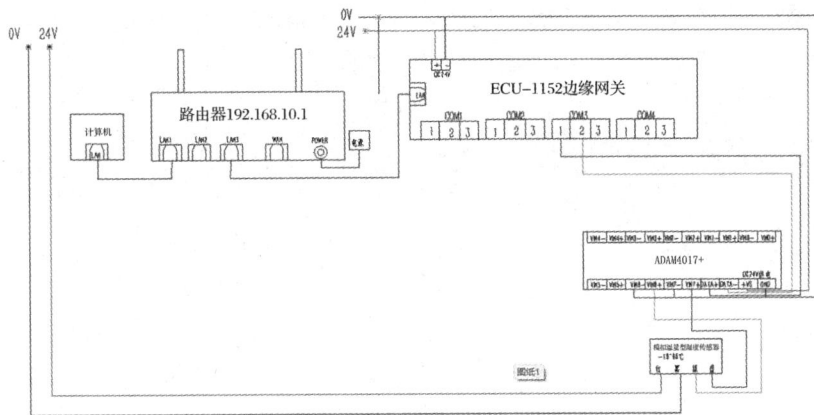

图 3-21　温湿度传感器接线图

2）软件配置

（1）模拟量输入模块软件配置。安装配置工具软件 Advantech Adam/Apax.NET Utility，完成以下设置。

① 添加串口。右击"Serial"选项，在弹出的快捷菜单中选择"Refresh Subnodes"命令，添加"COM9"串口，如图 3-22 所示。

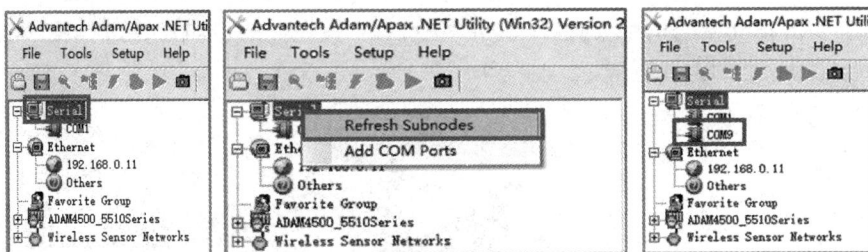

图 3-22　添加串口

② 添加 4017P 模块。右击"COM9"串口，在弹出的快捷菜单中选择"Search Device"命令，或者单击搜索图标，在弹出的对话框中单击"Start"按钮，在"COM9"串口下方出现"4017P(*)"选项，单击该选项，会显示 4017P 模块的基础信息，如图 3-23 所示。

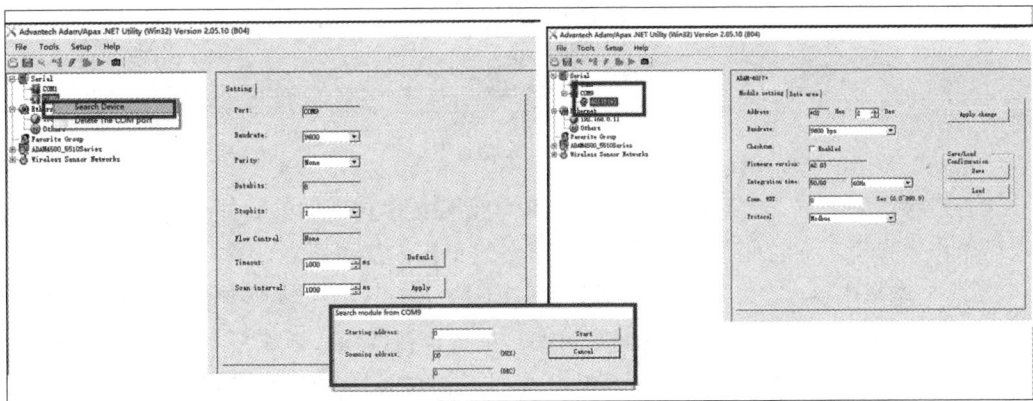

图 3-23　添加 4017P 模块

③ 新增模块设置。单击"4017P(*)"选项，将"Protocol"设置为"Modbus"，单击"Apply change"按钮，配置完成后会弹出提示对话框，如图 3-24 所示。

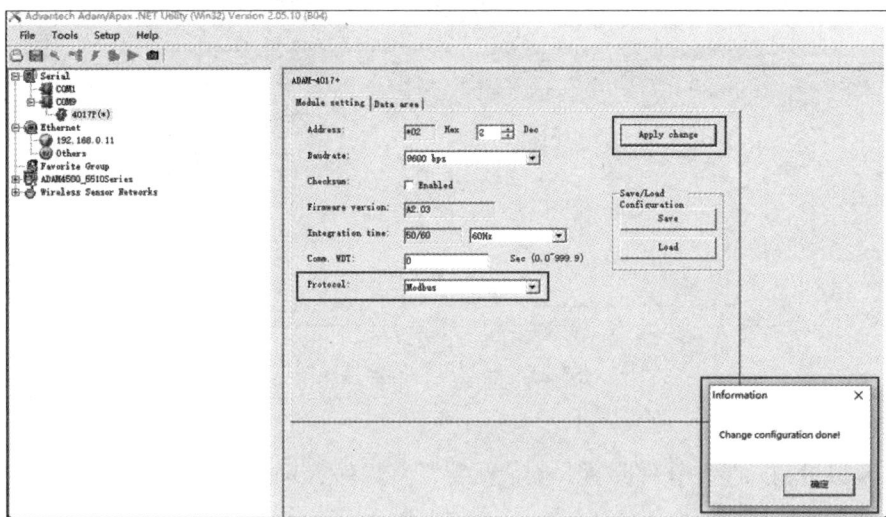

图 3-24　模块设置

④ 电流设置。单击"Data area"选项卡，在"Input range"下拉列表中选择"4~20 mA"选项，勾选"All follow CH"复选框，单击"Apply"按钮完成电流设置，如图 3-25 所示。

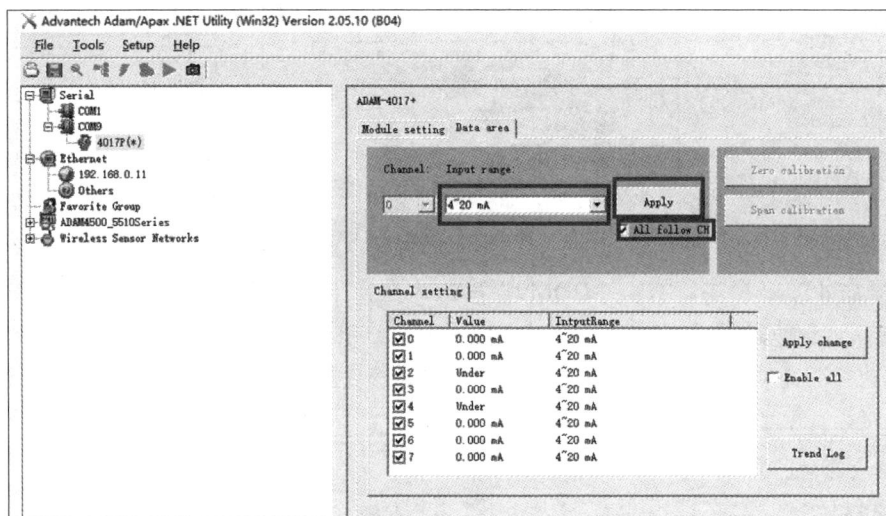

图 3-25　电流设置

（2）边缘网关配置。此配置与本项目中 RS485 温湿度传感器的软件配置思路基本一样，大家可以作为参考，下面重点说明两者不同之处。单击添加更新点，弹出更新点对话框，在"点名称"文本框中输入"温度"，"数据类型"选择"Analog"，"转换类型"选择"Unsigned Integer"，如图 3-26 所示。地址设置非常重要，如果设置错误会导致整个数据采集的失败，所以请同学们一定要养成严谨细致的工作作风。通过查找温湿度传感器说明书可知，温度映像地址为 40008，不需要转换。

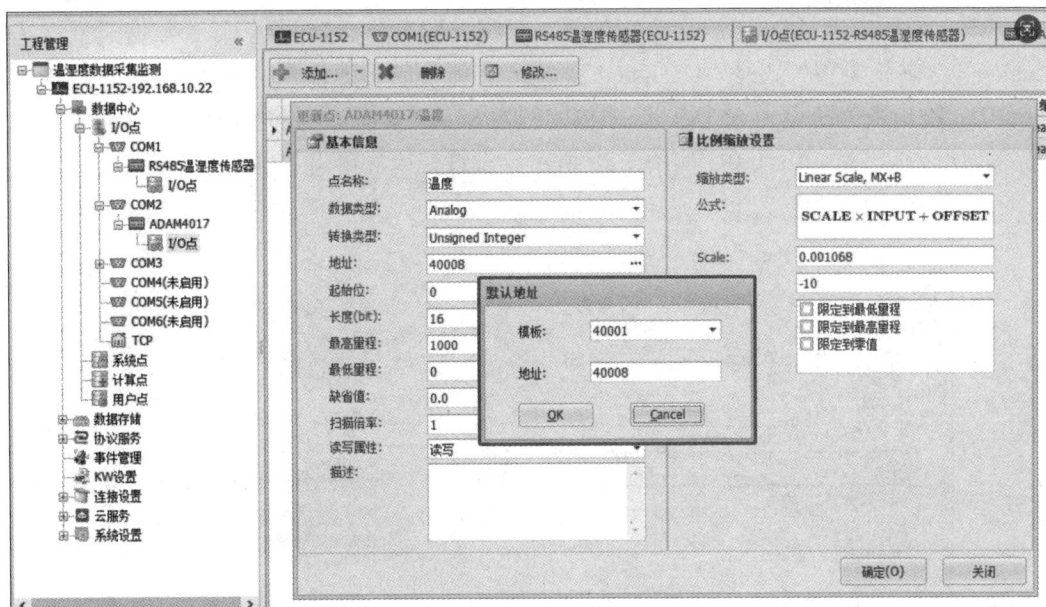

图 3-26　模拟量型温湿度传感器温度设置

为了能准确地显示温湿度数值，还要进行比例缩放值设置，在右侧"比例缩放设置"栏中，在"缩放类型"下拉列表中选择"Linear Scale, MX+B"选项。如何计算缩放比例（Scale）和偏移量（Offset）呢？通过查阅本款温湿度传感器的说明书，可得湿度量程为 0～100%RH，输出信号为 4～20mA，ADAM4017+对应的数值范围为 0～65535（16 位）。温度量程为-10～60℃，输出信号为 4～20mA，ADAM4017+对应的数值范围为 0～65535（16 位）。此温度量程跨度为 70℃，输出数值范围为 65535，则 Scale=70/65535=0.001068。由于温度值有低于 0℃的数据，需要设置偏移量 Offset--10，如图 3-27 所示，温度设置完成后单击"确定"按钮即可。

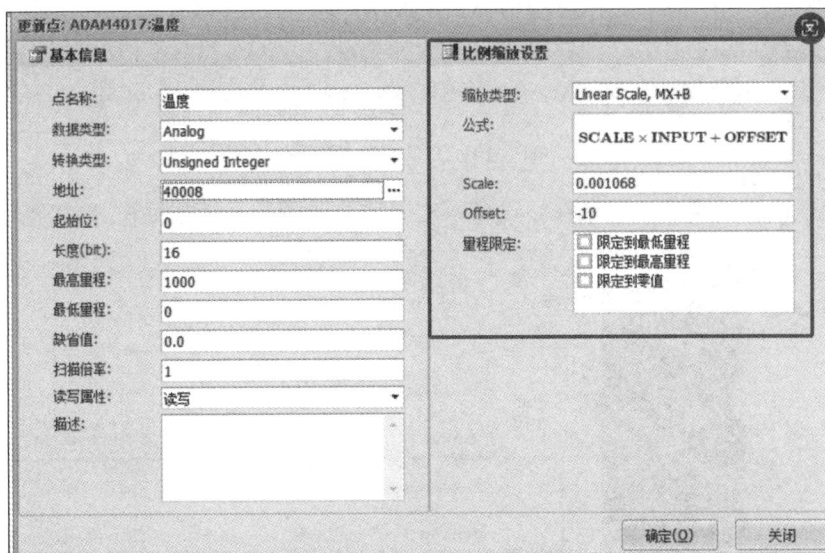

图 3-27　温度比例缩放设置

同理，设置湿度 I/O 点的比例缩放值。根据温湿度传感器说明书，"数据类型"选择"Analog"，"转换类型"选择"Unsigned Integer"，湿度映像地址为 40007。湿度量程跨度为100%RH，输出数值跨度为 65535，则缩放比例为 Scale=100/65535=0.001526。因为湿度值从0 开始，所以偏移量 Offset=0，如图 3-28 所示。设置完成后单击"确定"按钮即可。

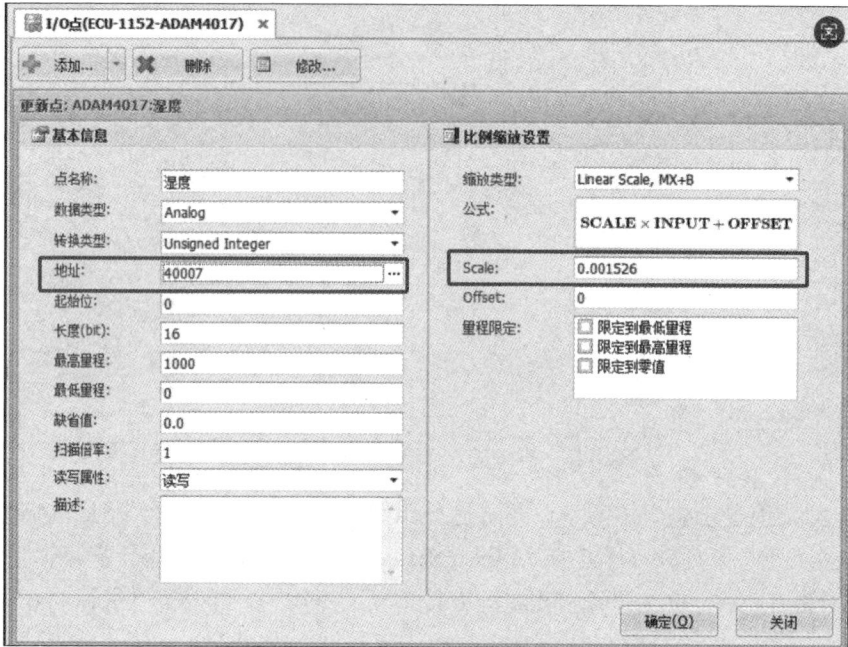

图 3-28　湿度比例缩放设置

温湿度传感器终端 I/O 点建立完成后，将在 I/O 点列表中集中显示，包含点名称、数据类型、地址、转换类型、缩放类型等 I/O 点关键参数，如图 3-29 所示。

图 3-29　设备 I/O 点列表

完成上述设备设置后，登录在线设备，实时监控温湿度数值，如图 3-30 所示。

图 3-30　I/O 点在线监控

六、任务实施

1. 任务分配

请将人员分组及任务分配情况填写至表 3-4。

表 3-4 任务分配表

组名		日期	
组训		组长	
成员	任务分工	成员	任务分工

2. 拟定方案

小组成员共同拟定数据采集方案，列出本任务需要用到的设备、参数，并填写至表 3-5。

表 3-5 任务方案表

序号	设备	参数	备注

3. 运行测试

请将运行测试结果填写至表 3-6。

表 3-6 运行测试表

任务名称		测试小组	
测试名称	测试结果	测试人员	存在问题
安装测试			
硬件测试			
软件测试			
采集测试			

七、任务总结

任务完成后，学生根据任务实施情况，分析存在的问题和原因，并填写至表 3-7，指导教师对任务实施情况进行点评。

表 3-7 任务总结表

任务实施过程	存在问题	解决办法
硬件连接		

续表

任务实施过程	存在问题	解决办法
软件配置		
数据采集与调试		
其他		

八、任务评价

请将本任务评价情况填写至表 3-8。

表 3-8　任务评价表

序号	评价内容	自我评价	小组评价	教师评价	评分标准
1	态度端正，工作认真				5
2	遵守安全操作规范				5
3	能熟练、多渠道地查找参考资料				10
4	能够熟练地完成项目中的任务要求				30
5	方案优化，选型合理				10
6	能正确回答指导教师的问题				10
7	能在规定时间内完成任务				20
8	能与他人团结协作				5
9	能做好 7S 管理工作				5
	合计				100
	总分				

九、巩固自测

1. 温湿度传感器是指能将（　　　）转换成容易被测量处理的（　　　）的设备或装置。

2. 温湿度传感器根据输出信号类型的不同主要分为（　　　）、（　　　）和（　　　）。

3. 已知计算机的 IP 地址为 192.168.1.26，工业网关使用（　　）才可以与计算机通信。

　　A．192.168.0.254　　　　　　B．192.168.26.100

　　C．192.168.0.26　　　　　　　D．192.168.1.100

4. 基于 TCP/IP 通信协议的工业设备一般都会有 RJ5 的接口，也就是以太网口。（　　）

5. 在为温湿度传感器终端设备添加 I/O 点时，采集地址的值要与设备寄存器的地址一一对应。（　　）

任务 2　报警事件触发推送

一、任务描述

在工业生产车间，根据不同的工艺和设备要求会选择不同的温湿度传感器，从而提高温湿度数据的精度和稳定性。例如,有些区域需要高精度的测量,而有些区域则更注重稳定性和可靠性。多样化的温湿度传感器可以满足不同需求,提高生产过程的灵活性和适应性。一个车间通常也会安装不止一个温湿度传感器。

二、任务分析

本任务我们选用模拟量型和 RS485 型两种不同输出方式的温湿度传感器,通过编写策略对数据进行预处理,来判断温湿度的有效性,若采集的温度和湿度不在规定范围时,则发出报警信息,提醒车间人员及时处理。

三、任务准备

任务准备表如表 3-9 所示。

表 3-9 任务准备表

任务编号	3-2	任务名称	报警事件触发推送
设备	24V 稳压电源、温湿度传感器、三色灯、计算机、研华 ADAM4017+和 ADAM4150		
网关	ECU-1152 边缘网关		
耗材	导线若干、网线 1 根		
工具	接线工具		
软件	Advantech EdgeLink Studio 软件、Advantech Adam/Apax.NET Utility 软件		
资料	工业互联网设备数据采集使用手册、智慧职教 MOOC-工业数据采集技术		

四、知识链接

1. 边缘侧决策处理

边缘网关具备强大的计算和存储能力,能够在设备本地进行边缘侧决策处理。通过在边缘计算网关上执行算法和策略,可以实现快速的数据分析和故障诊断,减少数据传输量和延迟,并提供即时响应的能力。

边缘侧决策处理的优势如下。

(1)低延迟:通过在设备或网络边缘进行数据处理,可以缩短数据传输到数据中心的时间,从而降低延迟,提高响应速度和用户体验。

(2)减轻网络负担:边缘计算减少了大量数据在网络中的传输,降低了网络拥塞和带宽成本,同时提高了网络的整体效率。

(3)数据安全和隐私保护:边缘计算可以在数据源附近处理和存储数据,减少了数据在互联网上的传输,降低了数据泄露的风险,提高了数据的安全性和隐私保护。

(4)实时分析和智能决策:边缘计算可以实现实时数据处理和分析,为边缘设备和应用提供实时反馈和智能决策支持,有助于实现智能制造、智能交通、智能家居等领域的创新应用。

2. ADAM4150 远程扩展模块

研华 ADAM4150 是一款坚固型 15 路隔离数字量 I/O 模块，适用于工业环境。它具有 7 路数字输入（支持计数计频，高达 3kHz）和 8 路数字输出（支持脉冲输出，可达 1kHz），并且具备宽温工作能力。

此外，ADAM4150 还具备宽电源输入范围（+10～+48V DC）、高抗噪性（1kV 浪涌保护电压输入，3kV EFT 及 8kV ESD 保护）、易于监测状态的 LED 指示灯、数字滤波器功能等特性。

ADAM4150 的具体应用场景如下。

（1）工业自动化：在工厂自动化、生产线控制等场景中，ADAM4150 可用于连接各种传感器和执行器，实现自动化控制。

（2）环境监测：在环境监测系统中，ADAM4150 可用于采集温度、湿度等环境参数，并通过输出信号控制相应设备进行调整。

（3）设备控制：在设备控制系统中，ADAM4150 可用于控制电机、阀门等设备的开关状态，实现远程控制和管理。

3. 三色灯

三色灯的作用主要体现在信息传递、警示作用、提升生产效率、保障安全等方面。三色灯通过不同颜色的组合（如红色、黄色、绿色）来传递特定的信息。三色灯在安全管理中发挥着警示作用，特别是在潜在的危险即将发生时，红色灯会亮起，提醒人们警惕并采取必要的措施，以防事故的发生。

例如，在生产场所中，三色灯能够快速有效地提醒职工注意安全，尤其是在危险等级较高、用电量大、压力大、能量高的场所中，一旦出现故障，往往会导致事故的发生。通过设置三色灯，可以有效防止发生意外事故，加强了职工的安全保障感和防范意识。

此外，三色灯还能提升生产效率。在生产过程中，三色灯通过不同的颜色来提示职工设备的安全状况，如果设备发生故障或有危险，三色灯的颜色会变为红色，表示设备处于停止状态，职工必须停止使用，确保自身安全。这种机制帮助职工快速了解设备运行情况，及时检查设备，对设备故障的处理有了更快的速度和更高的准确性，从而提升生产效率。

五、任务实现

1. 数据边缘侧决策处理的硬件连接

要想实现边缘侧决策处理，除了需要对采集到的数据进行分析和决策，还需要利用硬件做出相应的提醒，本任务选用三色灯进行报警处理，因此增加 ADAM4150 和三色灯，硬件接线如图 3-31 所示。ADAM4150 的 DO0 口接三色灯的红灯线，ADAM4150 的 DO1 口接三色灯的绿灯线，三色灯的黑灯线接 24V，其他的接线保持任务 1 的接线方式。这里必须强调，在接线过程中务必断电操作，请同学们一定要规范接线，养成良好的职业素养。

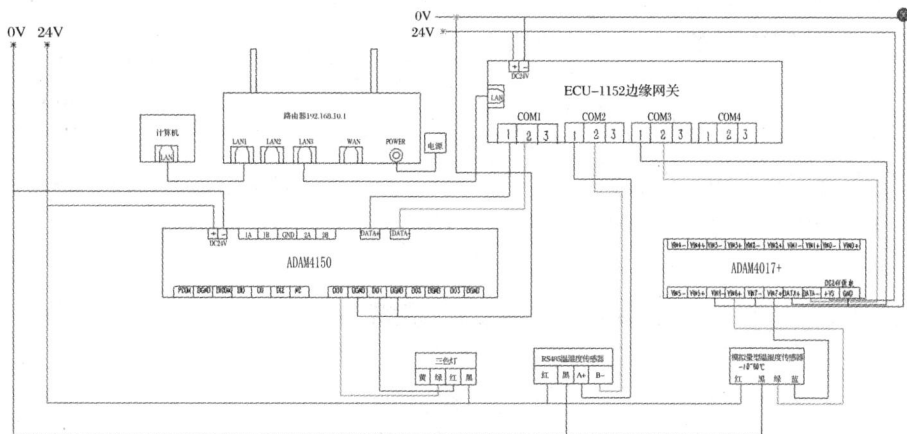

图 3-31　温湿度传感器接线图

2．数据边缘侧决策处理的软件配置

1）添加 ADAM4150 通信 I/O 点

ADAM4150 自身配置与任务 1 中的 ADAM4017+类似。ADAM4150 映射表如表 3-10 所示。

表 3-10　ADAM4150 映射表

地址	通道	项目	操作
0017	1	数字输出信号	写
0018	2	数字输出信号	写
0019	3	数字输出信号	写
0020	4	数字输出信号	写

在 COM3 串口下添加 ADAM4150，为 ADAM4150 终端设备添加通信 I/O 点，分别为红灯和绿灯的控制，ADAM4150 的 DO0 口接三色灯的红灯线，添加地址为 00017，ADAM4150 的 DO1 口接三色灯的绿灯线，添加地址为 00018，如图 3-32 所示。

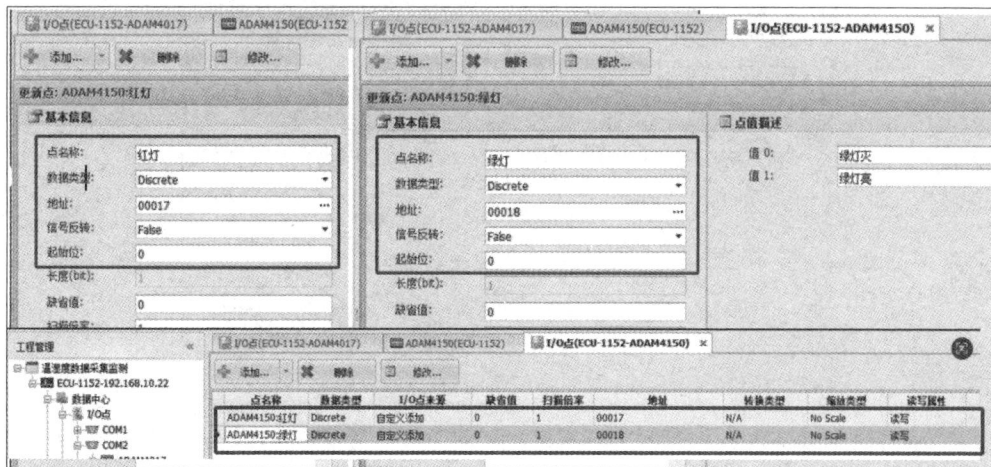

图 3-32　添加通信 I/O 点

2）数据计算点配置

（1）计算点概述。计算点是一种特殊的 Tag 点，它是某个表达式的计算结果，该表达式的参数可以是 Tag 点或常数，在表达式中可以使用四则运算、逻辑运算、三角函数等。通过使用计算点，可以做一些相对复杂的计算，减少上位机的运算量。

（2）计算点添加。双击工程树上的"计算点"节点，单击"添加"按钮，添加一个计算点，输入基本信息，其中的"周期"参数表示该计算点每隔多久被计算一次，以秒为单位，如图 3-33 所示。

"表达式设置"界面中，计算点支持的函数和运算符一共分为五类，即算术操作、函数、三角函数、逻辑判断、布尔运算，如图 3-34 所示。

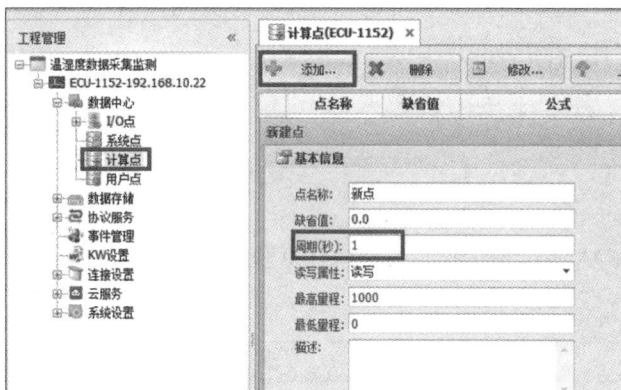

图 3-33 添加计算点

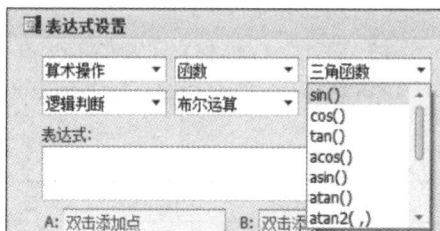

图 3-34 函数和运算符

选择合适的表达式后，需要选择该变量对应的 Tag 点，可以双击 A、B、C、D、E、F、G、H 选项，选择需要计算的 Tag 点，最后单击"确定"按钮完成 Tag 点的添加，如图 3-35 所示。

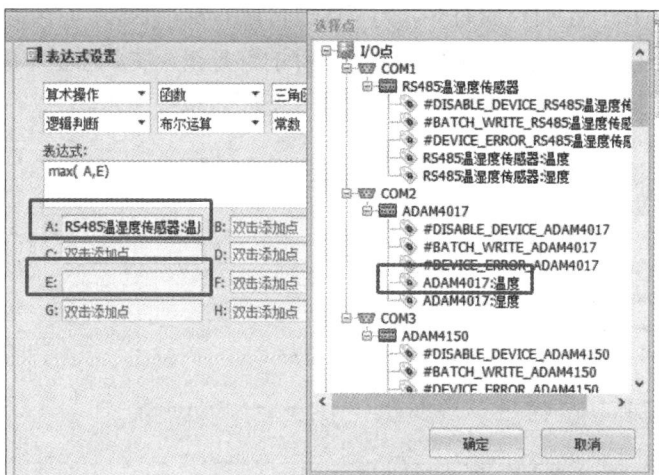

图 3-35 添加 Tag 点

（3）添加温湿度计算点。双击工程树上的"计算点"节点，单击"添加"按钮添加一个计算点，输入基本信息。在"表达式设置"部分中选择平均值函数，计算 RS485 型温湿度传感器温度数据和模拟量型温湿度传感器温度数据的平均值，作为最终数据，如图 3-36 所示。

按照同样的方法设置平均湿度值。

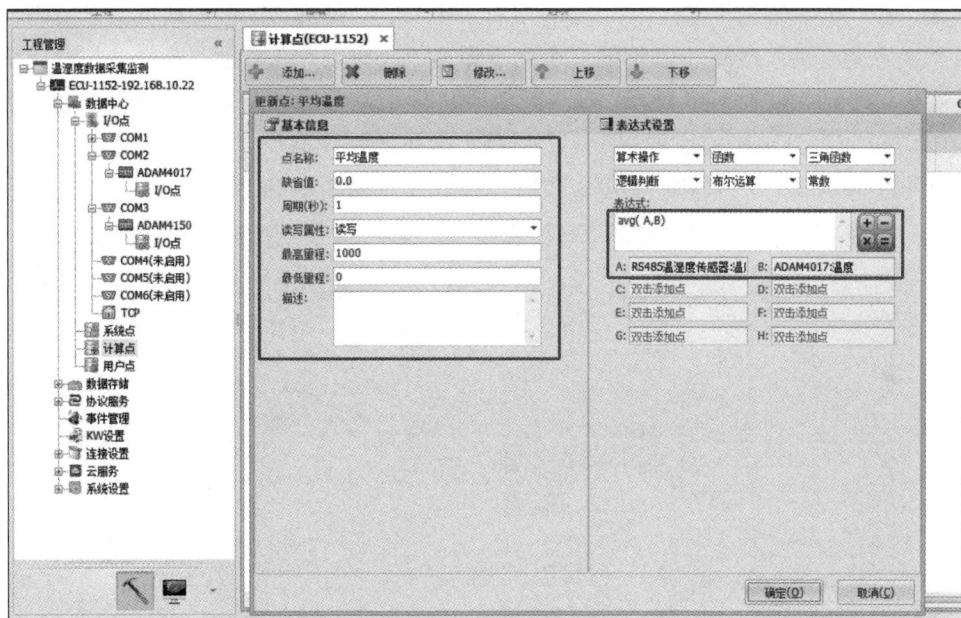

图 3-36　添加平均温度计算点

完成温度和湿度的设置后，添加逻辑判断点，即当温度在 18～29℃和湿度在 20%～65%RH 时，逻辑为 1，表示正常，否则为 0，表示不正常，如图 3-37 所示。

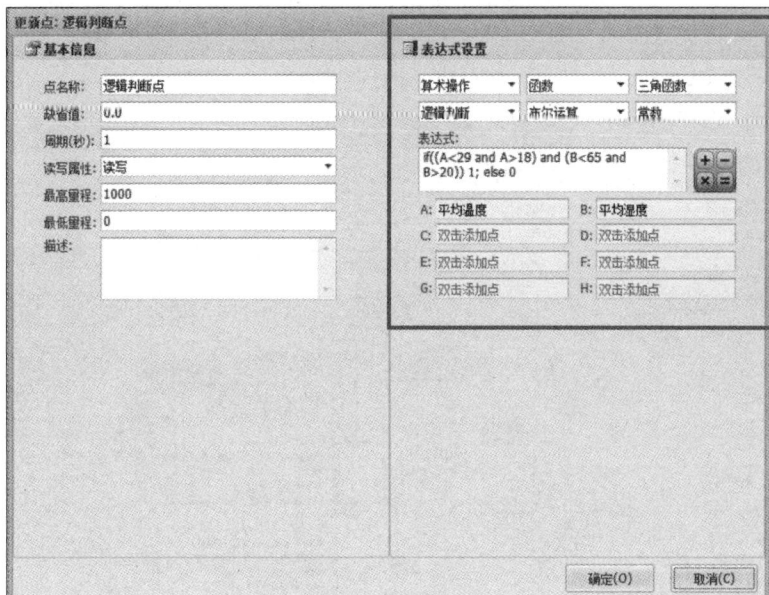

图 3-37　添加逻辑判断点

3）数据事件管理

事件管理界面允许用户设置事件的触发条件，当状态满足条件时触发事件，当状态从满足条件转变为不满足条件时执行事件解除。

双击工程树上的"事件管理"节点，弹出"事件编辑"界面，添加绿灯和红灯事件。以绿灯为例，在"事件来源"选区中，"事件名称"填写为"绿灯"，"间隔时间"设置为"500" ms，在"关联点名称"处单击右侧的三个黑点弹出"选择点"选项框，选择"逻辑判断点"，单击"确定"按钮，如图 3-38 所示。在"当事件触发"选区中，"处理动作选择"设置为"写点"，在"Tag 点"处单击右侧的三个黑点选择"COM3"下的"ADAM4150:绿灯"，在"公式"文本框中输入"1"，即满足温度设置时，绿灯亮，如图 3-39 所示。

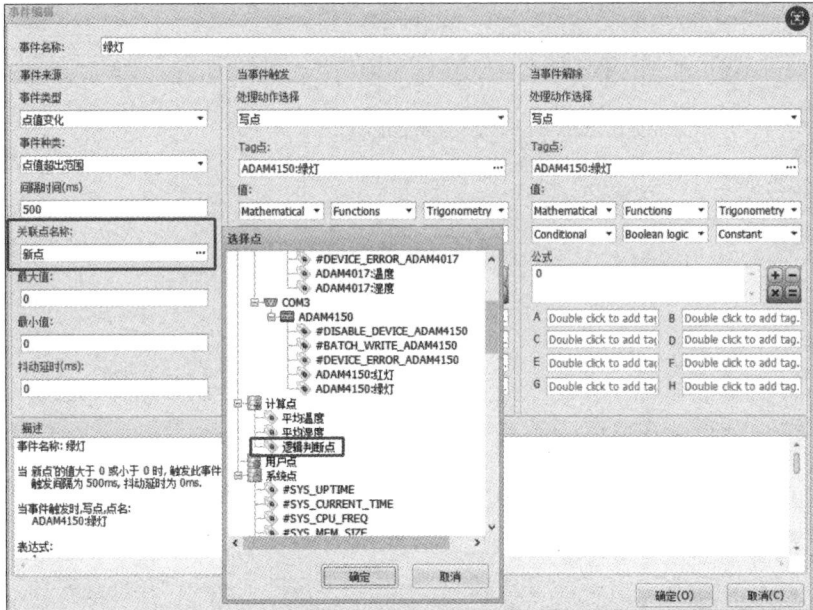

图 3-38　事件来源设置

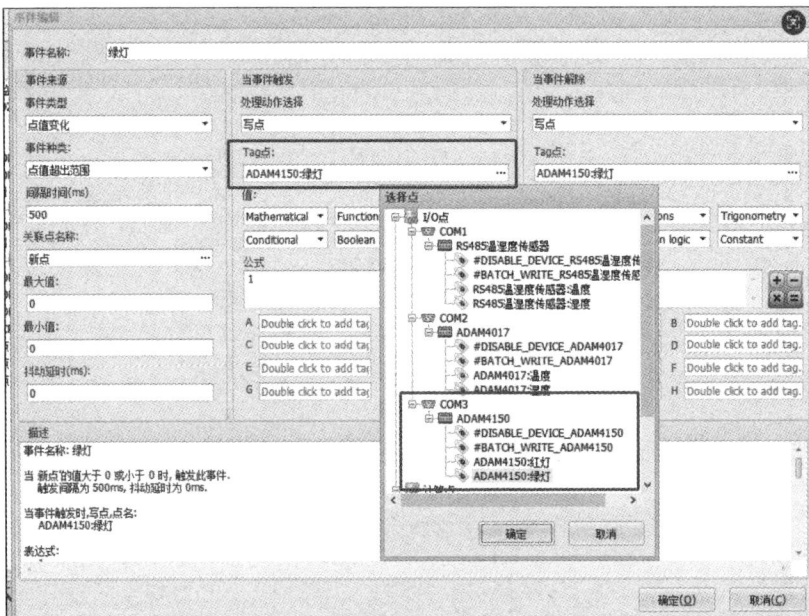

图 3-39　事件触发设置

在"当事件解除"选区中，"处理动作选择"设置为"写点"，在"Tag点"处单击右侧的三个黑点选择"COM3"下的"ADAM4150:绿灯"，在"公式"文本框中输入"0"，即不满足温度设置时，绿灯灭，如图3-40所示。采用同样的方法设置湿度参数。

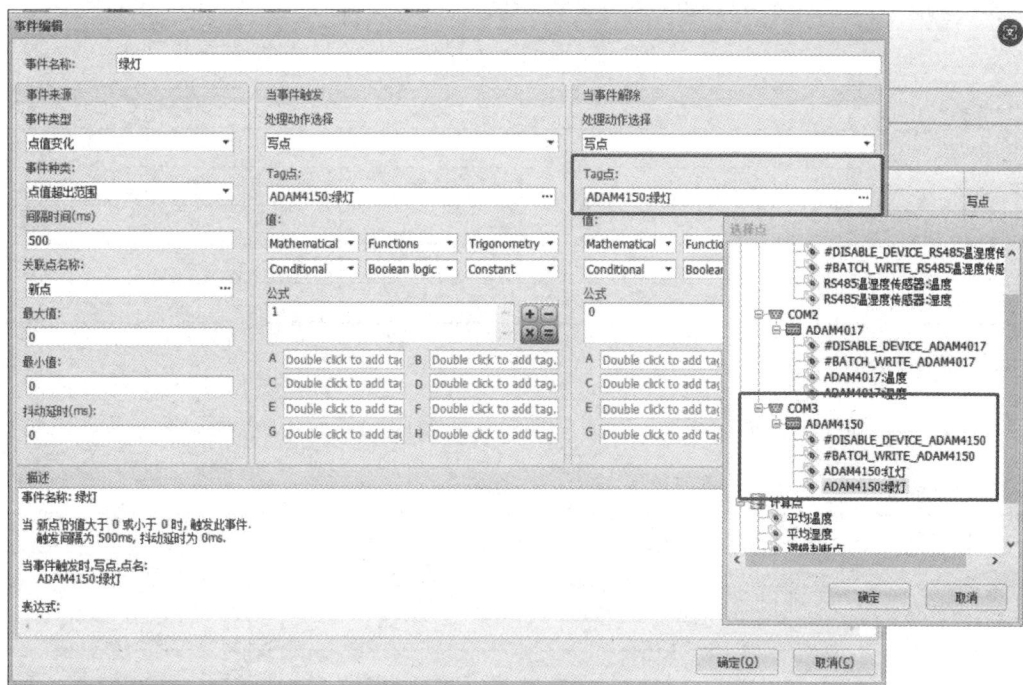

图3-40　事件解除设置

设置完成后，单击"确定"按钮，完成本次设置，最后效果如图3-41所示。

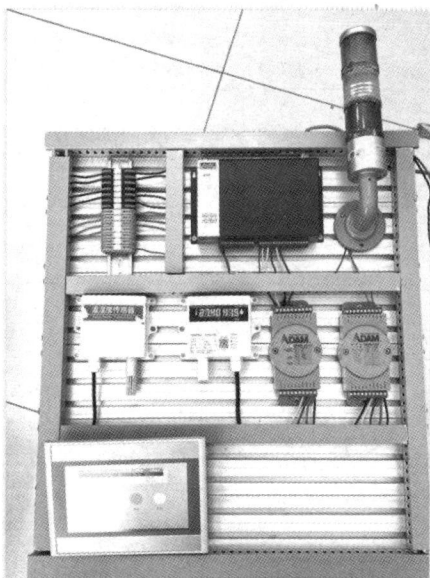

图3-41　温湿度在正常范围内时绿灯亮

六、任务实施

1. 任务分配

请将人员分组及任务分配情况填写至表 3-11。

表 3-11 任务分配表

组名		日期	
组训		组长	
成员	任务分工	成员	任务分工

2. 拟定方案

小组成员共同拟定数据采集方案，列出本任务需要用到的设备、参数，并填写至表 3-12。

表 3-12 任务方案表

序号	设备	参数	备注

3. 运行测试

请将运行测试结果填写至表 3-13。

表 3-13 运行测试表

任务名称		测试小组	
测试名称	测试结果	测试人员	存在问题
安装测试			
硬件测试			
软件测试			
采集测试			

七、任务总结

任务完成后，学生根据任务实施情况，分析存在的问题和原因，并填写至表 3-14，指导教师对任务实施情况进行点评。

表 3-14 任务总结表

任务实施过程	存在问题	解决办法
硬件连接		

续表

任务实施过程	存在问题	解决办法
软件配置		
数据采集与调试		
其他		

八、任务评价

请将本任务评价情况填写至表 3-15。

表 3-15 任务评价表

序号	评价内容	自我评价	小组评价	教师评价	评分标准
1	态度端正,工作认真				5
2	遵守安全操作规范				5
3	能熟练、多渠道地查找参考资料				10
4	能够熟练地完成项目中的任务要求				30
5	方案优化,选型合理				10
6	能正确回答指导教师的问题				10
7	能在规定时间内完成任务				20
8	能与他人团结协作				5
9	能做好 7S 管理工作				5
	合计				100
	总分				

九、巩固自测

1. 根据 ADAM4150 映射表可知,本任务选用的端口号对应的地址为（   ）和（   ）。

2. 什么是计算点?简述如何添加温湿度的计算点。

3. 什么是数据事件管理?如何设置温湿度的触发条件从而完成本任务的事件管理?

任务 3   边缘数据的可视化

一、任务描述

为满足车间温湿度实时监测与异常提醒的需求,本任务旨在设计并实施一个基于触摸屏的车间温湿度异常报警系统。该系统能实时展示车间内的温湿度状况,并将温湿度、报警状态在触摸屏中展示。

二、任务分析

在前面的任务中已经成功采集出温湿度数据,并通过三色灯进行实时状态的显示。本任务将温湿度数据和三色灯状态在触摸屏中进行可视化展示，达到及时、有效地警示操作人员的目的。

三、任务准备

任务准备表如表 3-16 所示。

表 3-16　任务准备表

任务编号	3-3	任务名称	边缘数据的可视化
设备	24V 稳压电源、MCGSTPC 嵌入式一体化触摸屏、计算机		
网关	ECU-1152 边缘网关		
耗材	导线若干、网线 2 根		
工具	接线工具		
软件	Advantech EdgeLink Studio 软件、McgsPro 组态软件		
资料	MCGS 组态软件操作手册		

四、知识链接

本任务选用的触摸屏型号为 TPC7032Ki。系统设置包含背光灯、蜂鸣器、触摸屏、IP 地址、日期/时间设置等。开机启动后屏幕出现"正在启动"提示进度条时，单击任意位置，弹出"启动属性"对话框；单击"系统维护"按钮，弹出"系统维护"对话框；单击"设置系统参数"按钮，弹出"TPC 系统设置"对话框，如图 3-42 所示。对本任务而言，需要正确设置触摸屏的本地 IP 地址，确保能与边缘网关建立通信，实现数据的传输和展示。

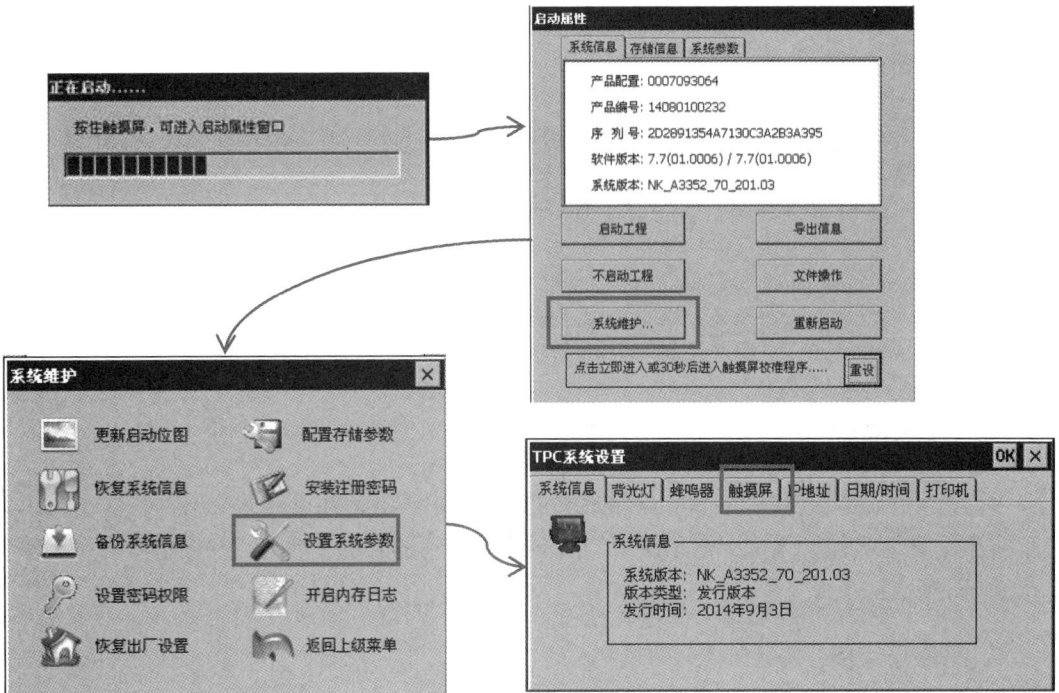

图 3-42　TPC 系统设置

五、任务实现

1. MCGS 嵌入版组态软件

MCGS 嵌入版组态软件是昆仑通态公司专门为 MCGSTPC 开发的组态软件,主要完成现场数据的采集与监测、前端数据的处理与控制。MCGS 嵌入版组态软件生成的用户应用系统主要由主控窗口、设备窗口、用户窗口、实时数据库和运行策略五部分构成,如图 3-43 所示。

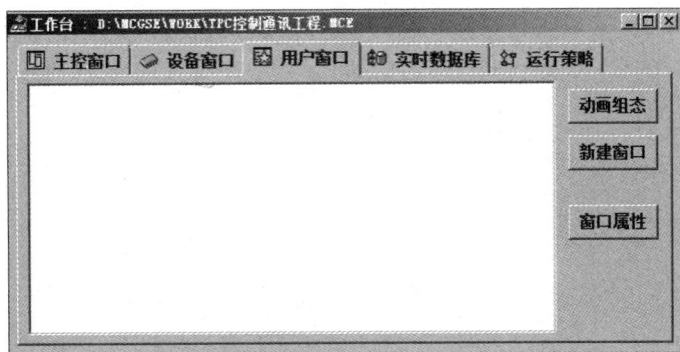

图 3-43　MCGS 嵌入版组态软件生成的用户应用系统

1)硬件连接

在任务 1 和任务 2 中,边缘网关已成功采集并监测到温湿度实时数据,能够通过三色灯对异常温湿度数据进行实时报警。本任务将边缘网关中的温湿度数据通过 TPC7032Ki 触摸屏进行实时展示,当数据异常时会报警提醒。

TPC7032Ki 触摸屏 LAN 口通过以太网线与 ECU-1152 边缘网关 LAN1 口连接,ECU-1152 边缘网关 LAN2 口通过以太网线与计算机网口连接,如图 3-44 所示。在这里必须强调,在接线过程中务必断电操作,请同学们一定要规范接线,养成良好的职业素养。

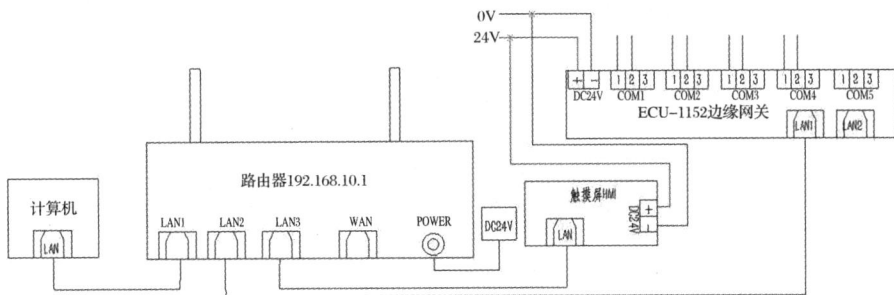

图 3-44　硬件接线图

2)软件配置

(1)网络配置。若将边缘网关中采集的温湿度数据传送至触摸屏,需要将边缘网关、触摸屏、计算机三者的 IP 地址设置在统一的网段中。与前面任务设置类似,在此不再赘述。

(2)Modbus 服务器配置。Modbus 服务器实现了 Tag 点到 Modbus 地址的映像,允许上位机 Modbus Client 通过 Modbus TCP 或 Modbus RTU 协议读写 Tag 点。本任务采用 Modbus

TCP 协议实现边缘网关与触摸屏的通信。通过使能 Modbus TCP 服务，可允许上位机通过基于 TCP/IP 的 Modbus TCP 协议访问设备。

① Modbus TCP 配置。

端口号：设置 Modbus TCP 侦听端口号，默认值是 502。

最大连接数：限定同时连接的客户端个数，默认值是 4，表示最多允许 4 个客户端同时通过 Modbus TCP 协议访问设备。

空闲时间：指定当 TCP 连接建立之后，允许客户端无任何读写操作的最长时间，默认值是 120s，超出此时间后服务器会自动断开与客户端的连接。将空闲时间设置为 0，表示不做此项检查，服务器不会主动断开连接。Modbus TCP 配置如图 3-45 所示。

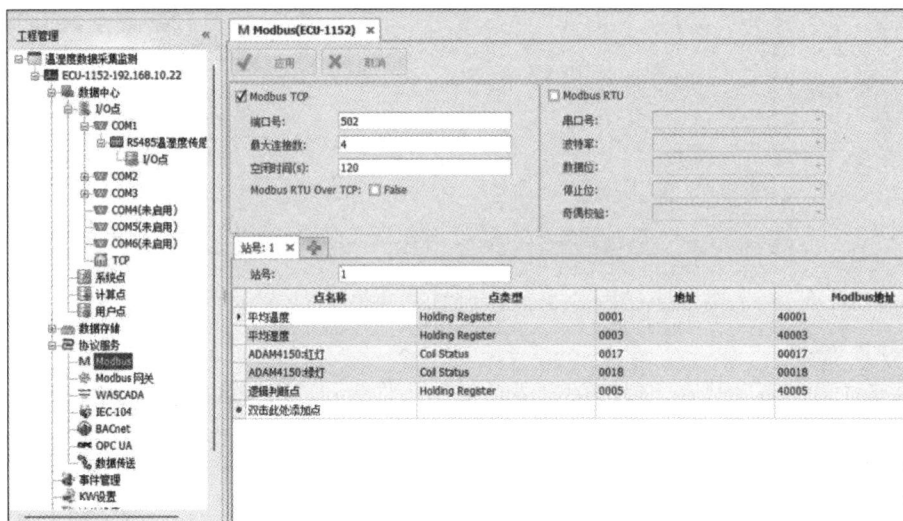

图 3-45　Modbus TCP 配置

② Modbus 地址映像。

为了使触摸屏可以访问边缘网关上的 Tag 点，需要将 Tag 点映射到对应的 Modbus 地址中，如图 3-46 所示，具体步骤如下。

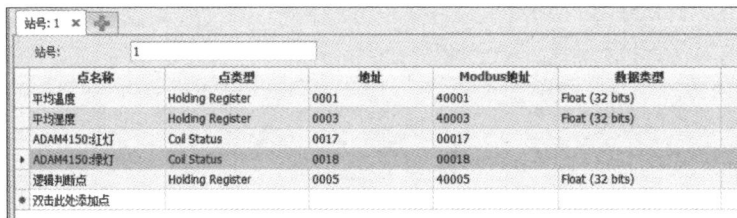

图 3-46　Modbus 地址映像

a、双击 Modbus 地址列表中有"双击此处添加点"的单元格。

b、选择要加入 Modbus 地址列表的 Tag 点，可以一次选择多个 Tag 点。

c、选择映像的数据类型和数据转换方式，此项操作会应用到所有已选择的 Tag 点。

d、单击"确认"按钮添加已选择的 Tag 点到 Modbus 地址列表中。

e、重复上述操作可添加更多的 Tag 点到 Modbus 地址列表中。

2. MCGS 嵌入版组态软件配置

1）设备组态

（1）新建工程。选择对应产品型号 TPC7032Ki，其余参数可默认，单击"确定"按钮完成设置。

双击"设备窗口"图标，弹出"设备工具箱"对话框，如图 3-47 和图 3-48 所示。本任务中边缘网关与触摸屏采用 Modbus TCP 协议通信，因此，父设备选择"通用 TCP/IP 父设备"，设备驱动选择"Modbus TCP"，如图 3-48 所示。触摸屏父设备的 IP 地址为 192.168.10.12，端口号为 0，边缘网关的 IP 地址为 192.168.10.22，端口号为 502，设置完毕后单击"确认"按钮，如图 3-49 所示。

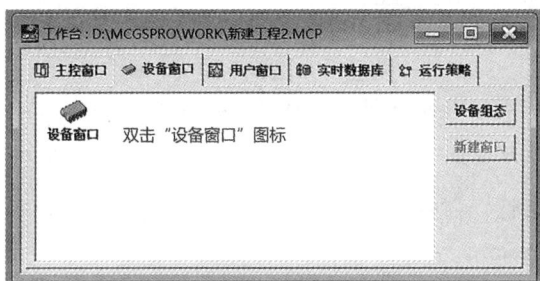

图 3-47 双击"设备窗口"图标

图 3-48 设备组态

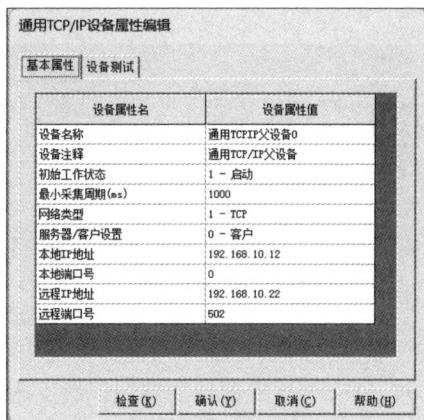

图 3-49 设备 IP 地址设置

在"设备工具箱"对话框中双击"Modbus TCP"，弹出设备编辑窗口，单击"删除全部通道"按钮，将不需要的默认通道全部删除，其中通信状态是内部通道，不可被删除，用于显示通信是否成功。

（2）添加设备通道。单击"增加设备通道"按钮，弹出"添加设备通道"对话框，"通道类型"设置为"[4 区]输出寄存器"，"通道地址"设置为"4"，"数据类型"设置为"32 位浮点数"，"通道个数"设置为"1"，其余参数可默认，设置完毕后单击"确认"按钮，完成"平均温度"采集点的配置，如图 3-50 所示。按照同样方式完成"平均湿度""红灯""绿灯"采集点的配置。

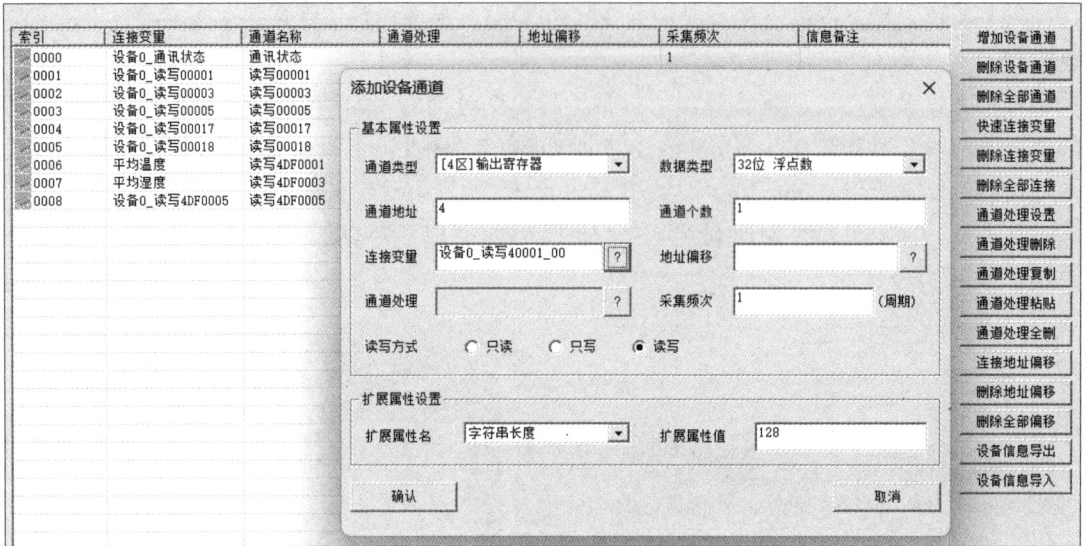

图 3-50　添加设备通道

（3）关联变量。单击"快速连接变量"按钮，在弹出的界面中选择默认变量连接，单击"确认"按钮，完成变量的关联，如图 3-51 所示。

索引	连接变量	通道名称	通道处理	地址偏移	采集频次
0000	设备0_通讯状态	通讯状态			1
0001	设备0_读写00001	读写00001			1
0002	设备0_读写00003	读写00003			1
0003	设备0_读写00005	读写00005			1
0004	设备0_读写00017	读写00017			1
0005	设备0_读写00018	读写00018			1
0006	平均温度	读写4DF0001			1
0007	平均湿度	读写4DF0003			1
0008	设备0_读写4DF0005	读写4DF0005			1

图 3-51　关联变量

2）窗口组态

在工作台中激活用户窗口，单击"新建窗口"按钮，建立新画面"窗口 0"。接下来单击"窗口属性"按钮，弹出"用户窗口属性设置"对话框，在基本属性页将窗口名称修改为"温湿度数据监测"，单击"确认"按钮进行保存。在用户窗口中双击"温湿度数据监测"图标，进入页面设置，打开工具箱，建立基本组件并完成数据连接。

（1）标签。单击工具箱中的"标签"按钮，按住鼠标左键，拖放出一定大小的标签。双击该标签，弹出"标签动画组态属性设置"对话框，在"属性设置"选项卡中，先勾选"显示输出"复选框，然后在出现的"显示输出"选项卡中将表达式关联到"平均温度"变量点，其余参数可根据需要设置，单击"确认"按钮完成设置，如图 3-52 所示。用同样的方法，完成"平均湿度""红灯""绿灯"变量点的关联。

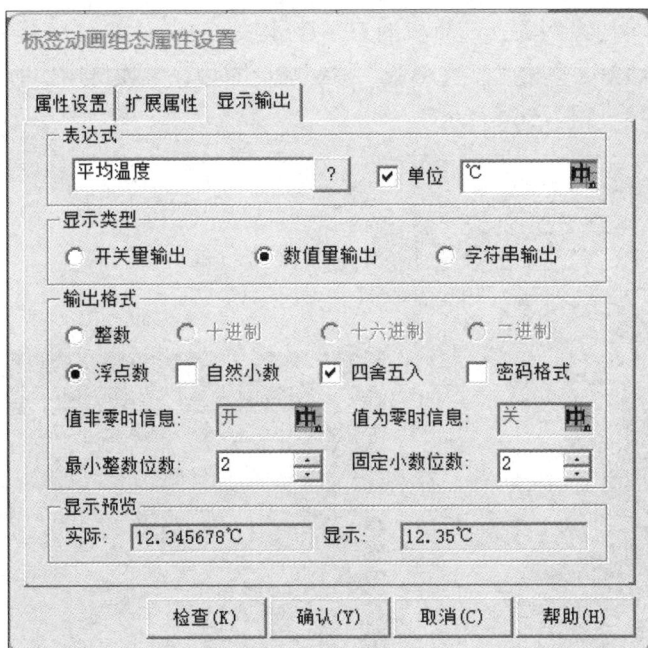

图 3-52　标签属性设置

（2）报警浏览。单击工具箱中的"报警浏览"按钮，按住鼠标左键，拖放出一定大小的区域。双击该区域，弹出"报警浏览属性设置"对话框，在"数据来源"选项卡中，"数据类型"选择"实时报警数据"，并将报警对象关联到"逻辑判断点"变量点，其余参数可根据需要设置，单击"确认"按钮完成设置。

建立基本组件后的界面如图 3-53 所示。

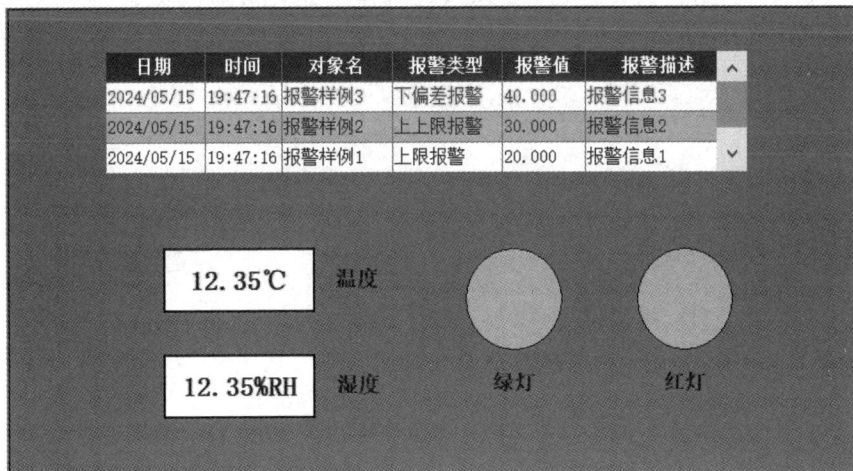

图 3-53　建立基本组件后的界面

3）工程下载

将工程下载到 TPC7032Ki 触摸屏中。单击"下载运行"按钮，在弹出的"下载配置"对话框中，选择"联机"运行方式，"连接方式"设置为"TCP/IP 网络"，"目标机名"设置为触摸屏的 IP 地址，与边缘网关及计算机的 IP 地址均处在同一网段中，本任务中"目标机名"设置为"192.168.10.12"，单击"工程下载"按钮后，即可在触摸屏中实时显示温湿度数据及报警信息，如图 3-54～图 3-56 所示。

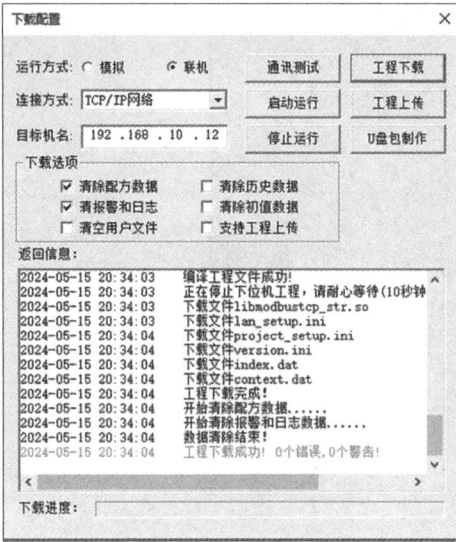

图 3-54　工程下载界面

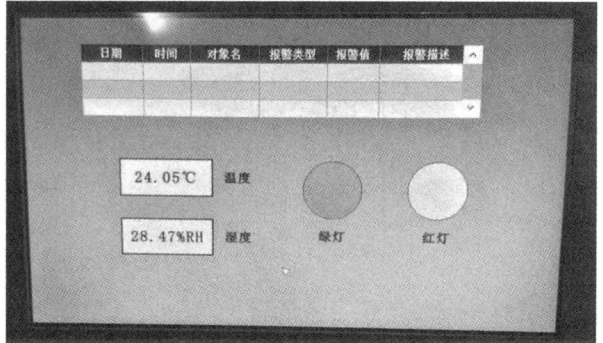

图 3-55　温湿度数据正常状态

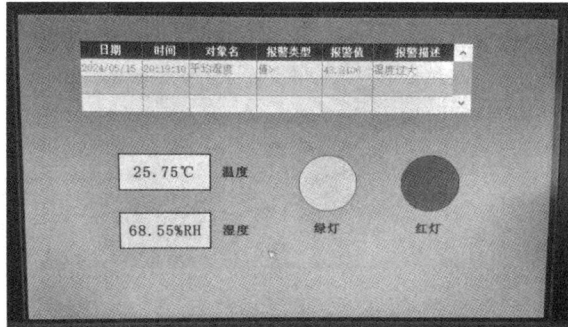

图 3-56　温湿度数据异常报警状态

六、任务实施

1. 任务分配

请将人员分组及任务分配情况填写至表 3-17。

表 3-17　任务分配表

组名		日期	
组训		组长	
成员	任务分工	成员	任务分工

2. 拟定方案

小组成员共同拟定数据采集方案，列出本任务需要用到的设备、参数，并填写至表 3-18。

表 3-18　任务方案表

序号	设备	参数	备注

3. 运行测试

请将运行测试结果填写至表 3-19。

表 3-19　运行测试表

任务名称		测试小组	
测试名称	测试结果	测试人员	存在问题
安装测试			
硬件测试			
软件测试			
采集测试			

七、任务总结

任务完成后，学生根据任务实施情况，分析存在的问题和原因，并填写至表 3-20，指导教师对任务实施情况进行点评。

表 3-20　任务总结表

任务实施过程	存在问题	解决办法
硬件连接		
软件配置		
数据采集与调试		
其他		

八、任务评价

请将本任务评价情况填写至表 3-21。

表 3-21　任务评价表

序号	评价内容	自我评价	小组评价	教师评价	评分标准
1	态度端正，工作认真				5

续表

序号	评价内容	自我评价	小组评价	教师评价	评分标准
2	遵守安全操作规范				5
3	能熟练、多渠道地查找参考资料				10
4	能够熟练地完成项目中的任务要求				30
5	方案优化，选型合理				10
6	能正确回答指导教师的问题				10
7	能在规定时间内完成任务				20
8	能与他人团结协作				5
9	能做好 7S 管理工作				5
合计					100
总分					

九、巩固自测

1. MCGS 嵌入版组态软件是（　　）公司专门为 MCGSTPC 开发的组态软件，主要完成现场数据的采集与监测、前端数据的处理与控制。

  A. 西门子　　　　　B. 昆仑通态　　　　　C. 威纶通　　　　　D. 三菱

2. MCGS 嵌入版组态软件生成的用户应用系统由（　　）组成。

  A. 主控窗口、设备窗口

  B. 用户窗口、实时数据库

  C. 主控窗口、设备窗口、实时数据库

  D. 主控窗口、设备窗口、用户窗口、实时数据库、运行策略

3. TPC7032Ki 的屏幕尺寸为（　　）。

  A. 7 英寸　　　　　B. 10.2 英寸　　　　　C. 5 英寸　　　　　D. 12 英寸

4. Modbus 协议服务中空闲时间是指当 TCP 连接建立之后，允许客户端无任何读写操作的最长时间，默认值是（　　），超出此时间后服务器会自动断开与客户端的连接。

  A. 30s　　　　　B. 60s　　　　　C. 90s　　　　　D. 120s

5. 在进行设备组态时，若将触摸屏父设备的 IP 地址设置为 192.168.10.12，则边缘网关的 IP 地址应为（　　）。

  A. 192.168.1.22　　　　　　　　B. 192.168.0.22

  C. 192.168.10.22　　　　　　　　D. 192.168.1.1

任务 4　边缘数据的决策处理

一、任务描述

恒温恒湿是电子工厂无尘生产车间的关键要求。图 3-57 所示为某电子工厂无尘生产车间。为提高企业产品质量和生产效率，本次工赋小组的主要任务为分析企业现有设备，制

定最优解决方案，基于车间条件开展环境数据采集、边缘决策、边缘数据可视化及协议转换等工作。

图 3-57　某电子工厂无尘生产车间

二、任务分析

本次车间数据采集任务选用映翰通 IG502 边缘网关。想要利用该网关实现边缘决策，需要自己编写相应程序。结合无尘生产车间对恒温恒湿的要求，需对其温度、湿度进行采集并监控。当温度、湿度均在合适的范围内时，设备正常运行，否则报警。同时，为方便监控，还需要在触摸屏上显示温度、湿度和报警状态等信息。

三、任务准备

任务准备表如表 3-22 所示。

表 3-22　任务准备表

任务编号	3-4	任务名称	边缘数据的决策处理
设备	边缘网关 IG502、触摸屏 TPC7032Ki、模拟量型温湿度传感器 KSW-AJ-80、RS485 型温湿度传感器 SIN-TH800、ADAM4017+、三色灯		
软件	McgsPro 组态软件、TH-V130 温湿度传感器配置软件、AdamApax.NET Utility（研华 ADAM4017+ 模块配置软件）		
耗材	导线若干、网线 1 根		
工具	接线工具		
资料	InGateway502 快速使用手册、IG502 DeviceSupervisor Agent 用户手册（DS 2.0）、ADAM4017+ 快速入门手册、温湿度传感器说明书		

四、知识链接

触摸屏 TPC7032Ki、模拟量型温湿度传感器、RS485 型温湿度传感器、ADAM4017+ 的基本操作已在任务 1～任务 3 中讲解，本任务重点掌握边缘网关 IG502 的使用。边缘网关 IG502 的外观如图 3-58 所示。IG502 支持用户使用 Python 进行二次开发。

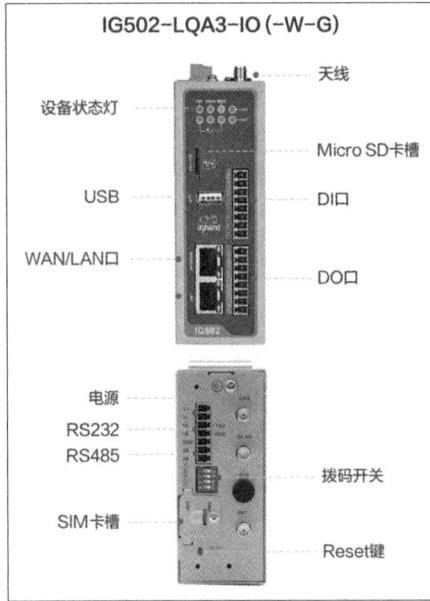

图 3-58　边缘网关 IG502 的外观

五、任务实现

1. 温湿度数据采集及处理

1）数据采集准备

本任务中有两个 RS485 通信类型的工业设备，而边缘网关 IG502 仅支持一路 RS485 接口，换言之，RS485 型温湿度传感器与 ADAM4017+要通过手拉手方式接入边缘网关。图 3-59 所示为 RS485 手拉手接线示意图。

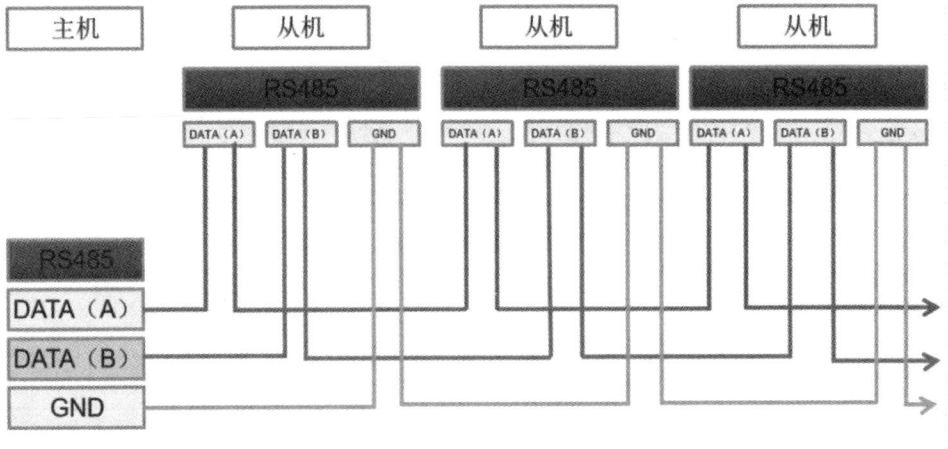

图 3-59　RS485 手拉手接线示意图

2）工业现场设备接入

（1）RS485 通信从站设备配置。工业设备接入前，需要先配置好 RS485 通信从站设备的站号，即 RS485 型温湿度传感器（详细参数见本项目任务 1）、ADAM4017+的从站地址。

RS485 通信从站设备配置参数及配置工具如表 3-23 所示。

表 3-23　RS485 通信从站设备配置参数及配置工具

RS485 通信从站设备	配置参数	配置工具
RS485 型温湿度传感器	站号：1 波特率：9600bit/s 数据长度：8 位 校验位：无校验 停止位：1 位	TH-V130 温湿度传感器配置软件
ADAM4017+	站号：2 波特率：9600bit/s 数据长度：8 位 校验位：无校验 停止位：1 位	AdamApax.NET Utility（研华 ADAM4017+模块配置软件）

（2）边缘网关 IG502 网络参数配置。边缘网关 IG502 的 WAN 口的默认 IP 地址为 192.168.1.1，LAN 口的默认 IP 地址为 192.168.2.1。车间现场 PLC 设备的 IP 地址范围为 192.168.1.2～192.168.1.9，计算机的 IP 地址为 192.168.1.10。注意，边缘网关 IG502 与车间现场设备需设置为同一个网段。

DeviceSupervisor Agent（以下简称 DSA）是运行在网关中的数采上云软件，为用户提供便捷的数据采集、数据处理、数据上云和协议转换功能，支持 Modbus、ISO on TCP、EtherNet/IP 等多种工业协议，以及 DNP3、IEC 60870、IEC 61850 等电力协议解析。

在"边缘计算"管理页面下，勾选"启用"复选框，并单击"提交"按钮。启用后，App 将在边缘网关 IG502 中运行并且在每次开机后自动运行。DSA 正常运行如图 3-60 所示。

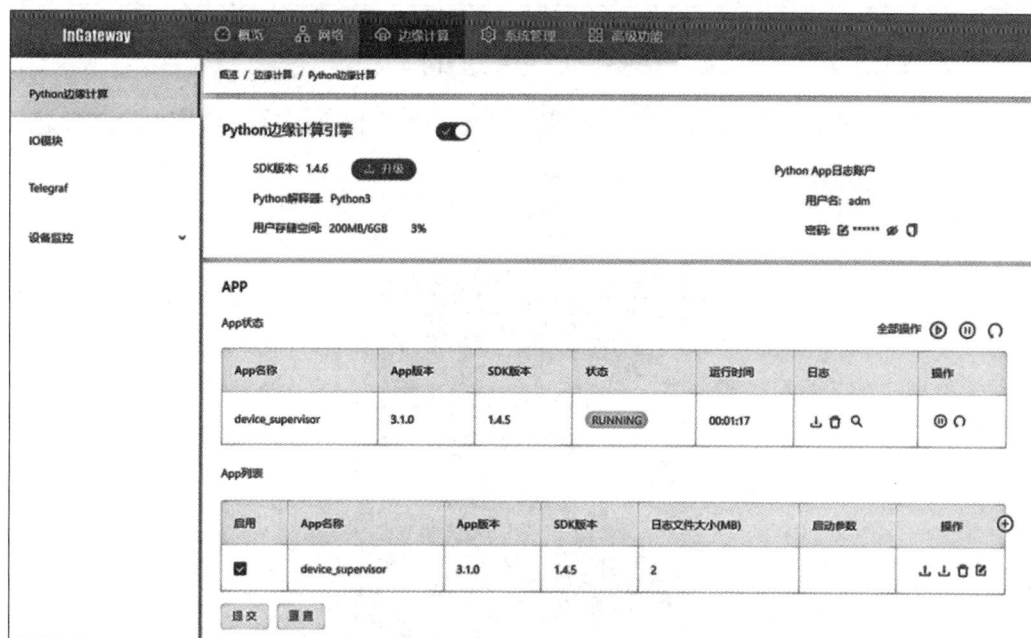

图 3-60　DSA 正常运行

（3）工业设备接入。RS485 型温湿度传感器、ADAM4017+、边缘网关 IG502 参数配置完成后，按照图 3-61 所示完成系统硬件接线。模拟量型温湿度传感器的湿度、温度信号通过 ADAM4017+的 Vin1+、Vin2+通道转换为标准的 Modbus RTU 信号；ADAM4017+与 RS485型温湿度传感器的输出信号通过手拉手方式连接边缘网关 IG502 的 RS485 通信接口；三色灯的黄、绿、红灯分别连接边缘网关 IG502 的 DO0、DO1、DO2，公共端连接 24V 电源正极；边缘网关 IG502 的 LAN 口连接路由交换机的 LAN 口；触摸屏正确供电后，通过网线连接路由交换机的 LAN 口。

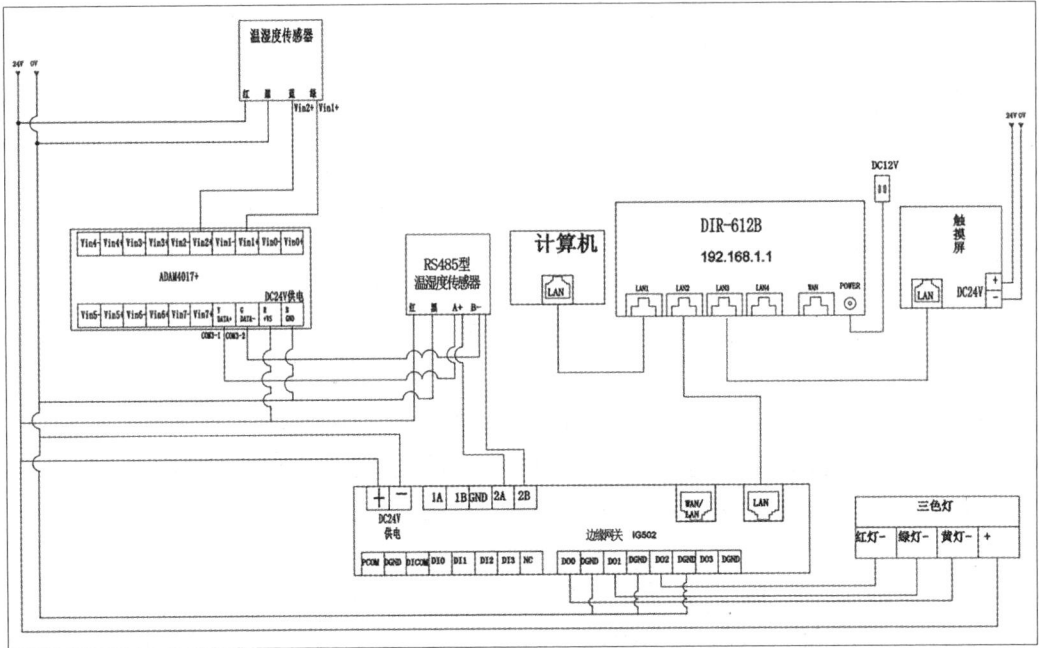

图 3-61　电气接线图

为方便学生实操，可利用实训室资源模拟电子无尘生产车间，实物接线图如图 3-62 所示。

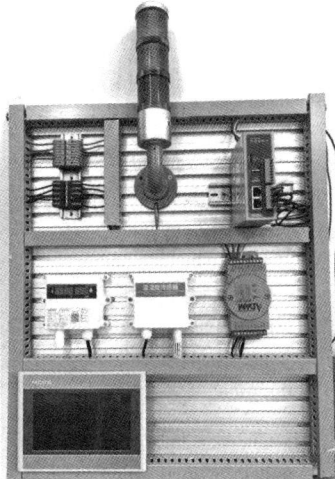

图 3-62　实物接线图

3）数据采集及处理

（1）添加控制器。进入"边缘计算"→"设备监控"→"测点监控"页面，在"控制器列表"的"操作"处单击"新增"按钮⊕，并配置 RS485 型温湿度传感器的通信参数，如图 3-63 所示。

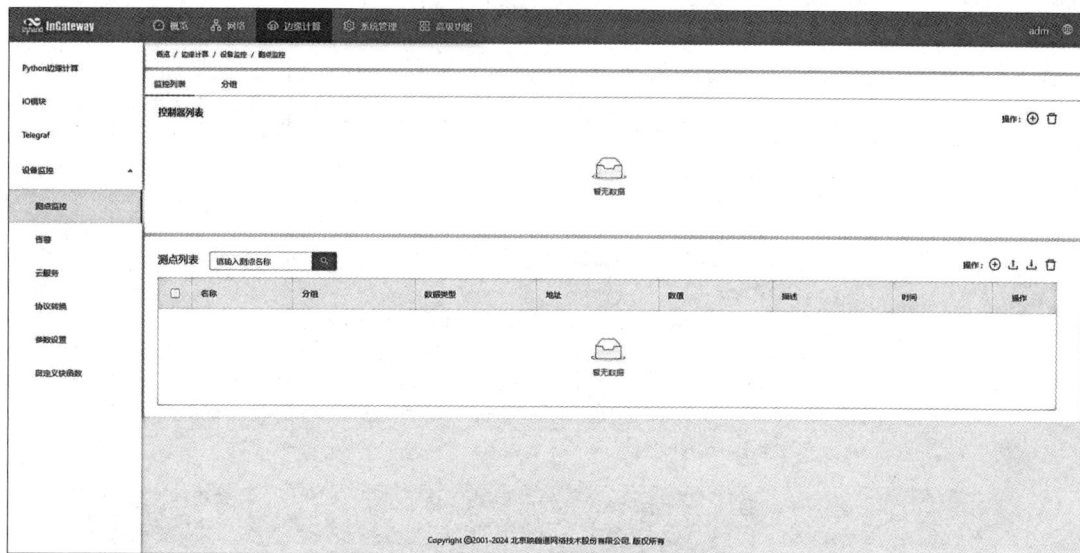

图 3-63　添加 RS485 型温湿度传感器

RS485 型温湿度传感器通信参数配置如图 3-64 所示。

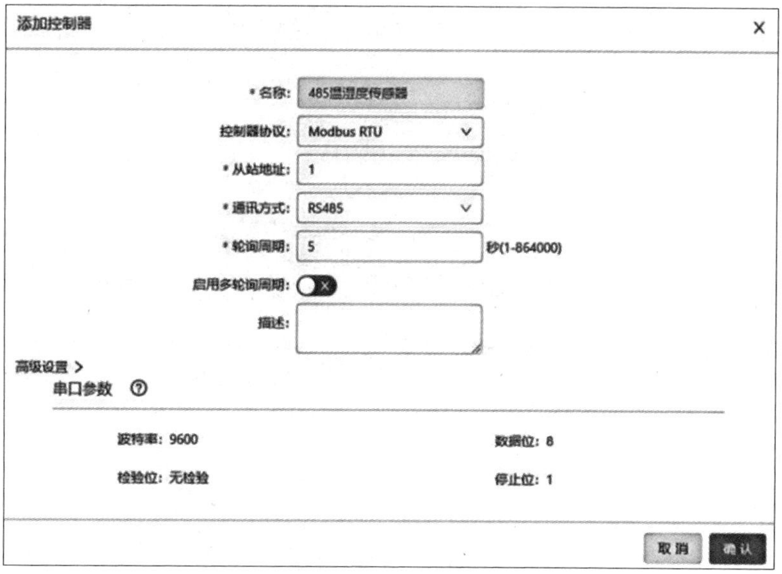

图 3-64　RS485 型温湿度传感器通信参数配置

如果需修改 RS232/RS485 串口的通信参数，请在"边缘计算"→"设备监控"→"参数设置"页面修改。修改后所有串口设备的通信参数将自动修改并按照修改后的通信参数通信。串口设置如图 3-65 所示。

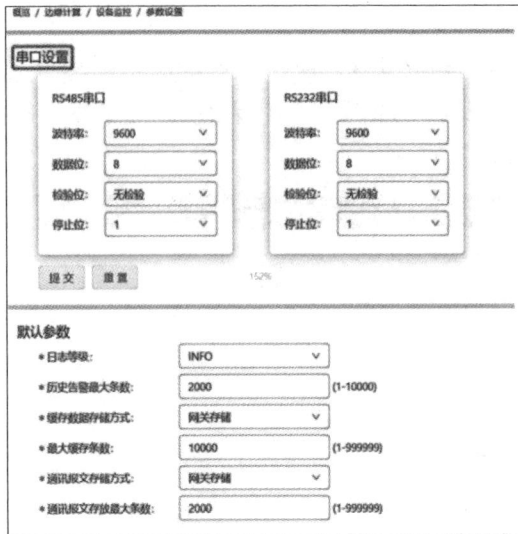

图 3-65　串口设置

控制器添加成功，如图 3-66 所示。

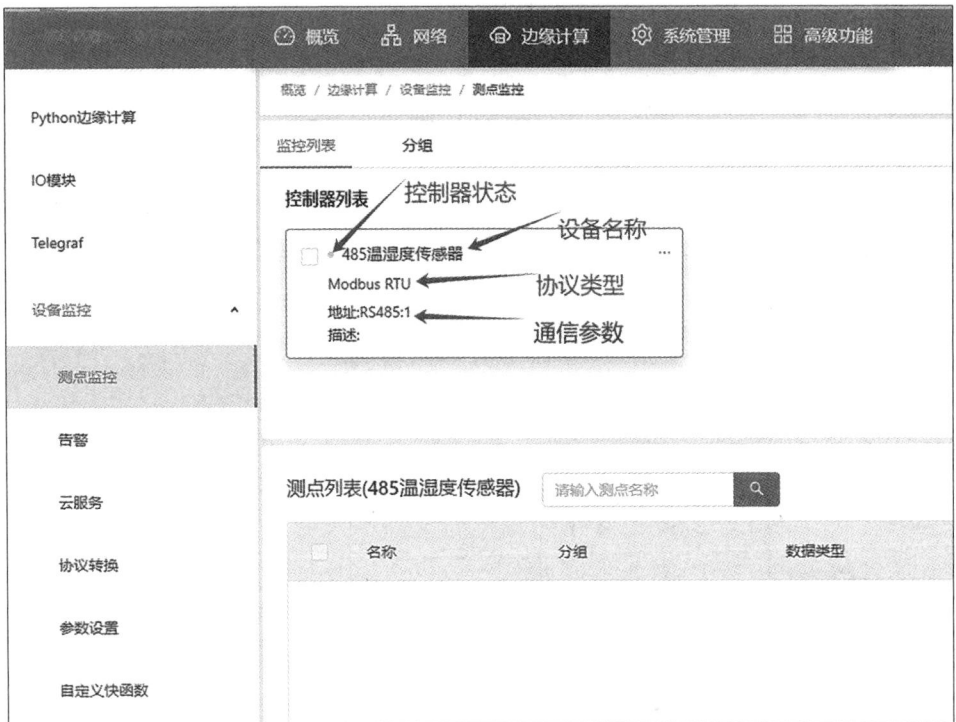

图 3-66　控制器添加成功

在"测点列表"的变量列表中单击"添加"按钮，在弹出的对话框中配置变量参数。RS485 型温湿度传感器的温度、湿度数据点参数配置分别如图 3-67、图 3-68 所示。因为 RS485 型温湿度传感器温湿度的分辨率为 0.1，所以"倍率"为"0.1"，"偏移量"为"0"。RS485 型温湿度传感器在线状态及采集到的温湿度数据如图 3-69 所示。

图 3-67　RS485 型温湿度传感器的
温度数据点参数配置

图 3-68　RS485 型温湿度传感器的
湿度数据点参数配置

图 3-69　RS485 型温湿度传感器在线状态及采集到的温湿度数据

（2）模拟量型温湿度传感器数据采集及处理。进入"边缘计算"→"设备监控"→"测点监控"页面，在"控制器列表"的"操作"处单击"新增"按钮⊕，在弹出的"添加控制器"对话框中配置 ADAM4017+通信参数，如图 3-70 所示。

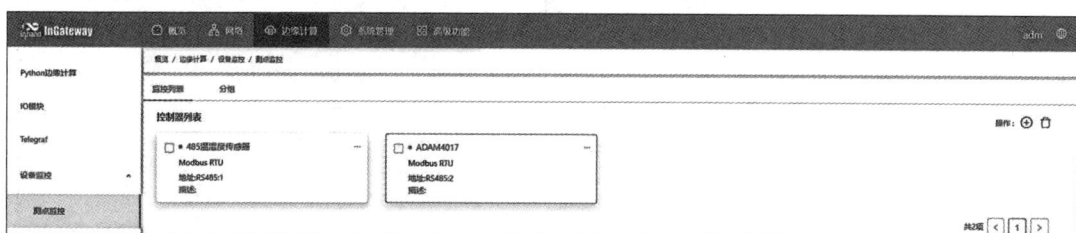

图 3-70　ADAM4017+通信参数配置

图 3-70　ADAM4017+通信参数配置（续）

（3）添加测点。

① 计算温湿度数值与寄存器数值的关系。模拟量型温湿度传感器的电流值、工程值与 ADAM4017+寄存器数值的线性转换关系详情请见任务 2。

② 添加测点。在"测点列表"的变量列表中单击"添加"按钮，在弹出的对话框中配置变量参数。图 3-71、图 3-72 所示分别为 ADAM4017+温度、湿度数据点参数配置。"数据运算"设置为"偏移及缩放"；"小数位"可设置为两位；由温度值与寄存器数值的计算公式可知，温度测点倍率为 0.00107，偏移量为-10；由湿度值与寄存器数值的计算公式可知，湿度测点倍率为 0.00153，偏移量为 0。

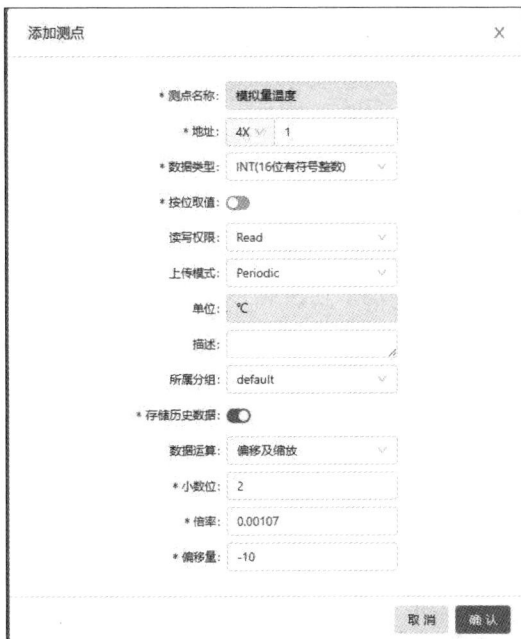

图 3-71　ADAM4017+温度数据点参数配置　　图 3-72　ADAM4017+湿度数据点参数配置

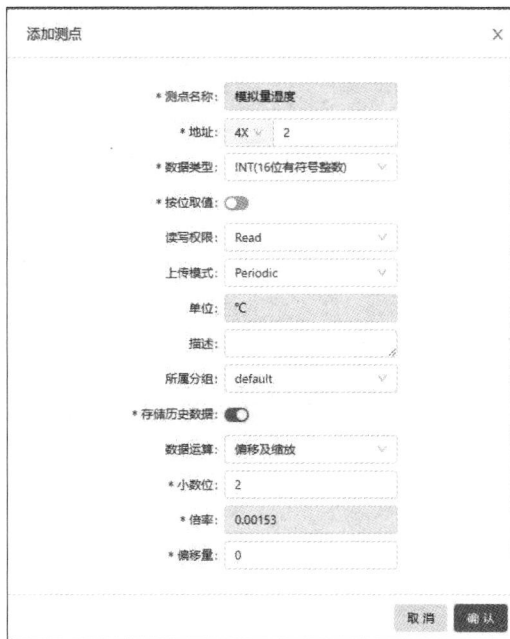

ADAM4017+温湿度数据点在线状态及采集到的温湿度数据如图 3-73 所示。

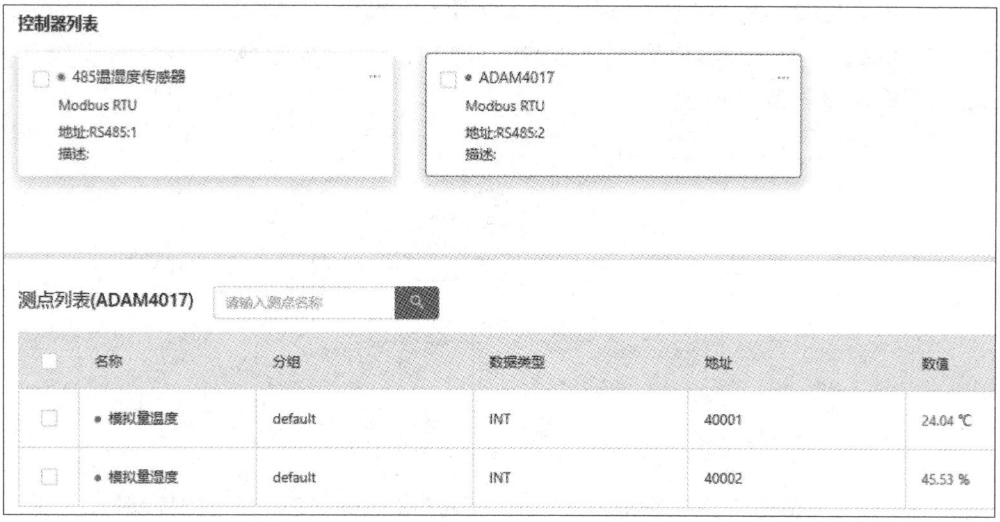
控制器列表
485温湿度传感器
Modbus RTU
地址:RS485:1
描述:
ADAM4017
Modbus RTU
地址:RS485:2
描述:
测点列表(ADAM4017)
请输入测点名称
名称
分组
数据类型
地址
数值
模拟量温度
default
INT
40001
24.04 ℃
模拟量湿度
default
INT
40002
45.53 %

图 3-73　ADAM4017+温湿度数据点在线状态及采集到的温湿度数据

（4）I/O 模块数据采集及处理。边缘网关 IG502 支持数字量输入、脉冲计数、数字量输出和脉冲输出功能。配置 I/O 功能并获取 I/O 状态数据的步骤如下。

步骤 1：设置 DO 为数字量。进入“边缘计算”→“I/O 模块”→“配置”页面，按照实际情况配置 I/O 功能。按照图 3-74～图 3-76 所示，配置 DO0、DO1、DO2 为数字量输出。

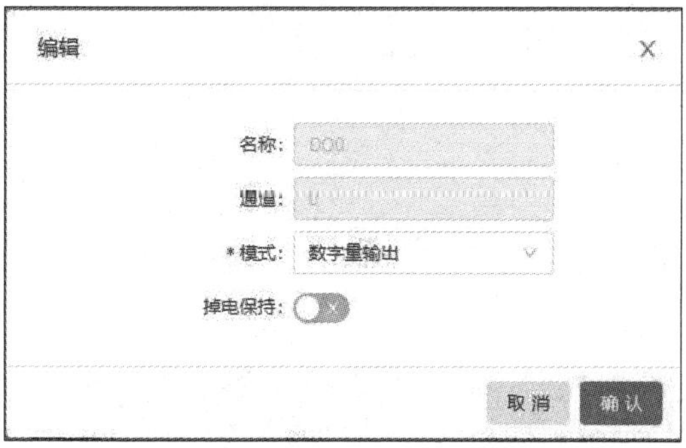
编辑
名称:
DO0
通道:
*模式:
数字量输出
掉电保持:
取消
确认

图 3-74　配置 DO0 为数字量输出

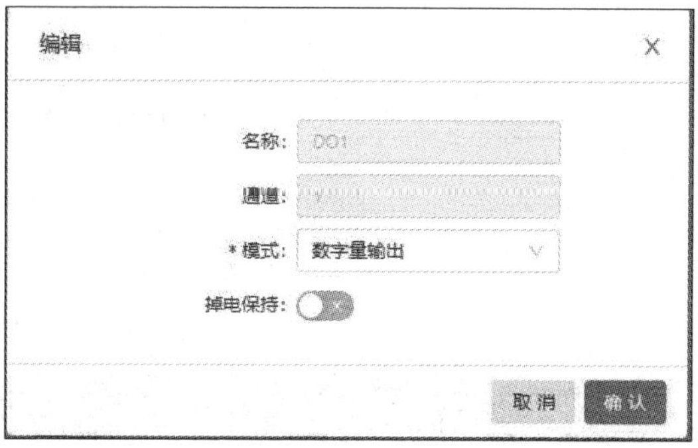
编辑
名称:
DO1
通道:
*模式:
数字量输出
掉电保持:
取消
确认

图 3-75　配置 DO1 为数字量输出

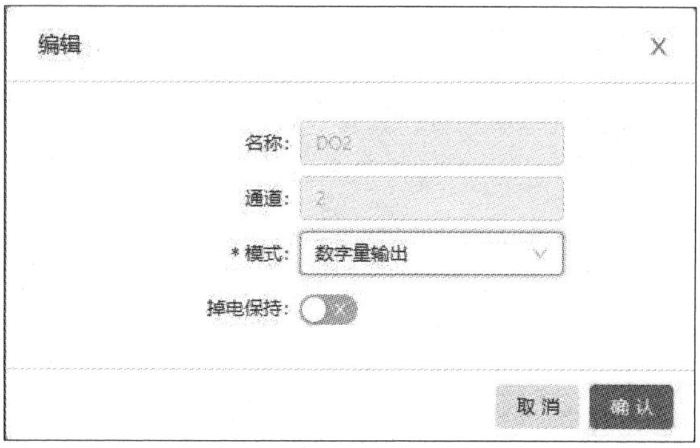
编辑
名称:
DO2
通道:
2
*模式:
数字量输出
掉电保持:
取消
确认

图 3-76　配置 DO2 为数字量输出

步骤 2：设置 Modbus TCP 从站。开启"启用"后，启用 Modbus TCP 从站功能，该功能支持 Modbus TCP Master 读取边缘网关 IG502 的 I/O 状态；开启"外部访问"后允许网关外部的 Modbus TCP Master 读取边缘网关 IG502 的 I/O 状态（如 SCADA 软件）。其余项根据实际情况配置，如图 3-77 所示。

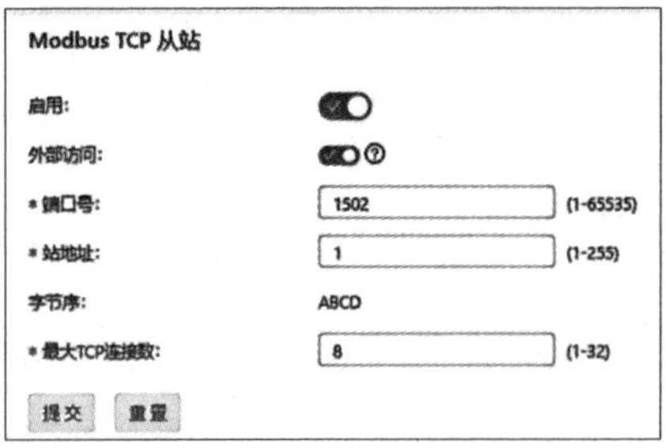

图 3-77　设置 Modbus TCP 从站

步骤 3：通过 Modbus TCP 读取 I/O 状态。添加 Modbus TCP 协议的控制器，控制器通信参数按照 Modbus TCP 从站进行配置，如图 3-78 所示。随后按照图 3-79 所示的 Modbus 映射表的说明，配置要采集的 DO0～DO2 的数据。

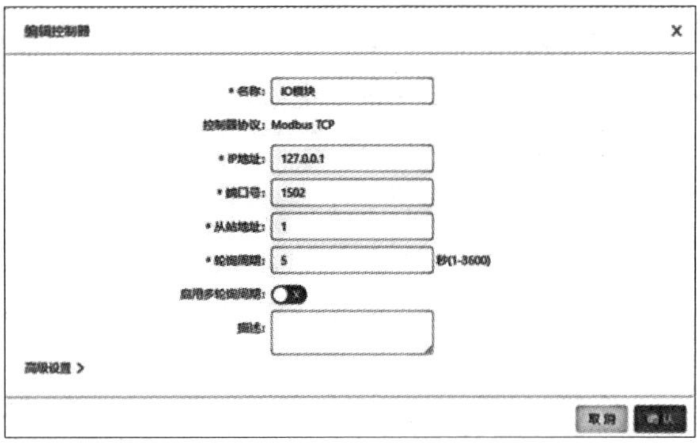

图 3-78　通过 Modbus TCP 读取 I/O 状态

图 3-79　Modbus 映射表

DO0~DO2 的数据采集配置分别如图 3-80~图 3-82 所示。

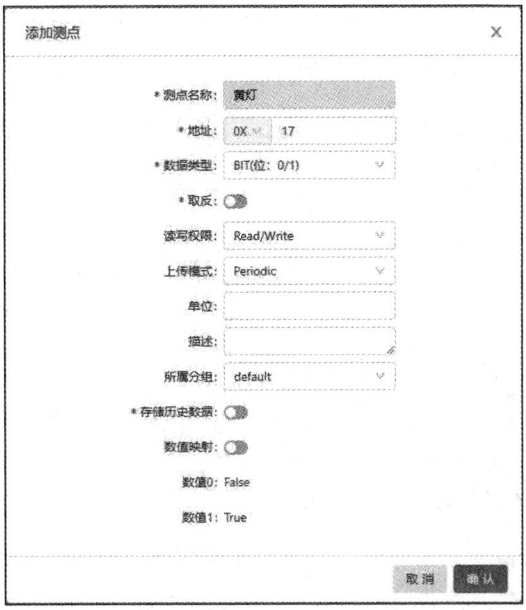

图 3-80　DO0 数据采集配置

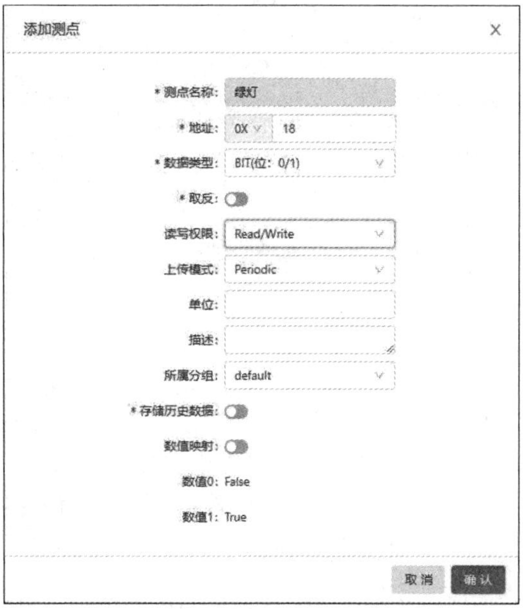

图 3-81　DO1 数据采集配置

图 3-82　DO2 数据采集配置

I/O 模块在线状态及采集到的 DO 数据如图 3-83 所示。

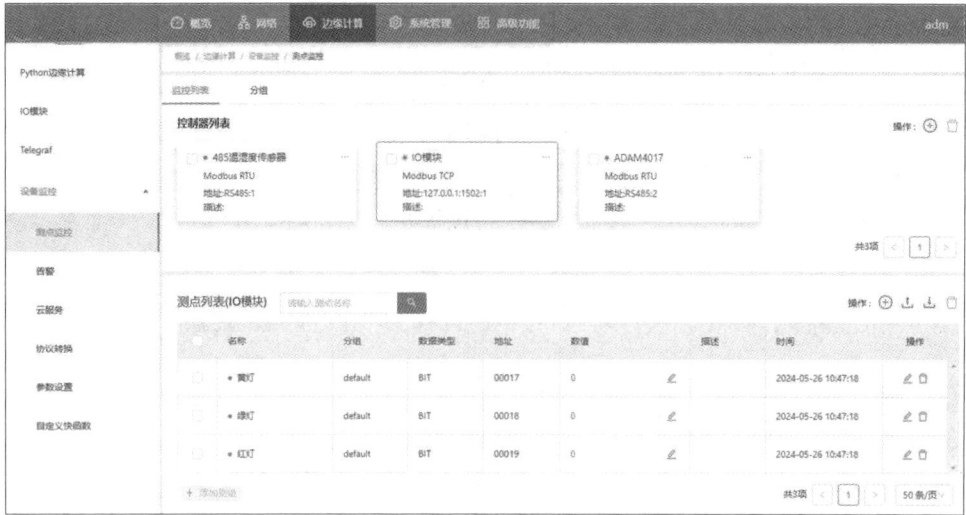

图 3-83　I/O 模块在线状态及采集到的 DO 数据

2. 边缘决策处理

本任务完成边缘决策处理：当温度、湿度均在合适的范围内时，亮绿灯指示，否则亮红灯报警。

1）数据边缘处理

简单的数据处理可以在添加测点时通过配置"数据运算"功能解决，如果需进行复杂的业务数据处理，则可以通过"自定义快函数"解决。进入"边缘计算"→"设备监控"→"自定义快函数"页面，单击"添加"按钮，在弹出的对话框中配置业务逻辑，如图 3-84 所示，快函数中各参数定义如表 3-24 所示。

图 3-84　"添加快函数"对话框

表 3-24　快函数中各参数定义

名称	快函数名称，名称不能重复
模式	周期触发：按照时间周期性触发快函数； 本地订阅消息触发：网关本地的 MQTT 服务器接收到指定 Topic 的消息后触发执行快函数； 快函数启动触发：DSA 重启或者每当快函数有变更时运行一次
周期	模式为"周期触发"时的时间间隔
入口函数	入口函数名称
函数代码	使用 Python 代码编写的业务逻辑

2）快函数服务通用 API

Device Supervisor 提供以下 API。

（1）召回控制器的测点数据。

立即获取测点值：立即获取相应测点的数据值。

调用方法：

```
from quickfaas.measure import recall
```

API 原型（recall）：

```
recall(names=None, recall_type="measure", timeout=10)
```

- names 为召回名称列表。

当 recall_type 为"measure"时，[{"name": "controller1", "measures": []}]代表获取控制器（controller1）下的所有测点数据；[{"name": "controller1", "measures": ["measure1", "measure2"]}]代表获取控制器（controller1）下测点"measure1"和"measure2"的数据。

当 recall_type 为"group"时，["group1", "group2"]代表获取组"group1"和"group2"测点数据。

- timeout 为读测点响应超时时间，默认为 10s。

快函数服务脚本示例如图 3-85 所示。

```
1    from common.Logger import logger
2    from quickfaas.measure import recall
3
4
5    def action_name():
6        # 召回所有控制器下的所有测点数据
7        logger.debug('recall all plc measures: %s' % recall())
8
9        # 召回控制器(controller1)下的所有测点数据
10       logger.debug('recall controller1 plc measures: %s' % recall([{"name":
     "controller1", "measures": []}]))
11
12       # 召回控制器(controller1)下测点"measure1"和"measure2"的数据
13       logger.debug('recall controller1 plc measures: %s' % recall([{"name":
     "controller1", "measures": ["measure1", "measure2"]}]))
14
15       # 召回组"group1"和"group2"的数据
16       recall(["group1", "group2"], "group")
```

图 3-85　快函数服务脚本示例

召回的数据内容如图 3-86 所示。

```
1   [
2       {
3           "name": "controller1",
4           "health": 1,
5           "timestamp": 1582771955,
6           "measures":[
7               {
8                   "name": "measures1",
9                   "health": 1,
10                  "timestamp": 1582771955,
11                  "value": 12
12              },
13              {
14                  "name": "measures2",
15                  "health": 1,
16                  "timestamp": 1582771955,
17                  "value": 1.23
18              }
19          ]
20      }
21  ]
```

图 3-86   召回的数据内容

（2）更新控制器的测点值。

修改测点值：写入数值至测点对应的地址并返回写入结果。

调用方法：

```
from quickfaas.measure import write
```

API 原型（write）：

```
write(message, timeout=60)
```

- message：写测点消息，格式如下。

格式 1：{"measures1": 12}，测点名称如果重复或者不存在，则会提示写入失败。

格式 2：{"controller1": {"measures1": 12}}。

格式 3：[{"name": "controller1", "measures":[{"name": "measures1", "value": 12}]}]

- timeout：写测点响应超时时间，默认为 60s。

更新脚本示例如图 3-87 所示。

```
1   from common.Logger import logger
2   from quickfaas.measure import write
3
4
5   def action_name():
6       write_request = {"measures1": 12}
7       logger.debug('write plc response: %s' % write(write_request))
8
9       write_request = {"controller1": {"measures1": 12}}
10      logger.debug('write plc response: %s' % write(write_request))
11
12      write_request = [{"name": "controller1", "measures":[{"name":
    "measures1", "value": 12}]}]
13      logger.debug('write plc response: %s' % write(write_request))
```

图 3-87   更新脚本示例

格式 1 和格式 2 的返回数据内容如图 3-88 所示。

```
1    [
2       {
3             "device": "controller1",
4             "var_name": "measures1",
5             "result": "OK", # "OK"代表成功,"Failed"代表失败
6             "error": "Success"
7       }
8    ]
```

图 3-88　格式 1 和格式 2 的返回数据内容

格式 3 的返回数据内容如图 3-89 所示。

```
1    [
2       {
3             "name": "controller1",
4             "measures":[
5                {
6                      "name": "measures1",
7                      'error_code': 0, # 0代表成功,非0代表失败
8                      "error_reason": "Success"
9                }
10            ]
11       }
12   ]
```

图 3-89　格式 3 的返回数据内容

3）自定义快函数

编写代码完成以下任务：当温度在 20～30℃、湿度在 30%～60%RH 范围内时，亮绿灯指示，否则亮红灯报警。注意，温度、湿度的范围可由相关标准、车间现场确定。快函数代码如图 3-90 所示，配置代码完成后，如图 3-91 所示，单击"确认"按钮，若编译通过，则可以返回快函数列表，如图 3-92 所示，否则会提示语法错误。

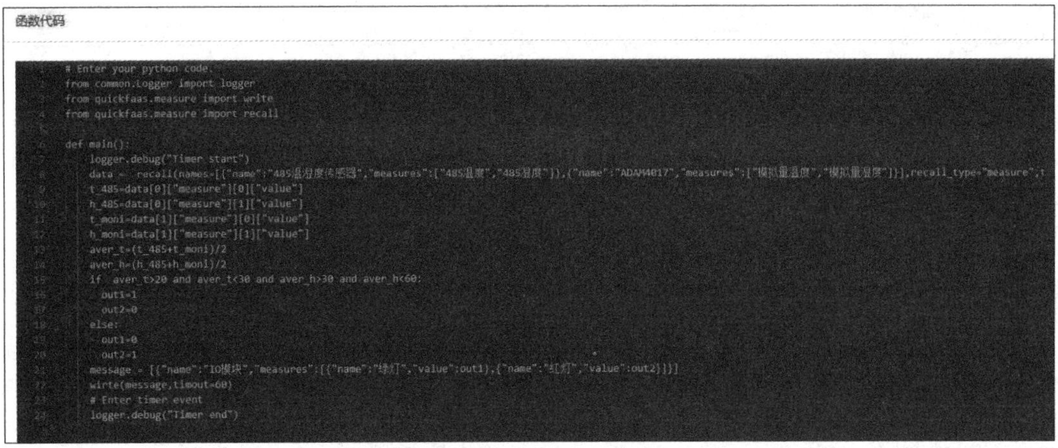

图 3-90　快函数代码

115

图 3-91　快函数配置完成

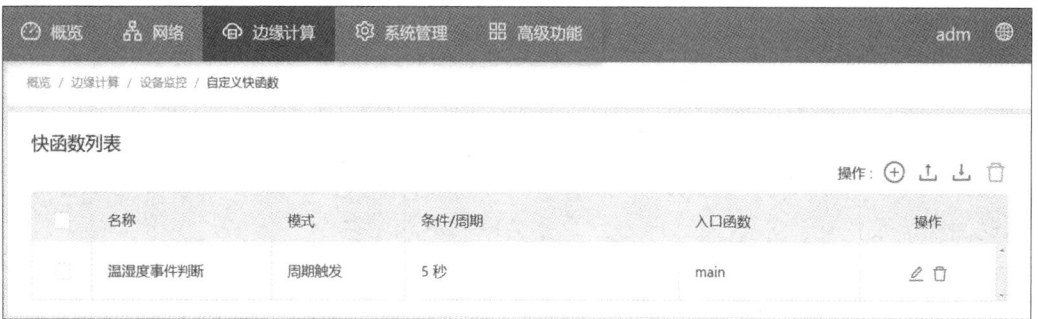

图 3-92　快函数添加成功

具体代码如下。

```
1.      # Enter your python code
2.      from common.Logger import logger
3.      from quickfaas.measure import write
4.      from quickfaas.measure import recall
5.
6.      def main():
7.      logger.debug("Timer start")
8.      data =   recall(names=[{"name":"485 温湿度传感器","measures":["485 温度","485 湿
        度"]},{"name":"ADAM4017","measures":[" 模 拟 量 温 度 "," 模 拟 量 湿 度
```

```
      "]}}],recall_type="measure",timeout=10)
9.      t_485=data[0]["measure"][0]["value"]
10.     h_485=data[0]["measure"][1]["value"]
11.     t_moni=data[1]["measure"][0]["value"]
12.     h_moni=data[1]["measure"][1]["value"]
13.     aver_t=(t_485+t_moni)/2
14.     aver_h=(h_485+h_moni)/2
15.     if aver_t>20 and aver_t<30 and aver_h>30 and aver_h<60:
16.     out1=1
17.       out2=0
18.     else:
19.       out1=0
20.     out2=1
21.     message     =     [{"name":"I/O 模 块 ","measures":[{"name":" 绿 灯
      ","value":out1},{"name":"红灯","value":out2}]}]
22.     wirte(message,timeout=60)
23.     # Enter timer event
24.     logger.debug("Timer end")"
```

主要代码说明如下。

- 第 2、3 行：导入读、写测点值的 API。
- 第 8 行：读 RS485 型温湿度传感器、模拟量型温湿度传感器的温湿度数据，并放在数组 data 中。
- 第 9~12 行：从数组 data 中取出两个温度值、两个湿度值，分别放在相应的变量中。
- 第 13、14 行：计算温度、湿度的平均值。
- 第 15~20 行：判断温度、湿度范围，如果温度在（20,30）℃范围内，并且湿度在 (30,60)%RH 范围内时，令中间变量 out1 为 1，out2 为 0，否则 out1 为 0，out2 为 1。
- 第 21、22 行：将 out1 的值赋给 DO1，即绿灯状态，将 out2 的值赋给 DO2，即红灯状态。

当温度、湿度均在相应范围内时，绿灯亮起，否则亮红灯报警，如图 3-93 和图 3-94 所示。

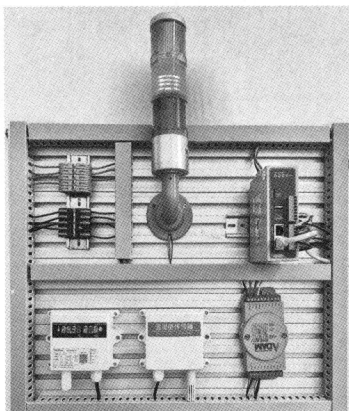

图 3-93 温湿度满足需求时的现象

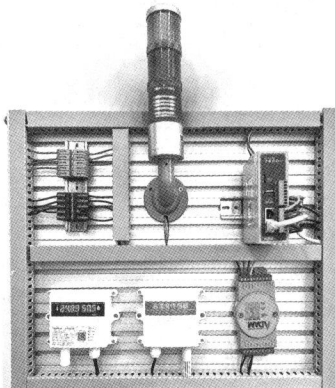

图 3-94 温湿度不满足需求时的现象

3. 边缘数据可视化

为更加直观形象地展示车间环境数据及报警状态，可将温湿度数据、绿灯及红灯状态转发到触摸屏。

1）网关端配置协议转换 Slave/Server

在"协议转换"→"Modbus TCP Slave"→"配置"页面下，单击"Modbus TCP Slave"按钮，配置相应的通信参数，如图 3-95 所示。若在"映射值设置"下拉列表中选择"数据原始值"选项，则映射的测点值为不经过数据运算的数值；若在"映射值设置"下拉列表中选择"数据运算值"选项，则映射的测点值为经过数据运算的数值。

图 3-95　配置 Modbus TCP Slave 通信参数

在添加映射时，也可以按照自己的需求将测点的数据类型转换为其他数据类型。如图 3-96 所示，将模拟量温度的数据类型转换为 FLOAT 数据类型。依次转换模拟量湿度、485 温度、485 湿度、绿灯、红灯测点的数据类型，添加完成后，如图 3-97 所示。

图 3-96　模拟量温度数据映射

图 3-97　进行协议转换的数据

2）触摸屏端配置（与前一任务类型相同，在此不再重复）

3）协议转换调试

当温度、湿度均在范围内时，绿灯亮起，否则亮红灯报警，如图 3-98 和图 3-99 所示。触摸屏的组态状态与边缘网关、三色灯一致，表明边缘网关协议转换成功。

图 3-98　满足需求时的触摸屏组态状态

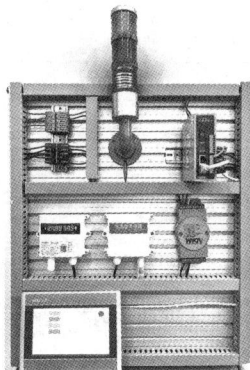

图 3-99　不满足需求时的触摸屏组态状态

六、任务实施

1. 任务分配

请将人员分组及任务分配情况填写至表 3-25。

表 3-25　任务分配表

组名		日期	
组训		组长	
成员	任务分工	成员	任务分工

2. 拟定方案

小组成员共同拟定数据采集方案，列出本任务需要用到的设备、参数，并填写至表3-26。

表3-26 任务方案表

序号	设备	参数	备注

3. 运行测试

请将运行测试结果填写至表3-27。

表3-27 运行测试表

任务名称		测试小组	
测试名称	测试结果	测试人员	存在问题
安装测试			
硬件测试			
软件测试			
采集测试			

七、任务总结

任务完成后，学生根据任务实施情况，分析存在的问题和原因，并填写至表3-28，指导教师对任务实施情况进行点评。

表3-28 任务总结表

任务实施过程	存在问题	解决办法
硬件连接		
软件配置		
数据采集与调试		
边缘计算		

八、任务评价

请将本任务评价情况填写至表3-29。

表3-29 任务评价表

序号	评价内容	自我评价	小组评价	教师评价	评分标准
1	态度端正，工作认真				5

续表

序号	评价内容	自我评价	小组评价	教师评价	评分标准
2	遵守安全操作规范				5
3	能熟练、多渠道地查找参考资料				10
4	能够熟练地完成项目中的任务要求				30
5	方案优化，选型合理				10
6	能正确回答指导教师的问题				10
7	能在规定时间内完成任务				20
8	能与他人团结协作				5
9	能做好 7S 管理工作				5
合计					100
总分					

九、巩固自测

（一）判断题

1. 本任务中的边缘网关 IG502 支持两路 RS485 通信功能。（　　）

2. 边缘网关 IG502 添加控制器时，对控制器名称没有要求。（　　）

3. 若要读取 IG502 I/O 的状态数据，需启用 Modbus TCP 从站功能。（　　）

4. 在网关端配置协议转换 Slave/Server 模式下，可以按照自己的需求将测点的数据类型转换为其他数据类型。（　　）

5. 网关端启用"Modbus TCP Slave"后，在添加映射时，只可以按照测点原始数据类型进行转换。（　　）

（二）填空题

1. RS485 型温湿度传感器与 ADAM4017+通过（　　）方式接入边缘网关。

2. 边缘网关 IG502 添加测点时，数据运算中偏移及缩放的计算公式为计算后的数据值 =（原始数据值×倍率）+ 偏移量，若 RS485 型温湿度传感器温度的分辨率为 0.01，则倍率为（　　），偏移量为（　　）。

3. 4～20mA 输出的模拟量型温湿度传感器,温度量程为-20～80℃,若通过 ADAM4017+将其温度采集到边缘网关 IG502,数据运算中偏移量及倍率分别为（　　）、（　　）。

4. 边缘网关 IG502 进行数据边缘处理时，采用的是（　　）语言。

5. 快函数中，召回控制器的测点数据的 API 原型为（　　），更新控制器的测点值的 API 原型为（　　）。

（三）简答题

1. 总结边缘网关 IG502 数据采集及处理的步骤。

2. 边缘网关 IG502 添加快函数有哪些注意事项？

十、任务拓展

企业案例：某精密制造股份有限公司。

1. 项目概况

某公司专注于铸铁、铝合金等精密铸件的开发设计、生产和销售，拥有几百台高端机械加工设备及十几条世界先进的自动化铸造生产线，已形成了包括铸造、精密加工、表面处理及最终性能检测等完整的零部件制造体系；产品广泛应用于乘用车、商用车、工程/农业机械、液压机械、商用空调、医疗器械、环保设备、高铁及太阳能等行业和领域。企业生产加工流程如图 3-100 所示，启动本项目旨在改善企业现场环境。

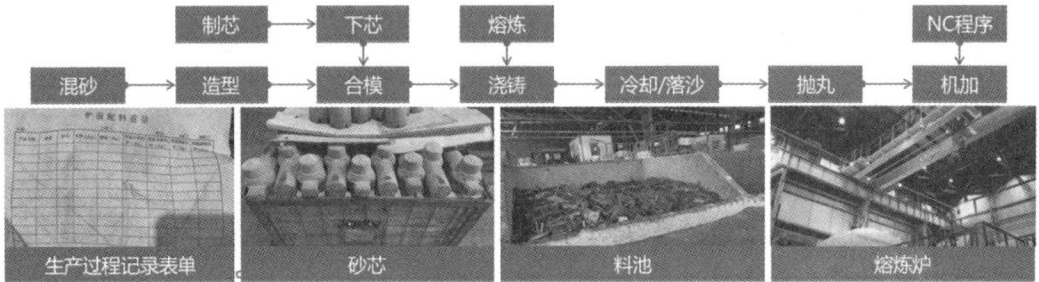

图 3-100　企业生产加工流程

2. 解决方案

本项目完成 5 个粉尘传感器、2 个温度传感器的数据采集，并实现了环境数据的实时监控及报警。企业数字采集改造方案如图 3-101 所示。

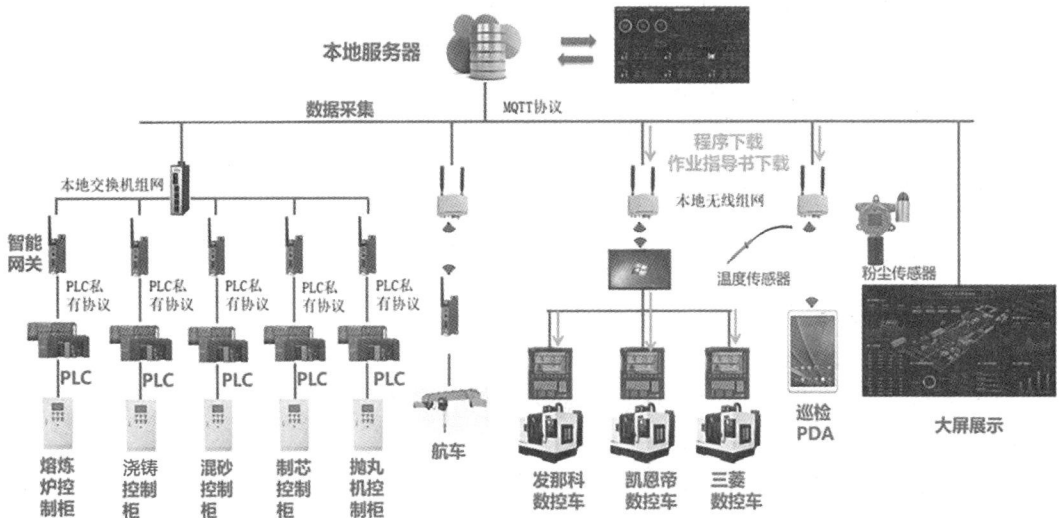

图 3-101　企业数字采集改造方案

3. 应用效果

环境和设备运行状态实时监控和报警如图 3-102 所示。

（1）环境监控：通过温度传感器和粉尘传感器等仪表的联网和数据采集，实时监控环境数据，并实时进行环境状态预警。

（2）工艺参数自动记录：基于设备采集每个炉次的相关信息，如炉温、喂丝球化数据等，并自动进行记录。

（3）实时报警：基于环境数据的实时采集，对环境异常等进行实时报警。

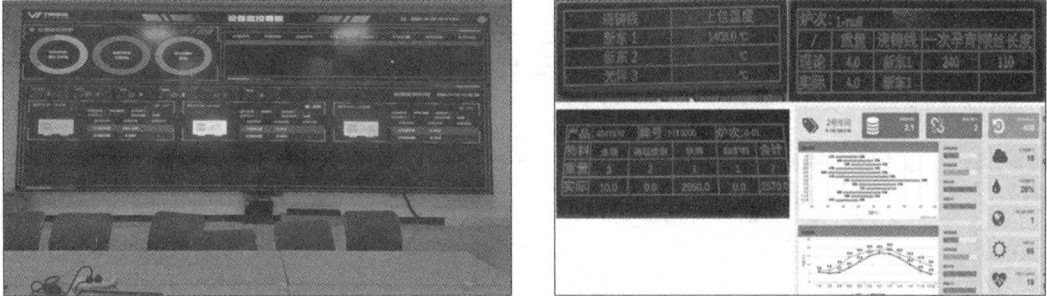

图 3-102　环境和设备运行状态实时监控和报警

项目 4
规则引擎实现边缘数据处理

一、项目情境

冲压作为汽车制造业四大传统工艺近年来也在不断进行着革新，国内外的新能源车（如特斯拉 Model Y、问界 M9、小米 SU7）均开始车身一体化压铸设计，在提升车身的整体刚性和安全性的同时，使得原本 200 余个的车身零部件锐减至仅仅 10 余个，零部件数量下降95%，部件连接点数量减少 1400 余个，下降幅度达到惊人的 70%，扭转变形刚度提高 23%，工艺的改进使得半分钟就可以下线一辆车。

为进一步提高企业生产线的综合利用效率，工赋小组应邀来到了一家传统制造业企业，协助企业在冲压生产线装上数字化引擎，改善某汽车冲压生产线的综合利用效率。图 4-1 所示为某公司冲压生产线。

图 4-1 某公司冲压生产线

二、项目要求

通过本项目的学习，能够利用边缘服务器采集工业现场设备的生产数据，并借助规则引擎对数据进行综合运算处理，计算生产线设备综合效率（OEE），优化冲压车间数据管理，提升生产线综合利用率。

三、项目目标

（一）知识目标

1. 了解边缘服务器的相关知识。
2. 掌握冲压生产线设备数据采集的方法。
3. 掌握规则引擎相关控件的使用方法。
4. 掌握设备综合效率的测算方法。

（二）能力目标

1. 能够利用边缘服务器完成冲压生产线相关设备参数的采集。
2. 根据采集的冲压生产线设备参数，能够编制生产线设备综合效率计算规则。
3. 能够完成边缘侧数据的分析，并做出合理决策。

（三）素养目标

1. 具备网络安全文明生产、现场精益管理、精益求精的工匠精神。
2. 具备沟通能力、团队协作能力、举一反三能力和实践创新能力。
3. 具备爱岗敬业的职业素养和数智化思维意识。

四、知识图谱

规则引擎实现边缘数据处理项目知识图谱如图 4-2 所示，共分为边缘服务器的认知、生产线设备数据采集、生产设备数据接入、规则引擎计算设备综合效率 4 个任务。

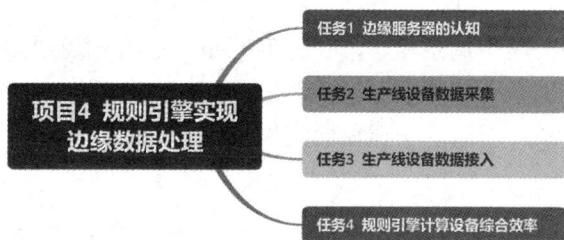

图 4-2　规则引擎实现边缘数据处理项目知识图谱

任务 1　边缘服务器的认知

一、任务描述

边缘服务器是边缘侧单个或多个分布式协同的服务器，通过本地部署的应用实现特定功能，提供弹性扩展的网络、计算、存储能力，满足可靠性、实时性、安全性等需求，是实现 IT 技术与 OT 技术深度融合的重要纽带。

边缘服务器位于网络边缘，更接近用户终端设备，而不是中心化的数据中心。其主要目的是将内容和服务更靠近最终用户，以减少延迟，提高数据传输速度和用户体验。

本任务引导学生了解边缘服务器的概念、特性和功能，掌握边缘服务器的相关知识。

二、任务分析

学生通过搜集资料，了解边缘服务器在工业互联网体系中的定位和主要作用，如何将工业设备采集数据上传到边缘服务器，以及数据清洗、转换等操作的方法；了解一些基本的数据分析算法和工具在边缘服务器上的应用；了解边缘服务器在工业互联网中的典型应用案例。

三、任务准备

任务准备表如表 4-1 所示。

表 4-1　任务准备表

任务编号	4-1	任务名称	边缘服务器的认知
设备	边缘服务器		
耗材	导线若干、网线 1 根		
工具	接线工具		
软件	边缘服务端		
资料	安装使用手册、产品手册、行业典型应用案例		

四、知识链接

1. 边缘服务器

与传统广域物联网的应用场景相比，工业互联网的应用场景更加复杂，不同行业和厂家对数据的处理和应用需求存在较大区别，因此在工厂近设备端加入边缘云层作为缓冲，更加符合工业场景应用的要求。云边端一体协同架构如图 4-3 所示。

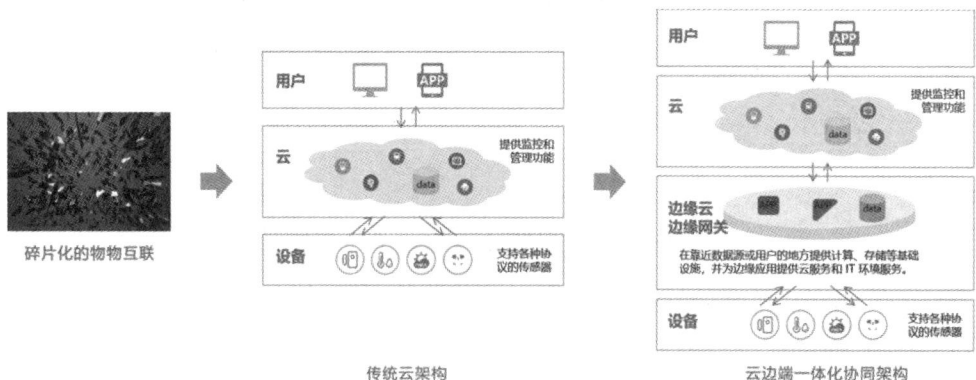

图 4-3　云边端一体协同架构

OT 网络（Operational Technology Network，运营技术网络）中的设备和应用一般分为 5 层：设备层、边缘控制器层、边缘网关层、边缘云层和工业互联网云平台层，如图 4-4 所示。边缘云所用硬件为边缘服务器或边缘智能一体机。边缘云是一种位于网络边缘的云计算服务模式，可以将计算、存储等任务部署在网络的边缘，从而减少网络延迟，提高数据处理效率。

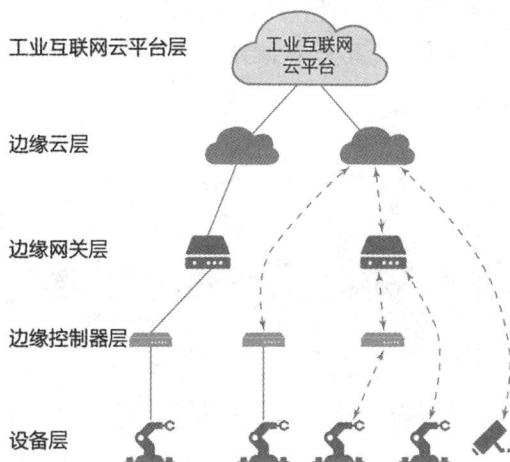

图 4-4　OT 网络中的设备和应用

在工厂生产侧，通过部署采集器、边缘网关、边缘服务器、安全网闸，进行大范围、深层次的数据采集。边缘服务器部署在工业生产现场、设备接入点或园区内部，实现对数据的快速处理和响应，降低网络延迟和成本，提高数据安全和效率，助力工业企业便捷地接入工业互联网、推进智能制造。

2. 边缘服务器特性要求

随着业务的发展，越来越多的企业积极开展数字化转型升级，结合工业互联网技术实现自身效益的增长。然而，企业在智改数转过程中往往面对各类阻碍，如数据量巨大、网络延迟低、数据需要实时处理等问题。

针对上述问题，边缘服务器具有不可比拟的优势：边缘服务器正逐渐成为连接现场设备与中心服务器的关键节点。它能够处理来自工业现场设备的实时数据，并将处理后的信息发送到中心服务器，以支持多种不同类型的工业应用，如图 4-5 所示。

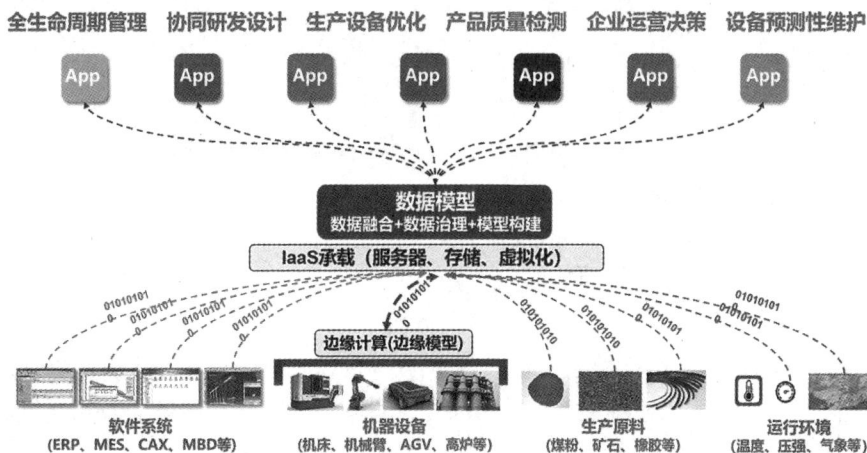

图 4-5　边缘服务器作用

1）高级分析和指标计算

边缘服务器通常支持基于人工智能和机器学习模型的高级分析；可以提供跨系统的指标计算，提供工业常用的基于层级关系的统计计算，以及基于时间范围的统计计算，并支持利用脚本实现复杂的指标计算。

2）多设备、多协议支持

边缘服务器通常支持 OPC UA、OPC DA、Modbus、FOCAS、MQTT 等多种协议，可以接入多种设备，主要包括智能工厂中的生产、检测、物流、标识和视觉设备，如图 4-6 所示。

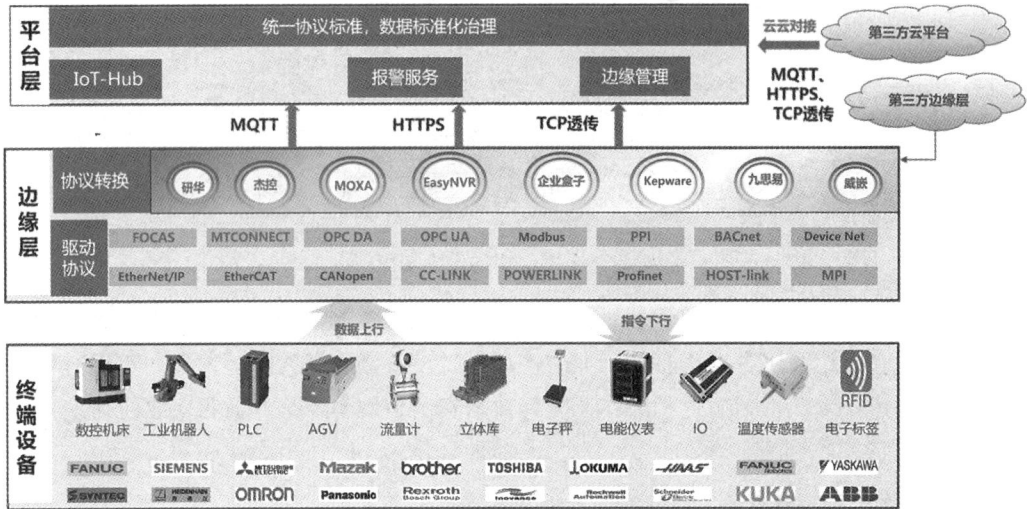

图 4-6　边缘服务器工业应用

（1）生产设备：如工业机器人、加工中心、PLC、DCS 等。

（2）检测设备：三坐标测量仪、示波器、光谱分析仪等。

（3）物流设备：AGV、RGV、行车、GPS 等物流设备。

（4）标识设备：条码、RFID、指纹识别、身份证识别等。

（5）视觉设备：工业摄像头、AR/VR、现场广告牌、拼接大屏等。

3）实时数据存储及发布

边缘服务器需具备实时数据存储与发布的能力，主要包括：

（1）支持分布式多站点部署。

（2）支持按原始值、秒、分、小时、周、月、年间隔来查询数据。

（3）支持 max、min、avg、sum 等统计查询。

（4）支持订阅式的实时数据发布。

（5）支持按对象及仪表位号进行数据发布。

4）可靠性和稳定性。

边缘服务器需要具备高可靠性和稳定性，可以确保在长时间运行和大量数据处理过程中不会出现故障或性能下降。边缘服务器一般采用冗余设计、容错和高效的散热系统等技术手段，确保服务的连续性和稳定性。

五、任务实现

查找资料了解边缘服务器的部署方式、边缘服务器的核心能力、边缘服务器的应用场景、边缘服务器典型案例，加深对边缘服务器的认知。

1. 边缘服务器的部署方式

工业边缘服务器的部署方式可分为本地部署、分布式部署和与云端协同部署。

（1）本地部署：直接将边缘服务器放置在工业现场。采用该种部署方式时数据处理延迟低，能够快速响应设备的实时需求，适用于对实时性要求较高的工业场景。如图 4-7 所示，某智能工厂将边缘服务器部署在本地车间，实时采集和处理生产设备的运行数据，如机床的加工参数、机器人的动作轨迹等，实现对生产过程的精准监控和优化，提升了产品质量和生产效率。

图 4-7　某智能工厂加工车间

（2）分布式部署：在多个不同的地理位置或设施中分别部署边缘服务器，可以更好地覆盖广泛的区域，减轻单点故障的影响，实现就近处理数据，提高整体系统的可靠性和灵活性，广泛应用于支撑智能分布式配电自动化、毫秒级精准负荷控制等超可靠低时延控制类业务、无人机远程巡检、移动式现场施工作业管控等超大带宽视频类业务，以及低压用电信息采集、分布式电源等海量连接采集类业务。国家电网在多个区域的变电站中分布式部署边缘服务器。每个变电站的边缘服务器负责处理本地的电力设备数据，如变压器的温度、电压等信息，同时将关键数据上传到总部进行综合分析，保障电网的安全稳定运行。神州鲲泰针对变电站设备的实时监测、故障诊断、安全预警、能效提升等方面的问题，基于人工智能智算产品和边缘计算技术为电网变电站场景提供边缘计算的解决方案，包括采用先进的人工智能服务器和算法模型，实现设备的智能化监控和管理。某电力公司变电站监控平台如图 4-8 所示。

采用分布式架构和边缘计算技术，提高了数据采集、处理和分析的速度和效率。采用多种安全防护措施，保障了数据的安全性和保密性。采用开放式架构和标准化接口，方便进行升级和维护。

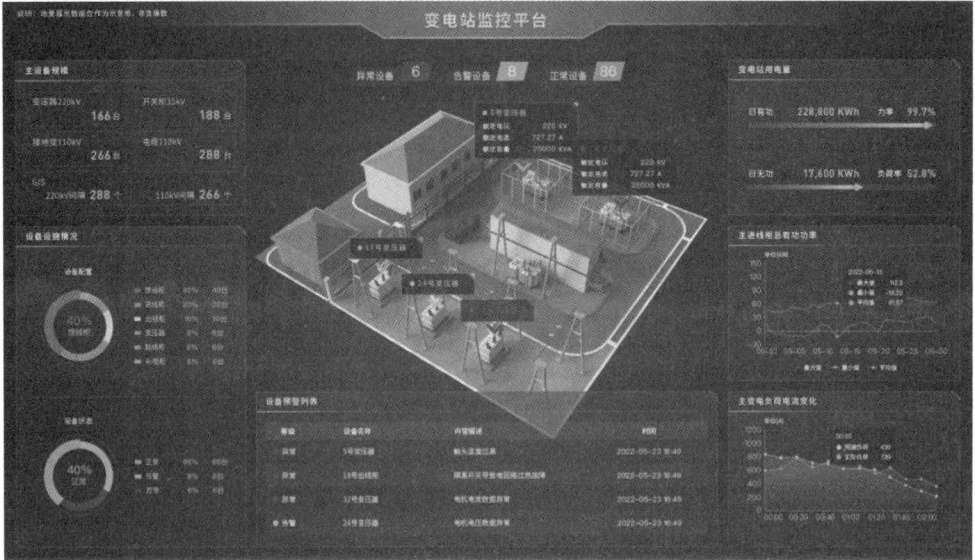

图 4-8　某电力公司变电站监控平台

（3）与云端协同部署：为充分发挥边缘服务器的实时处理能力和云端的强大计算与存储能力，边缘服务器与云端服务器相互配合，共同完成数据处理和分析任务。边缘服务器进行初步数据处理和筛选，将有价值的数据上传至云端进行深入分析和长期存储。海尔智家通过在工厂部署边缘服务器，实时处理设备的运行数据，并将部分数据上传到海尔的云平台，某自动化生产线如图 4-9 所示。云平台利用大数据分析和人工智能算法，对设备的运行状况进行预测性维护，降低了设备故障率。企业将边缘服务器与云平台相结合，边缘服务器采集工程机械的实时工况数据，云平台进行大规模数据分析和模型训练，为设备的智能化作业提供支持。

图 4-9　某自动化生产线

以上部署方式各有优势，企业可以根据自身的业务需求、数据特点、网络状况及成本等因素，选择最适合的部署方式，以实现工业生产的高效、智能和可靠运行。在实际应用中，也可能会采用多种部署方式相结合的混合模式，以满足更复杂的业务场景需求。

2. 边缘服务器的核心能力

1）工业数据实时监控

工业企业在生产中将会产生大量的实时数据，如传感器数据、设备运行状态数据等。边缘服务器能够在靠近数据源的位置对这些数据进行采集，及时响应关键事件，减少数据传输延迟，确保生产过程的实时性和稳定性。例如，在汽车制造流水线上，边缘服务器可以采集并处理各种设备的运行数据，进行可视化监控，如图 4-10 所示。

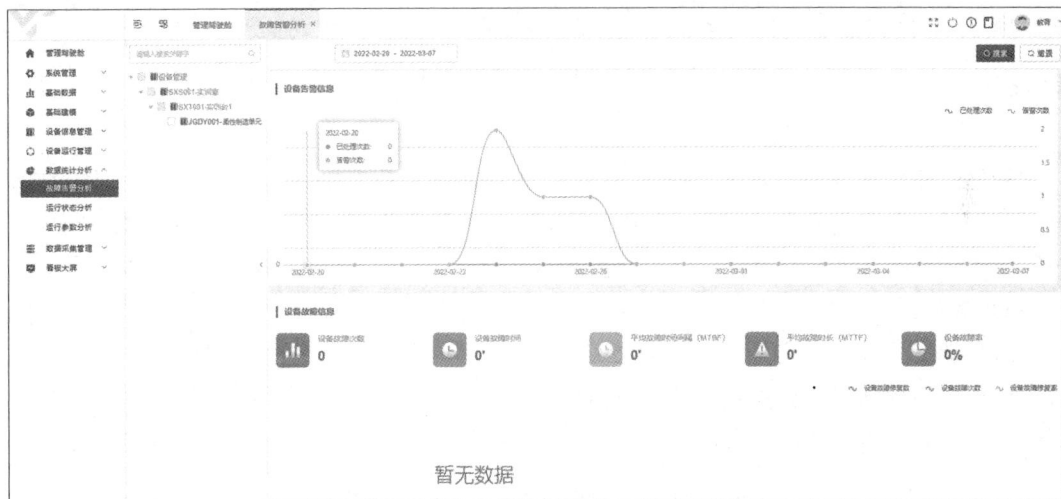

图 4-10　实时数据处理

2）数据过滤和压缩

边缘服务器可以完成数据的筛选和压缩工作。通过对采集到的数据进行分析、清洗和标注，只将有价值的数据传输到云端，降低网络带宽需求和数据存储成本。例如，在石油开采现场，传感器数据中可能只有部分关键数据需要上传到云端进行深入分析，大量的数据只需要传到边缘服务器即可。

3）本地决策支持

工业的报警、控制，往往是基于复杂的条件产生的，需要提供灵活的判决条件、高性能的规则过滤并支持灵活的报警和控制。边缘服务器常以条件和动作为核心打造规则引擎，一般支持批量的规则创建/启用/禁用，提供灵活的判决条件（多条件组、持续时长等），高性能的实时规则计算，实现实时的报警触发、控制指令下发，以及自定义设备控制，一旦出现异常能够立即停止生产线，避免故障扩大，满足工业的报警、控制等需求。例如，在智能仓储系统中，边缘服务器可以根据货物的出入库情况，实时调整货架的位置和搬运机器人的工作路径。边缘服务器的规则引擎如图 4-11 所示。

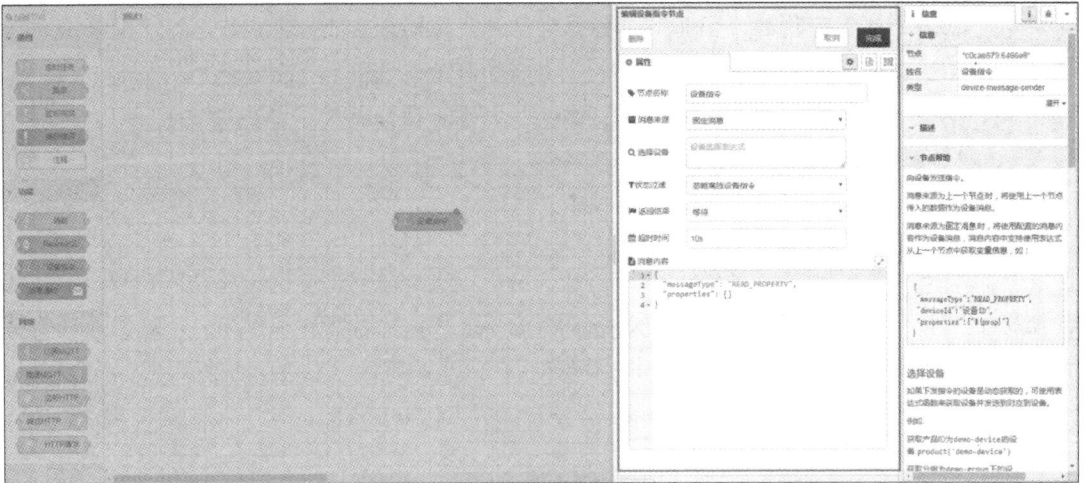

图 4-11　边缘服务器的规则引擎

4）保障数据安全和隐私

将数据在边缘服务器上进行处理和存储，减少敏感数据在网络传输过程中的暴露风险，更好地保护企业的商业机密和用户隐私。例如，在制药企业中，生产工艺的关键数据可以在边缘服务器上进行处理和存储，避免数据泄露。

5）减轻云端压力

边缘端提供实时的应用和模型运行环境，实现分布式的部署分担云端的计算和存储任务，避免大量数据集中传输到云端造成的拥堵和处理延迟，提高整个系统的效率和可靠性，降低总体部署成本，如图 4-12 所示。

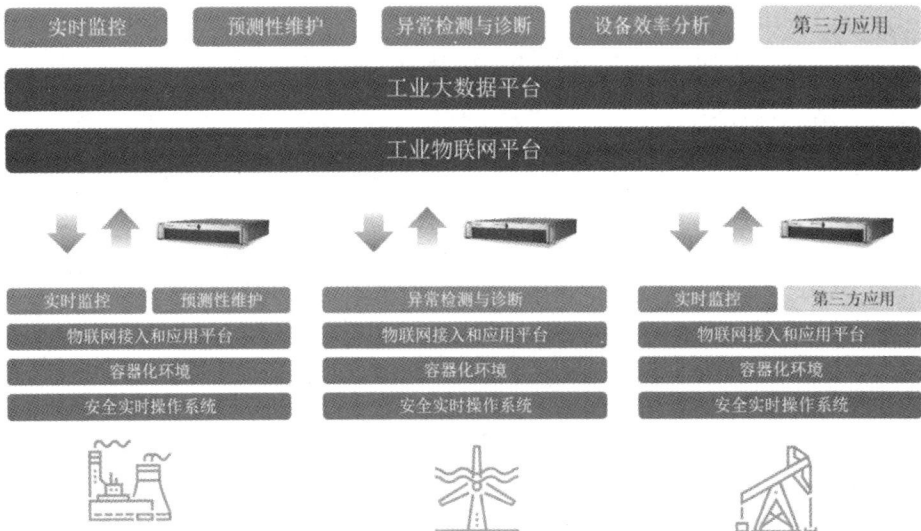

图 4-12　边缘服务器减轻云端压力

6）支持离线运行

在网络连接不稳定或中断的情况下，边缘服务器仍能依靠本地存储和计算能力，维持部分关键业务的运行。例如，在偏远的矿山作业中，网络信号可能不稳定，边缘服务器可以确保设备监控和控制功能能在离线状态下正常运行一段时间。

3. 边缘服务器的应用场景

（1）工业自动化生产：在智能工厂中，边缘服务器可以实时处理生产线上的传感器数据，实现设备的预测性维护、质量检测和生产流程的优化。通过实时监测设备的振动、温度等参数，提前发现可能的故障，减少停机时间。边缘服务器智能工厂应用如图4-13所示。对机器人的运行数据进行实时分析，提前预警潜在故障，提高了生产效率和产品质量。

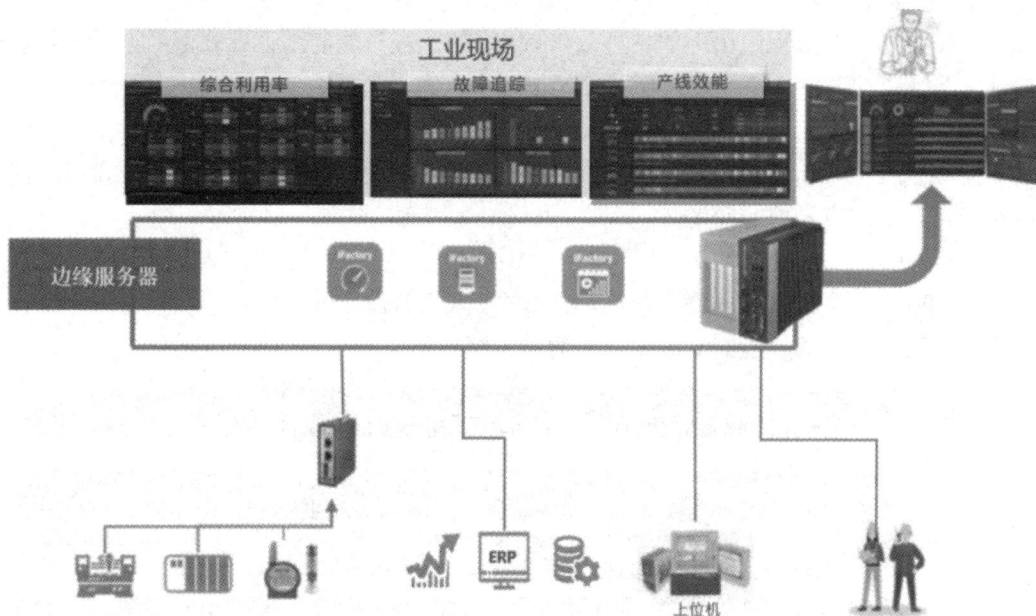

图4-13 边缘服务器智能工厂应用

（2）智能仓储与物流：用于仓库中的货物识别、搬运设备的控制，以及物流路径的优化。边缘服务器可以快速处理图像识别数据，实现货物的自动分拣和高效配送。京东的智能仓储系统中，边缘服务器实时管理库存和调度物流设备，提高了仓储运营的效率。

（3）能源管理：在电力、石油、天然气等能源领域，边缘服务器能够实时监测能源设备的运行状态，进行能源消耗的分析和优化，实现节能减排。

（4）工业环境监测：对工厂内的环境参数（如温度、湿度、空气质量等）进行实时监测和分析，确保工作环境的安全和舒适。某大型化工企业利用边缘服务器实时监测车间的环境指标，及时采取措施预防环境污染和安全事故。

（5）远程设备控制：在矿山、油田等偏远地区，边缘服务器能够实现对远程设备的实时控制和数据采集，降低人力成本和提高作业安全性。在矿井中部署边缘服务器，可实现对采煤设备的远程监控和控制。

4. 边缘服务器典型案例应用分析

1）项目简介

某综合性能源装备企业致力于为全球客户提供能够创造卓越价值的油气钻采装备及服

务，产品覆盖 50 多个类别、1000 多个品种规格，其中压裂设备是其主导产品之一。

2）主要问题

压裂设备长期处于高压力、高强度的工作环境，容易发生故障。压裂作业要求设备在短时间内输出极高的压力，对泵、发动机、液压系统等关键部件造成巨大负担，高强度作业负荷容易导致过热、磨损或疲劳损坏。压裂作业的高压液体通常含有酸液等化学添加剂，长时间使用会对管道、泵等部件造成腐蚀和磨损，降低设备的可靠性和寿命。压裂作业通常在恶劣的自然环境中进行，如高温、极寒、多尘等，这些条件加速了设备的磨损和老化，增加了故障发生的可能性。压裂设备一旦发生故障，现场作业将不得不暂停，从而造成生产延误。

对于在设备运行过程中出现的各种故障，现有的手段只能通过记录表格的方式进行登记和描述，无法通过数字化的手段进行精确的描述和保存，以至于无法实现更精准的故障匹配和故障预测。

如何在工业大数据及工业物联网技术发展的浪潮中，通过数字化的手段实现设备软性价值的增长点，是重点考虑的问题之一。

3）解决方案

通过数字化的手段采集压裂作业单车的数据，采用智能化的手段对压裂设备关键部件进行诊断与分析，并评估设备的健康度。关键技术路线如图 4-14 所示。

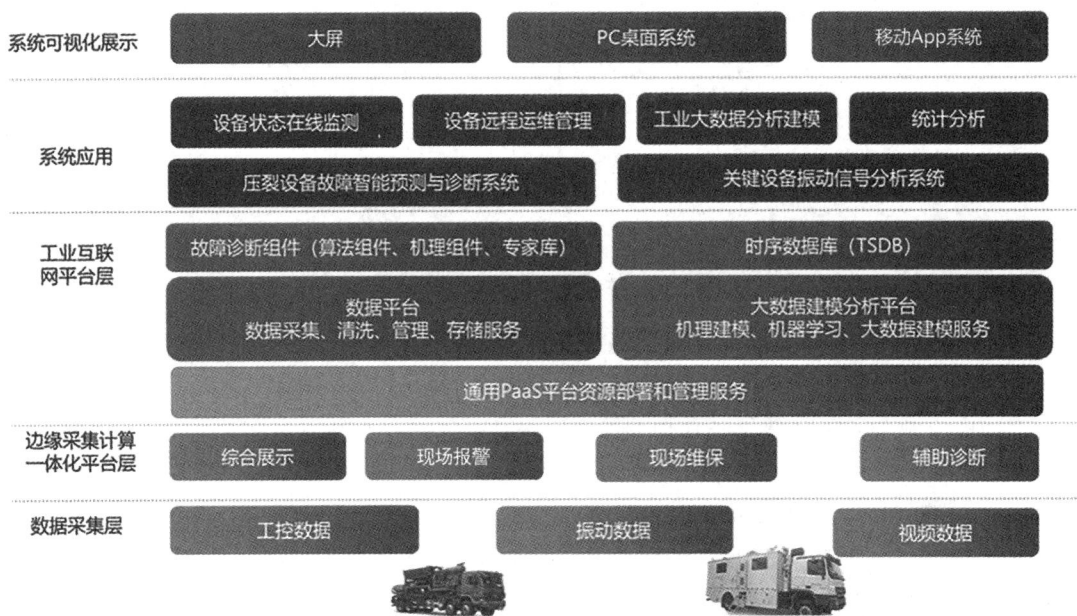

图 4-14 关键技术路线

数据采集层：通过本地局域网接收来自压裂车组数据采集箱软件上传过来的工控数据、振动数据、视频数据等，并进行相应的处理和存储。高频振动信号通过振动采集卡进行初步处理和采集，再经由物联网网关协议转换后，一方面以 MQTT 协议通过 5G 通信网络传输到私有云平台开展远程监控分析，另一方面以光纤的形式接入仪表车的本地数据装置进行现场的监控。压裂车组系统框架图如图 4-15 所示。

边缘采集计算一体化平台层：在作业现场，对设备的监控要求实时且准确，采集的数据可在本地进行综合可视化展示，满足关键指标的监控需求，也提供综合展示、现场报警、现场维保、辅助诊断等功能。在线检测预警系统如图 4-16 所示。

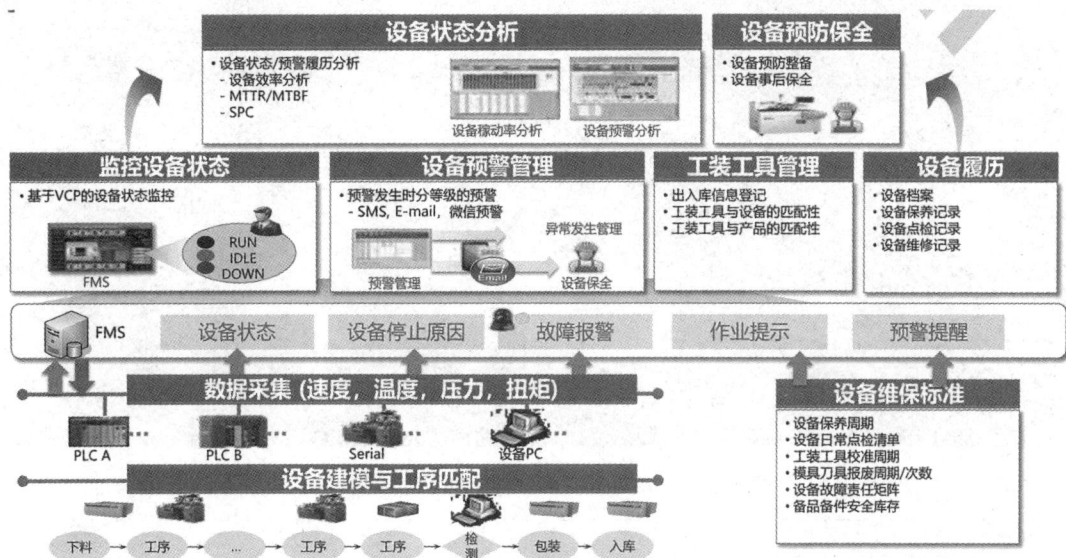

图 4-15　压裂车组系统框架图

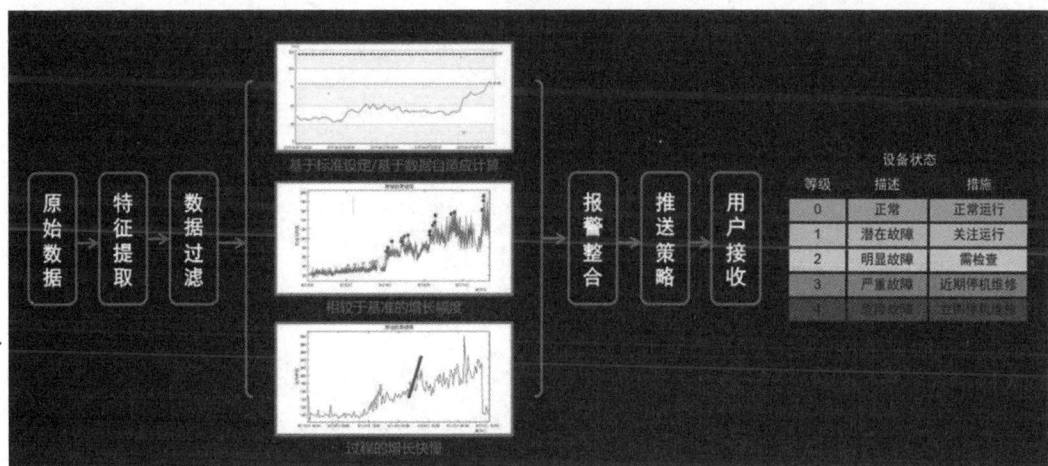

图 4-16　在线检测预警系统

4）实施效果

预测性维护和故障辅助诊断应用系统是对压裂机组关键部件的可靠性、故障、失效等进行分析诊断，并做出诊断和给出处理意见的系统。该系统以工业大数据分析与建模系统的特征库为基础进行预测与诊断，如图 4-17 所示。

故障预警与报警统计分析：包括报警统计分析、故障统计分析、设备运行数据统计分析三方面。报警统计分析及故障统计分析针对设备产生的各类报警进行分析展示，支持根据设备类型、归属客户、时间段等进行筛选，从多维度对报警事件进行统计分析。设备运行数据统计分析支持单设备多指标、多设备多指标不同时间段查询，方便用户了解设备详细运行信息，如图 4-18 所示。

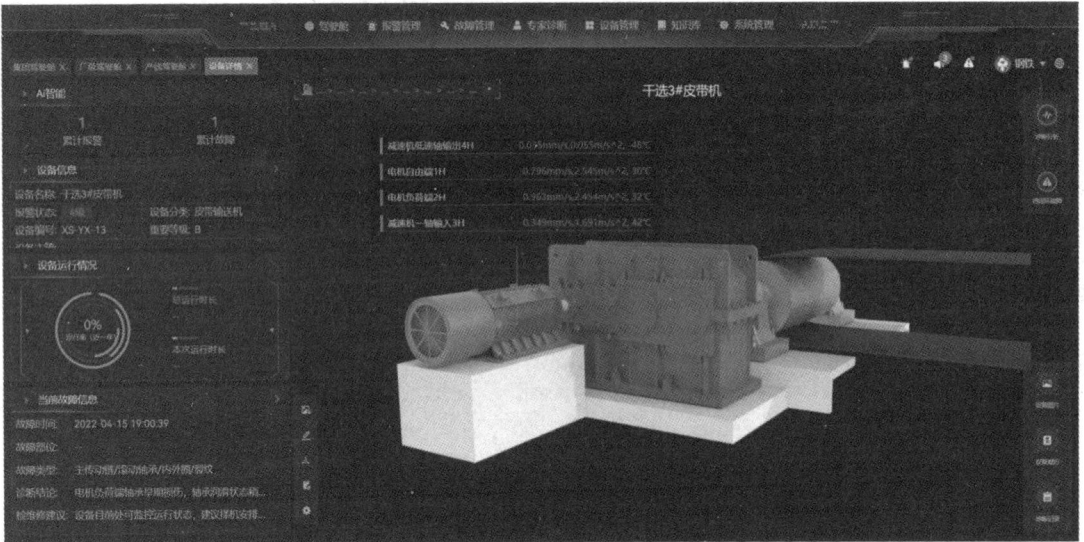

图 4-17 预测性维护和故障辅助诊断应用系统

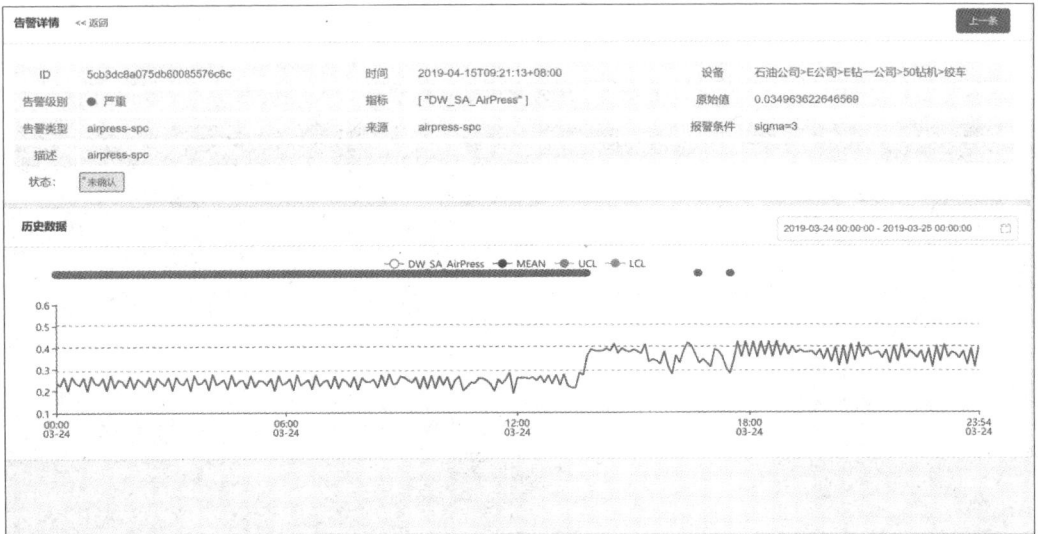

图 4-18 故障预警与报警统计分析

设备运行数据远程在线监测：系统通过接入现场设备数据，将各设备的实时运行数据展示在多样化的仪表面板中。设备监测整体基于 GIS 地图，展示各设备的地理位置分布及通信状态，单击具体设备后可进入设备详情界面，首页展示各部件重点监控参数运行情况，展示面板可由用户自主配置。对于各子部件的运行状态/参数设置/实时曲线/设备信息等详情，单击具体部件进入后可进行查看，展示面板同样支持自定义配置，如图 4-19 所示。

设备维保管理模块：可为压裂机组相关设备提供维保报警功能，维保报警触发时，可通过系统提醒、邮件、短信等方式通知用户并提供相关维保建议。相关维保规则可由用户根据不同设备、不同保养内容等在专家知识库中进行配置管理，如图 4-20 所示。维保规则支持自然计时维保周期及运行时间周期两种方式。

图 4-19　设备运行数据远程在线监测

图 4-20　设备维保管理模块

六、任务实施

1. 任务分配

请将人员分组及任务分配情况填写至表 4-2。

表 4-2　任务分配表

组名		日期	
组训		组长	
工作任务	任务分工	成员	
边缘服务器	了解边缘服务器的作用		
	对比不同边缘服务器的特性		
	搜集并分享边缘服务器在工业互联网中的应用案例		

2. 小组讨论

每个小组根据任务要求和分工情况进行研讨，并实施，整理任务资料。

3. 成果分享

每个小组将实施结果上传至线上教学平台，由小组分别汇报展示和讲解任务成果。

七、任务总结

任务完成后，学生根据任务实施情况，分析存在的问题和原因，并填写至表 4-3，指导教师对任务实施情况进行点评。

表 4-3 任务总结表

任务实施过程	存在问题	解决办法
信息的收集		
信息文件的处理与分析		
团结协作、表达能力		
现场 7S 管理		

八、任务评价

请将本任务评价情况填写至表 4-4。

表 4-4 任务评价表

序号	评价内容	自我评价	小组评价	教师评价	评分标准
1	态度端正，工作认真				5
2	遵守安全操作规范				5
3	能熟练、多渠道地查找参考资料				10
4	能够熟练地完成项目中的任务要求				30
5	方案优化，选型合理				10
6	能正确回答指导教师的问题				10
7	能在规定时间内完成任务				20
8	能与他人团结协作				5
9	能做好 7S 管理工作				5
合计					100
总分					

九、巩固自测

1. 边缘服务器的特性有哪些？

2. 简述边缘服务器的主要作用。

3. 举例边缘服务器在智能工厂中的应用案例。

十、任务拓展

某锂离子电池供应商长期服务于全球知名笔记本电脑、平板电脑、智能手机、智能穿戴、电动工具、无人机等领域客户。本次项目为通信事业部重点打造生产线数据伴生平台，基于前沿技术，深入分析现场痛点、挖掘数据价值、打通数据孤岛，以数据为基石，以提高质量、提高效率、降低成本、赋能研发和生产为目标，实现样品实验室研发、生产的数据伴生，为生产、研发、设备、质量等部门提供有效、干净的数据服务。

1. 解决方案

基于工业数据管理平台，构建生产线数据伴生平台。搭建的数字化在线检测平台如图 4-21 所示。

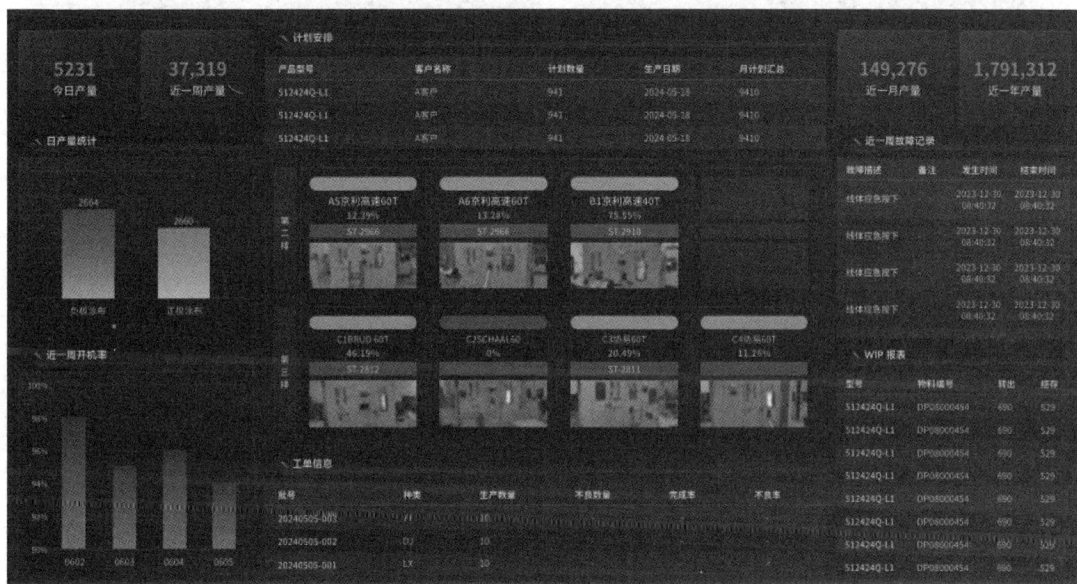

图 4-21　搭建的数字化在线检测平台

（1）工业千兆冗余环网：通过 4T 融合（OT/IT/DT/CT），将现场制造技术、信息技术、数据技术、通信技术进行融合，实现智能化生产、网络可视化管理。

（2）边缘计算：以工业实时以太网+边缘计算技术为基础，实现设备高频的实时数据与产品信息的绑定，形成高质量、高可用性的过程数据，为数据驱动提供动力。

（3）数据伴生平台：基于工业数据管理平台，实现 OT 数据、IT 数据、产品数据等多种数据的集成和融合，为研发、质量、生产等多个部门提供基础干净、有效的数据服务。

（4）数据智能应用：基于数据伴生平台，利用干净、有效的融合数据，实现多种数据应用，如精挑智选（快速响应客户交期）、产品研发性能数据反馈、质量数据分析、设备预测性维护、在线自助式分析等。

2. 实施效果

（1）数据全要素汇总：连通现场所有生产设备，实现过程数据的高频采集，并连通业务系统，实现 IT 和 OT 数据的融合，为多种模型提供有效、清洁的数据。

（2）精挑智选能力：利用数字化技术支撑样品出货优选，并通过自定义组合筛选分析多种指标，快速找到最优电芯，快速响应客户交期。

（3）降低在制品库存：实现在制品保质期精确管控和智能提醒，确保在时效内完成转序工作，降低产品报废量和在制品库存。

（4）提升效率：将生产过程数据与产品性能参数相融合，为产品研发改进模型、生产质量改进模型提供清洁数据，助力电芯寿命、容量等研究和改进，以及降低产品不合格率。

设备综合效率在线检测平台如图 4-22 所示。

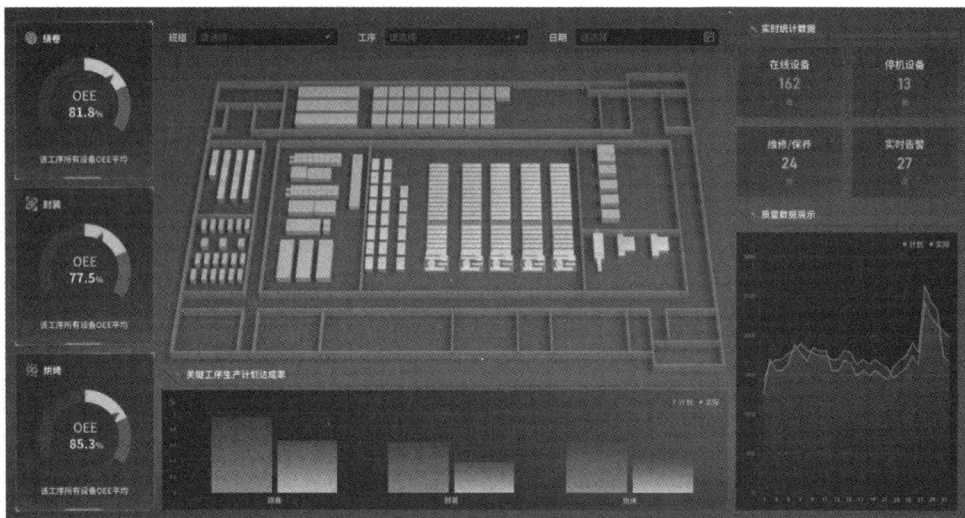

图 4-22　设备综合效率在线检测平台

任务 2　生产线设备数据采集

一、任务描述

冲压、焊装、涂装、总装被称为汽车制造业的四大工艺。其中，冲压是将钣金件按照设计要求，使用模具冲压成型的过程。冲压车间是典型的离散型制造车间，工艺布局分段式排布、生产作业不断转换，因此装备、生产资源的互联互通比较困难。行业上，相较焊、涂、总车间，冲压车间数字化建设起步较晚，数字化成熟度也较低。

为将冲压车间自动化生产线的数据传递到工业智能网关，完成设备数据的实时采集。首先需要深入了解生产线中 PLC 的型号、通信协议（如 Modbus、Profinet 等），以及相关参数设置，然后通过对工业智能网关进行配置（包括数据采集的频率、点位及数据格式等参数），使其与 PLC 所采用的通信协议相匹配，建立 PLC 与工业智能网关之间的稳定通信，确保准确采集到关键的生产数据，如加工速度、产品尺寸、设备温度等。

二、任务分析

本任务引导学生通过物理连接（如以太网电缆）将 PLC 与工业智能网关正确连接，完成冲压生产线 PLC 的通信配置,实现生产线各工位 PLC 与工业智能网关在 OPC UA 协议下进行通信,并使用工业智能网关采集冲压生产线各工位数据。

三、任务准备

任务准备表如表 4-5 所示。

表 4-5　任务准备表

任务编号	4-2	任务名称	生产线设备数据采集
设备	两台计算机、冲压生产线		
网关	ECU-1152 工业智能网关		
耗材	导线若干、网线 1 根		
工具	接线工具		
软件	TIA V17、Advantech EdgeLink Studio		
资料	工业互联网设备数据采集使用手册、智慧职教 MOOC-工业数据采集技术		

四、知识链接

1. OPC UA 协议

OPC UA(Open Platform Communications Unified Architecture)作为一种工业通信协议,主要用于在工业自动化系统中进行信息交换。它属于一种基于服务的通信协议,能够在各类不同的系统和设备之间实现互操作性。

过往,由不同厂商所生产的设备运用着各异的通信协议,致使设备之间难以相互交流。这给工业自动化带来了众多挑战,如数据集成艰难、系统繁杂等。OPC UA 顺势而生,化解了这些难题,并带来了诸多益处。

(1)开放性。OPC UA 属于一种开放的技术标准,能够在不同的设备和系统中得到应用。不管是传感器、控制器,还是各类工业设备,只要支持 OPC UA,它们就可以相互通信,实现无缝集成。

(2)统一架构。OPC UA 提供了一种统一的架构和数据模型,使得不同设备的数据能够以统一的方式进行表示和交换。这样一来,设备之间的数据传输变得更加简单和可靠。

(3)跨平台和跨语言。OPC UA 支持多种操作系统和编程语言。无论是 Windows、Linux 还是嵌入式系统,无论是 C++、Java 还是 Python,都可以使用 OPC UA 进行通信,降低了集成的复杂性。

OPC UA 广泛应用于工业自动化和物联网领域,为各种行业带来了许多好处。以下是一些典型的应用场景。

(1)数据采集和监控。通过 OPC UA,可以方便地从不同设备和系统中收集数据,并开展实时监控和分析。这对于工业过程的优化和问题排查非常有帮助。

(2)设备集成和互操作。OPC UA 使得不同厂商生产的设备可以无缝集成。无论是机器人、传感器还是控制系统,只要支持 OPC UA,它们就可以相互协作,提高生产效率和灵活性。

（3）云平台连接。通过 OPC UA，工业设备可以与云平台进行连接，实现远程监控和管理。这为远程诊断、远程维护等提供了非常大的便利，同时为数据分析提供了更多的可能性。

2. 整理设备采集参数

冲压生产线各工位使用西门子 S7 1200 PLC 作为主控制器，冲压生产线采集设备及数据清单如表 4-6 所示。

表 4-6 冲压生产线采集设备及数据清单

序号	设备名称	规格型号	接口类型	IP 地址	通信协议	采集内容	数据类型
1	线首单元	西门子 CPU1215C	网线	192.168.3.10	OPC UA	拆垛手冲次	Integer
						拆垛抛料数量	Integer
						喷油机气压	Float
						喷油机油压	Float
						挤干辊压力	Float
						清洗机喷油量	Float
2	冲压机	西门子 CPU1215C	网线	192.168.3.20	OPC UA	液压垫压力 1	Float
						液压垫压力 2	Float
						液压垫压力 3	Float
						液压垫压力 4	Float
						液压垫压力 5	Float
						液压垫压力 6	Float
						液压垫压力 7	Float
						液压垫压力 8	Float
3	传送机械手	西门子 CPU1215C	网线	192.168.3.30	OPC UA	提前角度	Float
						搬运次数	Integer
4	线尾单元	西门子 CPU1215C	网线	192.168.3.40	OPC UA	生产数量	Integer
						合格数量	Integer
5	冲压线中控	西门子 CPU1215C	网线	192.168.3.50	OPC UA	整线速度	Integer
						换模时间	Integer
						设备开机时间	Integer
						设备停机时间	Integer

五、任务实现

设备数据采集

配置并完成线首单元的数据采集。

1）硬件连接

利用工业智能网关完成生产线数据的采集，接线如图 4-23 所示。根据硬件组网连接图，工业智能网关 VS 接+24V，智能网关黑色线接 GND，工业智能网关 LAN1 口连接路由器 LAN 口，通过 PROFINET 协议与 PLC 通信，工业智能网关 LAN2 口通过以太网线接计算机网口。

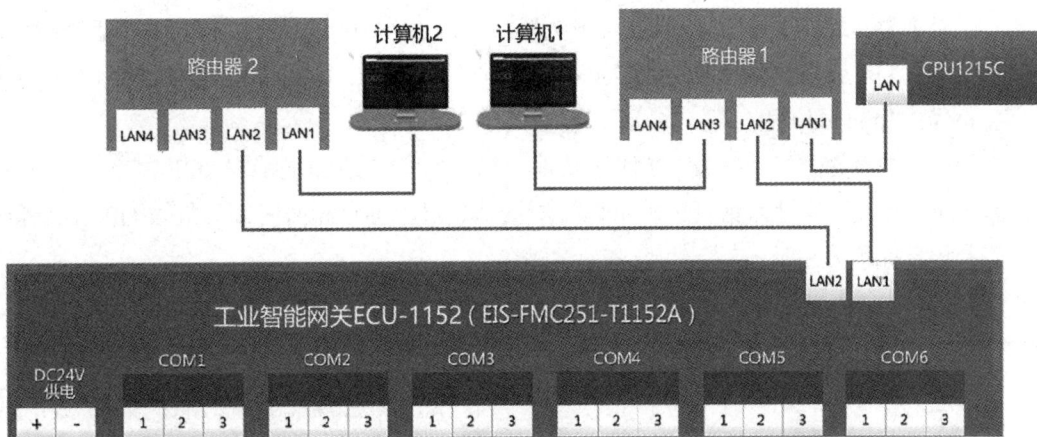

图 4-23　硬件组网连接图

2）PLC 配置

S7-1200 CPU 满足 OPC UA 服务器的硬件和软件要求，如表 4-7 所示。

表 4-7　S7-1200 CPU 满足 OPC UA 服务器的硬件和软件要求

	组件	版本	备注
硬件部分	S7-1200 各型号 CPU	V4.4 版本及以上	V4.4 版本的 S7-1200 仅支持作为 OPC UA 的服务器
软件部分	TIA Porta STEP 7 Basic/Professional	V16 版本及以上	TIA V16 起才可以组态 V4.4 版本的 S7-1200 CPU
OPC UA 许可证授权	SIMATIC OPC UA S7-1200 Basic	6ES7823-0BA00-2BA0	

（1）启动 OPC UA 服务器。打开博途软件，进入设备组态中的"设备视图"，选中"CPU"，找到"属性"，单击左侧"OPC UA"选项中的"服务器"，在右侧"常规"选区中勾选"激活 OPC UA 服务器"复选框，如图 4-24 所示。

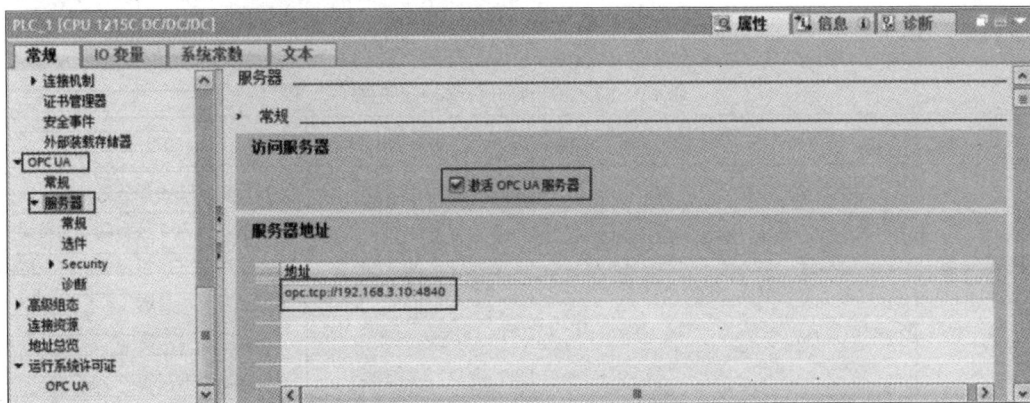

图 4-24　启动 OPC UA 服务器

- 激活 OPC UA 服务器。
- 服务器地址：用于客户端访问服务器，激活 S7-1200 的 OPC UA 服务器功能后，该 OPC UA 服务器的地址为图 4-24 中的 "opc:tcp://192.168.3.10:4840"，服务器地址格式为："opc:tcp://服务器 IP：服务器端口号"。

（2）设置服务器相关参数。在博途软件中找到 CPU 常规属性，在 "OPC UA" 选项下 "服务器" 的 "常规" 属性对话框内，可以设置端口、最大会话超时时间、最大 OPC UA 会话数量等参数，如表 4-8 所示。

表 4-8　S7-1200 OPC UA 选件设置

OPC UA 选件参数	备注
常规 端口：4840 最大会话超时时间：：30　　　s 最大 OPC UA 会话数量：：5	端口：设置服务器的端口号，默认为 4840，允许范围为 1024～49151。 最大会话超时时间：指定在不进行数据交换的情况下 OPC UA 服务器关闭会话之前的最大时长，默认为 30s，允许范围为 1～600000s。 最大 OPC UA 会话数量：OPC UA 服务器启动并同时操作的最大会话数。最大会话数取决于 CPU 的性能。截至 V4.5 版本，S7-1200 最大会话数是 10 个（V4.4 版本为 5 个）
Subscriptions 最短采样间隔：：1000　　　ms 最短发布间隔：：1000　　　ms 已监视项的最大数量：：200	最短采样间隔：设置 OPC UA 服务器记录 CPU 变量值的时间间隔。 最短发布间隔：变量值发生改变时服务器通过新值向客户端发送消息的时间间隔。 已监视项的最大数量：指定该 CPU 的 OPC UA 服务器可同时监视的变量的数量。由于监视会占用资源，因此可监视变量的最大数量取决于所选用的 CPU

（3）Secure channel 设置。仅当 OPC UA 服务器可向 OPC UA 客户端证明身份时，才能建立服务器与客户端之间的安全连接。服务器证书可用于证实身份。

选择 "OPC UA" → "服务器" → "Security" → "Secure channel" 选项，在弹出的界面中可以建立服务器证书、设置服务器安全策略、设置可信客户端，如表 4-9 所示。

表 4-9　S7-1200 Secure channel 设置

	OPC UA 选件参数	备注
建立服务器证书	**服务器证书** ! 未启用证书管理器的全局安全设置。 　仅部分功能可用。 服务器证书用于在访问服务器时进行身份验证和启用端点信息安全。 服务器证书：PLC-1/OPCUA-1-1	激活 OPC UA 服务器并确认安全提示后，STEP 7 会自动为服务器生成自签署证书，用户也可以生成由证书颁发机构签名的 CA 证书。 注意，如何生成 CA 证书及证书的管理请参考后续的常见问题

续表

	OPC UA 选件参数	备注
设置服务器安全策略		调试初期可以考虑使用默认的"无安全设置",一旦调试结束,建议只选择与设备或工厂的安全概念兼容的安全策略,推荐使用"Basic256Sha256"设置,并禁用所有其他安全策略
设置可信客户端		使用可信客户端列表,以仅允许对特定客户端进行访问。此项为可选操作,可以直接勾选"运行过程中自动接受客户端证书"复选框 　如果勾选"运行过程中自动接受客户端证书"复选框,则服务器会自动接受所有客户端证书

（4）用户身份认证。选择"OPC UA"→"服务器"→"Security"→"用户身份认证"选项,在弹出的界面中设置 OPC UA 客户端中用户访问服务器时需通过的认证方式,如图 4-25 所示。

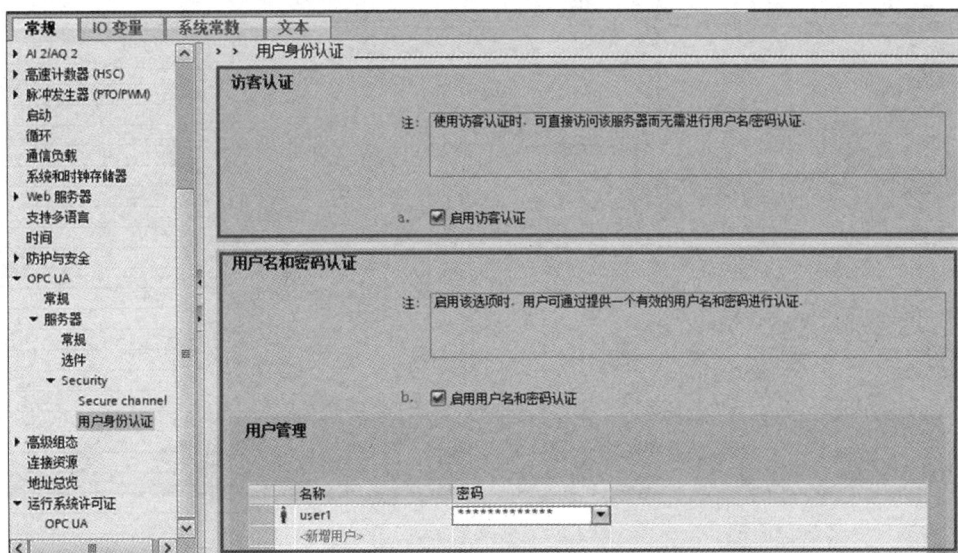

图 4-25　用户身份认证

- 启用访客认证：用户无须证明其身份（匿名访问）。OPC UA 服务器不会检查客户端用户的授权。
- 启用用户名和密码认证：用户必须证明其身份（非匿名访问）。OPC UA 服务器将检查客户端用户是否具备访问服务器的权限，并通过用户名和正确的密码进行身份验证，在下方"用户管理"表中输入用户，最多可添加 21 个用户。

注意，对于以上两个选项，建议仅在通信调试初期使用"启用访客认证"，调试结束后应使用"启用用户名和密码认证"，以确保通信安全。

（5）设置 OPC UA 运行许可证。选择"运行系统许可证"→"OPC UA"选项，在弹出的界面中设置"购买的许可证类型"，S7-1200 所有 CPU 所使用的许可证类型都是一种，即 SIMATIC OPC UA S7-1200 basic，如图 4-26 所示。

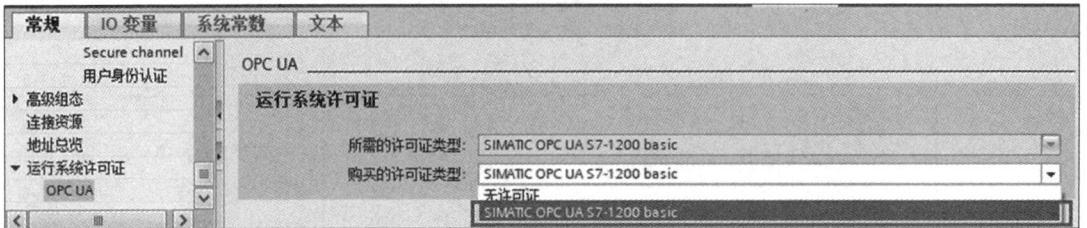

图 4-26　设置 OPC UA 运行许可证

（6）新增服务器接口。在项目树 PLC 站点下，选择"OPC UA 通信"→"服务器接口"→"新增服务器接口"选项，在弹出的"新增服务器接口"对话框中单击"服务器接口"按钮，如图 4-27 所示。

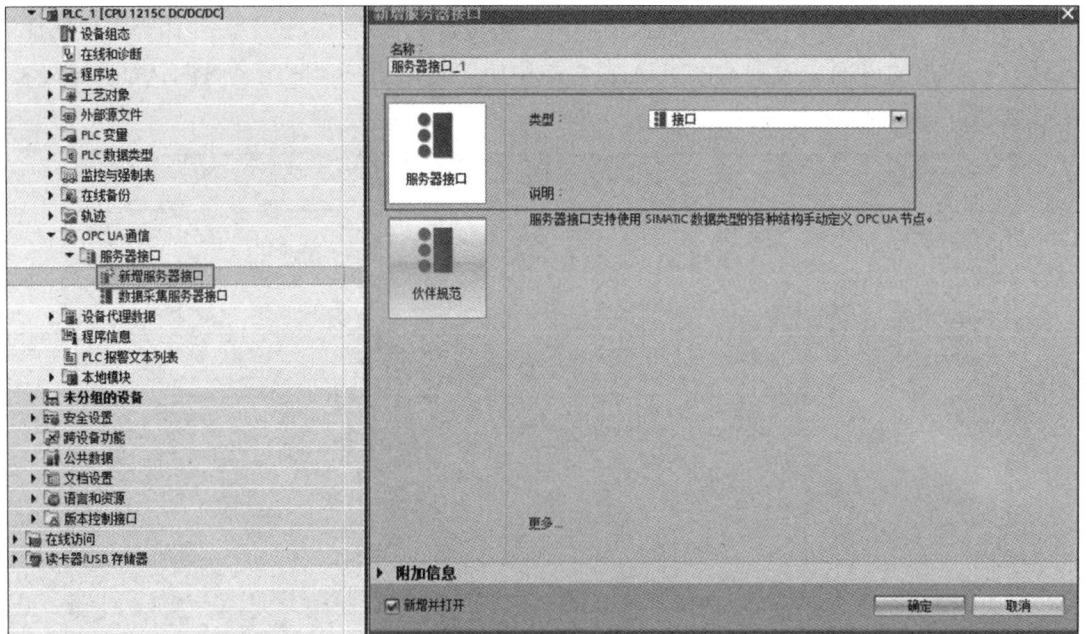

图 4-27　新增服务器接口

（7）将要采集的数据连接至 OPC UA 服务器接口。双击新增的服务器接口，在弹出的界面中将右侧的 OPC UA 元素依次或整体拖曳至左侧的 OPC UA 服务器接口下方的空白行，如图 4-28 所示。

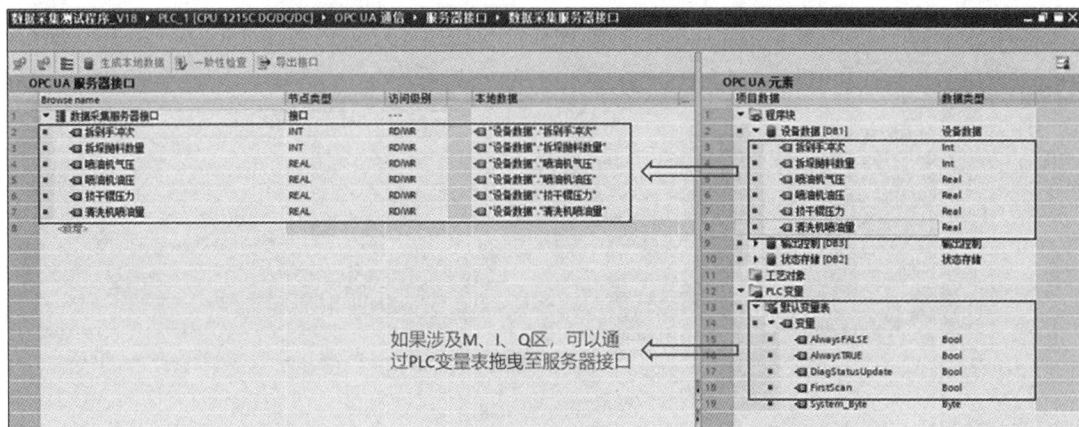

图 4-28　将要采集的数据连接至 OPC UA 服务器接口

3）工业智能网关配置

此配置与项目 3 任务 1 中研华网关的配置思路基本一样，大家可以作为参考，下面重点说明两者的不同之处。

（1）启用 TCP。在左侧工程树形结构下，依次展开"数据中心"→"I/O 点"选项，双击"TCP"选项，在弹出的界面中勾选"启用"复选框，其余参数默认即可，单击"应用"按钮，完成 TCP 网口启用配置，如图 4-29 所示。

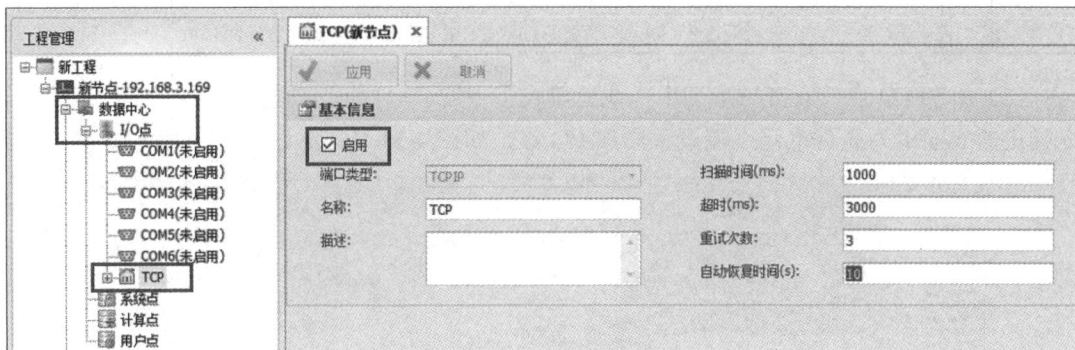

图 4-29　启用 TCP

（2）添加要采集的 PLC 单元。右击"TCP"选项，在弹出的快捷菜单中选择"添加设备"命令，在弹出的界面中勾选"启用设备"复选框，配置 PLC 基本属性，配置完成后，单击"应用"按钮，完成设备添加，如图 4-30 所示。

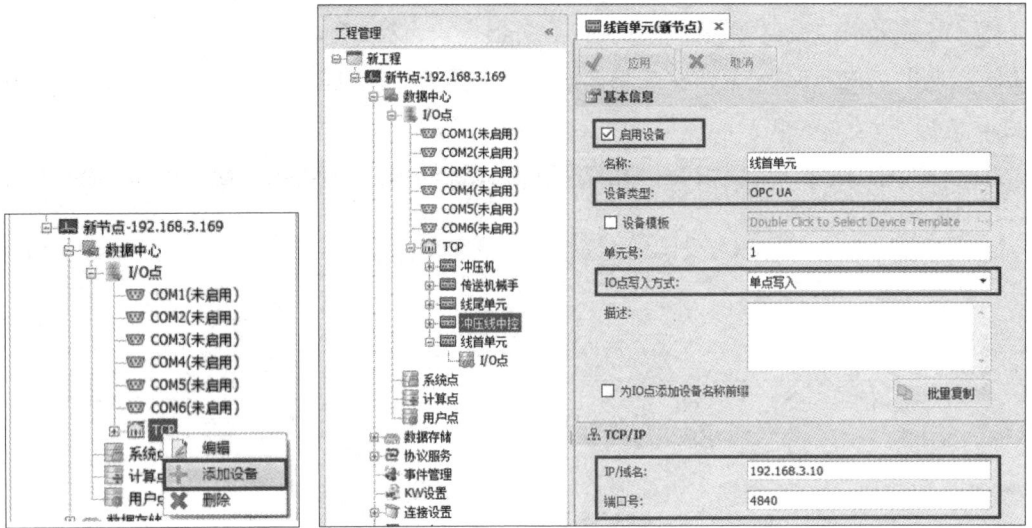

图 4-30　添加设备

设备配置说明如表 4-10 所示。

表 4-10　设备配置说明

序号	配置项	说明
1	启用设备	保持默认，勾选"启用设备"复选框
2	名称	根据实际连接设备自定义名称，这里填写为"线首单元"
3	设备类型	根据设备类型设置为"OPC UA"
4	单元号	保持默认即可
5	IO 点写入方式	设置为"单点写入"
6	IP/域名	待采集设备 PLC 的 IP 地址，根据实际连接设备填写，这里填写为 192.168.3.10
7	端口号	待采集设备 PLC 中设置的 OPC UA 服务器端口号，这里填写为 4840

（3）添加 I/O 点。双击树形图中"线首单元"下的"I/O 点"选项。单击"添加"按钮，在弹出的界面中为线首单元终端设备添加 I/O 点，如图 4-31 所示。

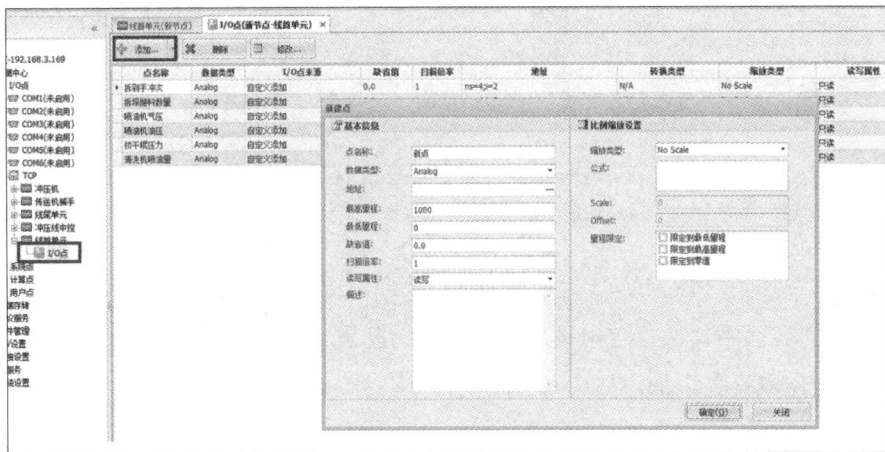

图 4-31　添加 I/O 点

填写设备对应的采集点位信息，主要包括点名称、数据类型、地址、最高量程、最低量程、缺省值、扫描倍率、读写属性、描述等信息，字段说明如表 4-11 所示，填写完成后单击"确定"按钮，完成点位新增。

表 4-11　添加变量字段说明表

序号	配置项		说明
1		点名称	根据实际 I/O 点自定义
2		数据类型	数据类型有 Analog 和 Discrete
3	基本信息	地址	对应 OPC UA 服务器接口中的位置，本次使用的西门子 PLC 默认 ns=4，格式为 ns=4;i=节点 ID； 在 PLC 中创建 OPC UA 通信服务后，根据服务器接口查询每个参数属性节点 ID
4		最高量程	保持默认
5		最低量程	保持默认
6		缺省值	保持默认
7		扫描倍率	保持默认
8		读写属性	分为"只读""只写""读写"，根据实际需求设置
9	比例缩放设置	缩放类型	可选不同的数据处理方式，根据实际需要选择
10		公式	由缩放类型决定，公式自动生成
11		Scale	范围值，根据实际需求设置
12		Offset	补偿值，根据实际需求设置

线首单元终端 I/O 点建立完成后，在 I/O 点列表中集中显示点名称、数据类型、地址、转换类型、缩放类型等 I/O 点关键参数，如图 4-32 所示。

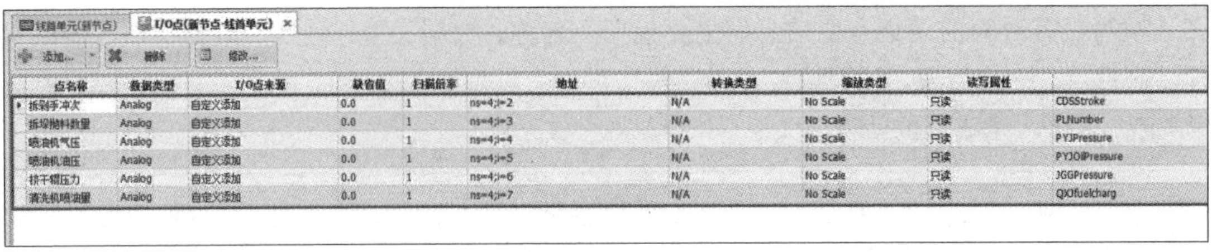

图 4-32　I/O 点列表

完成上述设备设置后，下载工程，登录在线设备监控页面，并实时监控线首单元采集点位数值，如图 4-33 所示。

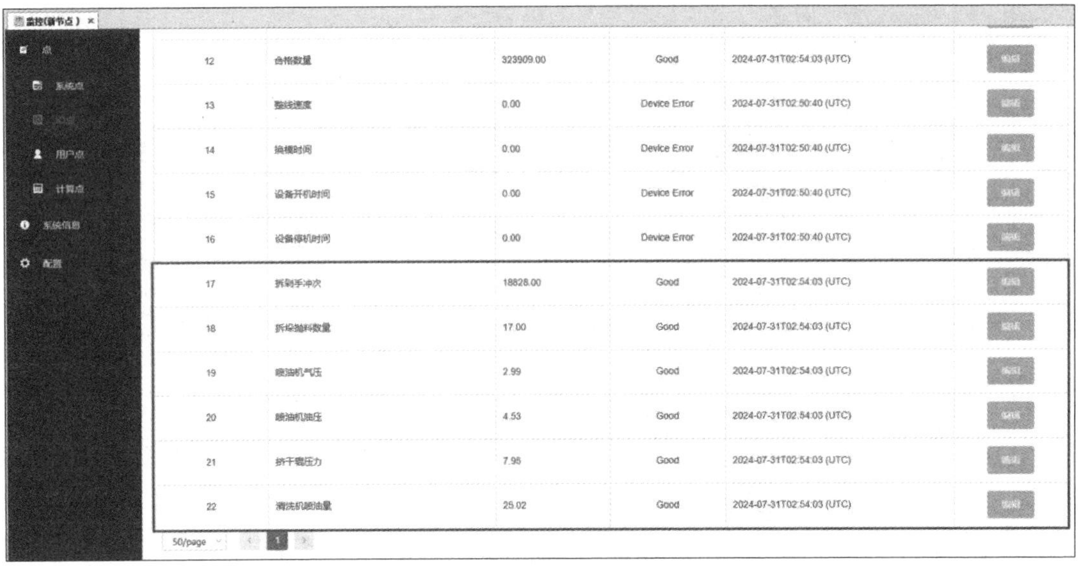

图 4-33　I/O 点在线监控

六、任务实施

1. 任务分配

请将人员分组及任务分配情况填写至表 4-12。

表 4-12　任务分配表

组名		日期	
组训		组长	
成员	任务分工	成员	任务分工

2. 拟定方案

小组成员共同拟定数据采集方案，列出本任务需要用到的设备、参数，并填写至表 4-13。

表 4-13　任务方案表

序号	设备	参数	备注

3．运行测试

请将运行测试结果填写至表 4-14。

表 4-14　运行测试表

任务名称		测试小组	
测试名称	测试结果	测试人员	存在问题
安装测试			
硬件测试			
软件测试			
采集测试			

七、任务总结

任务完成后，学生根据任务实施情况，分析存在的问题和原因，并填写至表 4-15，指导教师对任务实施情况进行点评。

表 4-15　任务总结表

任务实施过程	存在问题	解决办法
硬件连接		
软件配置		
数据采集与调试		
其他		

八、任务评价

请将本任务评价情况填写至表 4-16。

表 4-16　任务评价表

序号	评价内容	自我评价	小组评价	教师评价	评分标准
1	态度端正，工作认真				5

续表

序号	评价内容	自我评价	小组评价	教师评价	评分标准
2	遵守安全操作规范				5
3	能熟练、多渠道地查找参考资料				10
4	能够熟练地完成项目中的任务要求				30
5	方案优化，选型合理				10
6	能正确回答指导教师的问题				10
7	能在规定时间内完成任务				20
8	能与他人团结协作				5
9	能做好 7S 管理工作				5
	合计				100
	总分				

九、巩固自测

1．OPC UA 服务器端口号在默认情况下，线尾单元 OPC UA 服务器的地址为（   ）。

2．S7-1200 PLC 的固件版本为 V4.5，OPC UA 最大会话数是（   ）个。

3．喷油机气压对应的地址是（   ）。

4．OPC UA 协议的应用场景有（   ）、（   ）、（   ）。

十、任务拓展

1．企业背景

重庆某电机厂是国家重点企业和各类大、中、小型交直流电动机、发电机及发电机组的专业制造厂家。公司主要产品为高低压交流电动机、交流发电机、水轮发电机组、风力发电机等 70 多个系列，120 多个品种，4600 多个规格。

2．生产线痛点

（1）设备利用率低，单台设备年均故障停机时间超过 80 小时。

（2）维护成本高，单台设备年均人工维护劳动力成本超过 40 人天。

（3）生产能耗高，设备故障发热、振动造成大量能源浪费。

（4）对于环保关键设备，停机就意味着停产整改，会造成极大损失。

3．应用解决方案

边缘计算服务器融合工业机理和 AI 算法，为用户提供电机预测性维护整体解决方案。对电机设备的振动、噪声和温度进行三位一体实时监测，可以有效地判断设备的运行状态，从而实现对设备故障及时诊断和预警，降低设备发生重大事故的概率，减少因停机甚至损坏所带来的时间成本和经济损失。工业现场电机数据采集如图 4-34 所示。

图 4-34　工业现场电机数据采集

4．应用效果

企业减少因设备故障造成的损失约 50 万元/年，通过节能减排获得收益约 17 万元/年。

- 减少故障停机时间＞70%。
- 部署维护成本降低＞45%。
- 提高能源效率＞13%。
- 经济成本降低＞55%。

任务 3　生产线设备数据接入

一、任务描述

以某大型制造工厂为例，该工厂拥有多条自动化生产线，包括数控机床、工业机器人、智能传感器等众多设备。这些设备的数据一般通过工业智能网关采集到，如设备运行参数、生产进度、质量检测数据等。

为将工业智能网关中的数据安全、快速、准确地传输至边缘服务器，需要根据实际情况完成协议选择、网络搭建、数据调试和优化等任务。

二、任务分析

针对生产线存在大量实时性要求极高的数据，根据工厂的网络条件和数据特点选用合适的数据传输协议。在边缘服务器完成账号创建、权限设置等基础配置，确保数据传输的合法性和安全性，优化网络完成工业智能网关与边缘服务器的通信配置，实现冲压生产线数据准确实时传输到边缘服务器中。

三、任务准备

任务准备表如表 4-17 所示。

表 4-17　任务准备表

任务编号	4-3	任务名称	生产线设备数据接入
设备	两台计算机、边缘服务器		
网关	ECU-1152 工业智能网关		
耗材	导线若干、网线 1 根		
工具	接线工具		
软件	Advantech EdgeLink Studio 软件		
资料	工业互联网设备数据采集使用手册、边缘服务器使用手册		

四、知识链接

MQTT（Message Queuing Telemetry Transport，消息队列遥测传输协议）是一种基于发布/订阅（Publish/Subscribe）模式的"轻量级"通信协议。该协议构建在 TCP/IP 协议上，由 IBM 在 1999 年发布。MQTT 的最大优点在于，可以以极少的代码和有限的带宽，为连接远程设备提供实时可靠的消息服务。作为一种低开销、低带宽占用的即时通信协议，MQTT 在物联网、小型设备、移动应用等方面有较广泛的应用。

1）MQTT 特点

MQTT 是一个基于客户端-服务器的消息发布/订阅传输协议。MQTT 是轻量、简单、开放和易于实现的，这些特点使它的适用范围非常广泛。MQTT 在卫星链路通信传感器、偶尔拨号的医疗设备、智能家居及一些小型化设备中已得到了广泛应用。

MQTT 当前版本为 2014 年发布的 MQTT v3.1.1。除标准版外，还有一个简化版 MQTT-SN，该协议主要针对嵌入式设备，这些设备一般工作于百 TCP/IP 网络，如 ZigBee。

MQTT 运行在 TCP/IP 或其他网络协议，提供有序、无损、双向连接，其特点如下。

- 使用发布/订阅模式，提供一对多消息分发，以实现与应用程序的解耦。
- 对负载内容屏蔽的消息传输机制。
- 对传输消息有三种服务质量（QoS）：最多一次，这一级别会发生消息丢失或重复，消息发布依赖于底层 TCP/IP 网络，即小于或等于 1；至少一次，这一级别会确保消息到达，但消息可能会重复，即大于或等于 1；只有一次，确保消息只有一次到达，即等于 1（在一些要求比较严格的计费系统中，可以使用此级别）。
- 数据传输和协议交换的最小化（协议头部只有 2 字节），以减少网络流量。
- 通知机制，异常中断时通知传输双方。

2）MQTT 原理

（1）MQTT 实现方式。MQTT 实现方式如图 4-35 所示。

图 4-35 MQTT 实现方式

实现 MQTT 需要客户端和服务器端。

MQTT 中有三种身份：发布者（Publish）、代理（Broker）、订阅者（Subscribe）。其中，消息的发布者和订阅者都是客户端，消息的代理是服务器，消息的发布者可以同时是订阅者。

MQTT 传输的消息分为主题（Topic）和负载（Payload）两部分。Topic，可以理解为消息的类型，订阅者订阅后，就会收到该主题的消息内容。payload，可以理解为消息的内容，是指订阅者具体要使用的内容。

（2）网络传输与应用消息。MQTT 会构建底层网络传输，它将建立客户端到服务器的连接，提供两者之间的一个有序的、无损的、基于字节流的双向传输。

当应用数据通过 MQTT 网络发送时，MQTT 会把与之相关的服务质量和主题名相关联。

（3）MQTT 客户端。一个使用 MQTT 的应用程序或者设备，它总是建立到服务器的网络连接。客户端可以：

- 发布其他客户端可能会订阅的信息。
- 订阅其他客户端发布的消息。
- 退订或删除应用程序的消息。
- 断开与服务器的连接。

（4）MQTT 服务器。MQTT 服务器称为"消息代理"，可以是一个应用程序或设备。它位于消息的发布者和订阅者之间，它可以：

- 接收来自客户的网络连接。
- 接收客户发布的应用信息。
- 处理来自客户端的订阅和退订请求。
- 向订阅的客户转发应用程序消息。

（5）MQTT 协议中的订阅、会话、主题名、主题筛选器、负载。

- 订阅（Subscription）。订阅包含主题筛选器（Topic Filter）和最大服务质量。订阅会与一个会话（Session）关联。一个会话可以包含多个订阅。每个会话中的每个订阅都有一个不同的主题筛选器。
- 会话。每个客户端与服务器建立连接后就是一个会话，客户端和服务器之间有状态交互。会话存在于一个网络之间，也可能在客户端和服务器之间跨越多个连续的网络连接。
- 主题名（Topic Name）。连接到一个应用程序消息的标签，该标签与服务器的订阅相匹配。服务器会将消息发送给订阅所匹配的标签的每个客户端。
- 主题筛选器。主题筛选器是在订阅主题时，筛选出符合特定规则的主题消息的工具。在 MQTT 协议中，客户端可以通过主题筛选器来指定感兴趣的主题范围，而不是只订阅单个固定的主题。

● 负载。消息订阅者所具体接收的内容。

五、任务实现

1. 边缘服务器的硬件连接

将工业智能网关采集的生产线数据接入边缘服务器中，硬件组网连接图如图 4-36 所示。

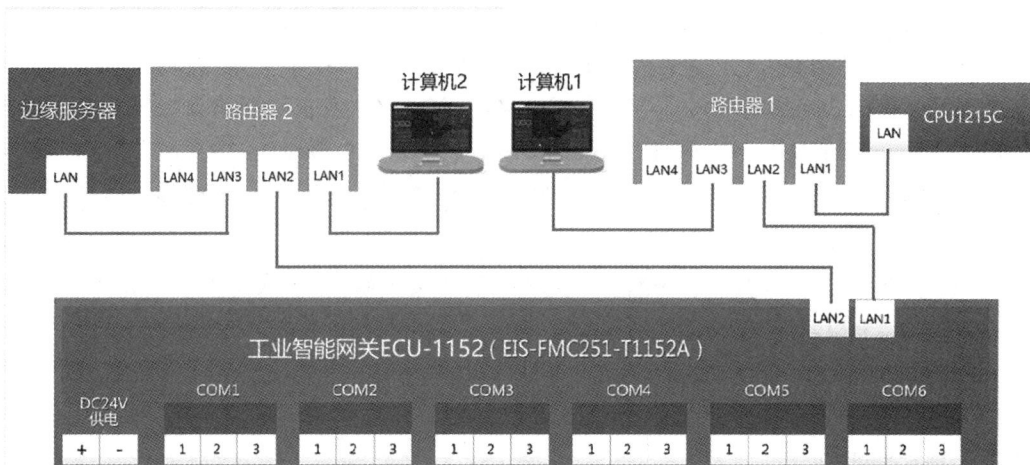

图 4-36 硬件组网连接图

2. 边缘服务器的配置

1）接入管理

（1）接入协议。接入协议是设备与平台通信的一种标准，规定设备与边缘服务器平台通信时上报的数据格式。协议管理可对系统内的协议包进行统一的维护管理。

进入物联网平台，选择"接入管理"→"接入协议"选项，单击"新增"按钮，弹出"新增"对话框，如图 4-37 所示。

图 4-37 新增接入协议

新增接入协议参数说明如表 4-18 所示。

表 4-18　新增接入协议参数说明

参数	说明
名称	协议的名称，必填，具有唯一性
类型	jar 包、Script（待开发），必填
文件地址	上传协议 jar 包，必填（可从本地计算机中选择协议 jar 包上传）
说明	协议说明，非必填

（2）网络组件。管理设备与平台通信的网络组件，支持配置 MQTT、Kafka、CoAP 等多种网络通信协议接入平台，处理设备消息。

进入边缘服务器平台，选择"接入管理"→"网络组件"选项，单击"新增"按钮，弹出"新增网络组件"界面，如图 4-38 所示。按照表 4-19 所示填写参数后，单击"保存"按钮。

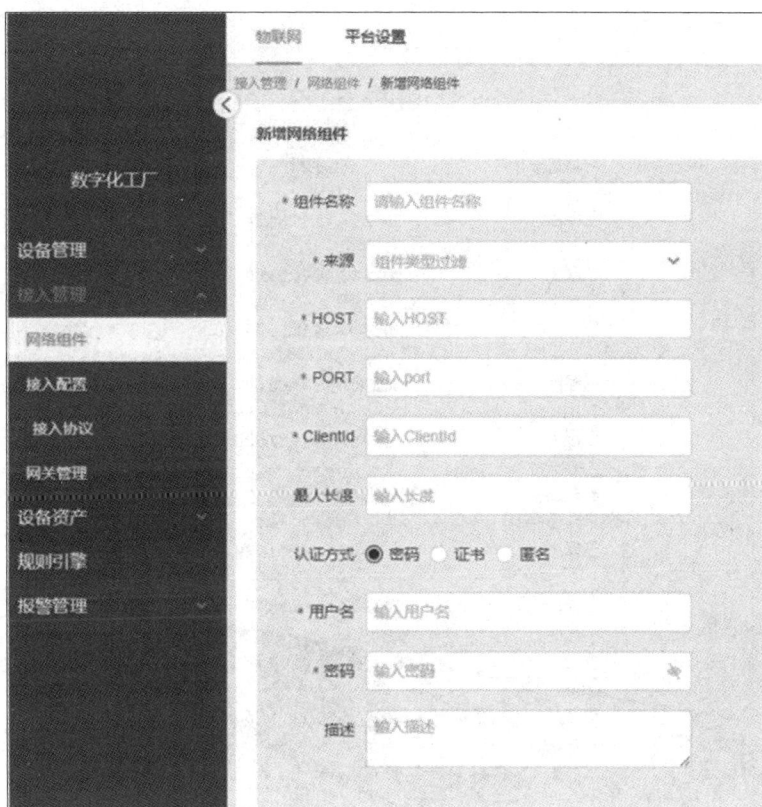

图 4-38　新增网络组件

表 4-19　新增网络组件参数说明

参数	说明
组件名称	组件的名称，如 MQTT 服务，必填，具有唯一性
来源	MQTT 客户端、Kafka（待开发）、CoAP（待开发），必填
HOST	服务地址，必填

参数	说明
PORT	服务端口，必填
ClientId	客户端 ID，必填，具有唯一性
最大长度	单次收发消息的最大长度，单位为字节，设置过大可能会影响性能，非必填
认证方式	支持 3 种级别的身份认证，分别为密码、证书、匿名。 • 密码：需输入用户名和密码才能连接到 MQTT 服务器，必填； • 证书：需上传数字证书才能连接到 MQTT 服务器，必填； • 匿名：不需要认证，不推荐在生产环境中使用
描述	组件描述

禁用网络组件，即禁止网络组件接入边缘服务器平台，单击"禁用"按钮会强制停止使用该网络组件的接入配置和数据转发配置；启用网络组件，即重新启用网络组件，需要网络组件重新认证，如图 4-39 所示。

图 4-39　启用和禁用网络组件

（3）接入配置。接入配置聚合了设备接入边缘服务器平台所需的相关配置，支持配置网络组件、消息协议、Topics，实现接入数据格式统一转换为平台标准格式。创建接入配置的前提条件为已经新建 MQTT 接入协议和创建完成网络组件。

进入边缘服务器平台，选择"接入管理"→"接入配置"选项，单击"新增"按钮，弹出"新增接入配置"界面，如图 4-40 所示。

图 4-40 "新增接入配置"界面

新增接入配置参数说明如表 4-20 所示。

表 4-20 新增接入配置参数说明

参数	说明
名称	组件的名称，支持中文、大小写字母、数字、短划线和下划线，必填，具有唯一性
类型	MQTT 客户端、Kafka（待开发）、CoAP（开发）、必填
网络组件	选择第二步创建的网络组件，必填
消息协议	选择第一步创建的接入协议，必填
Qos	支持 0、1、2，本次选择 0
Topics	订阅 MQTT 的 Topic，多个用","分割，支持通配符格式，必填； 上行 Topic 统一前缀：$ns/thing/upLink； 下行 Topic 统一前缀：$ns/thing/downLink
描述	对新创建的接入配置进行相应的信息描述，非必填

禁用接入配置，即禁止该接入配置接入边缘服务器平台，接入配置停止后，使用该接入配置的所有设备将被强制离线，谨慎此操作；启用接入配置，即重新启用接入配置，需要接入配置重新接入边缘服务器平台，才能实现数据的采集和控制等。

2）设备管理

（1）模型。模型实质上是设备的集合，它所指代的是某一类具有相同能力或特征的设备的集合。例如，在一个工业生产场景中，同一系列的智能传感器就可以被视为一个模型。在此基础上能够基于模型添加丰富多样的台账信息，如设备的品牌、出厂日期、当前所处的具体位置等。同时，还可以添加详细的属性，如设备的精准型号、具体规格、独特的运行参数设定等。不仅如此，还能够为模型添加特定的命令，如远程启动或停止设备、灵活调整工作模式，以及变更相关运行参数等。此外，服务的添加也是至关重要的，如为设备提供实时的故障预警服务，确保在潜在问题出现之前就能提前察觉并解决；或者设置定期维护提醒服务，保证设备始终处于良好的运行状态。通过以上操作，能够极大地帮助开发者提升集成开发的效率，使其无须对每个单独的设备都进行重复且烦琐的配置和操作。更为重要的是，这显著地缩短了工业互联网解决方案的建设周期，使得工业互联网系统能够以更快的速度完成部署，并投入实际应用，为各行业带来高效、便捷和智能化的服务体验。

进入边缘服务器平台，选择"设备管理"→"模型"选项，单击"新增"按钮，弹出"模型"界面，如图 4-41 所示，按照表 4-21 所示填写基础信息。

图 4-41　"模型"界面

表 4-21　模型参数说明

参数	说明
标识	系统自动生成，可以手动录入，支持字母、数字、下划线组合，在 64 个字符内，具有唯一性，必填（与工业智能网关 MQTT 数据主题处的模板 ID 一致）
名称	支持中英文、数字、特殊字符，在 64 个字符内，必填
模型	默认基础模型，可以选择其他模型，会继承父模型定义的信息，必填
标签	选择平台已有的标签，非必填
类型	默认类型为设备，类型支持设备、资产，必填
设备类型	直连设备：能直接通过网络连接到物联网平台；网关设备：能挂载子设备，是多个网络间提供数据转换服务的设备；网关子设备：不能直接通过网络连接到物联网平台，需要作为网关的子设备，由网关代理连接到物联网平台

续表

参数	说明
接入配置	选择设备接入配置（此处选择"刚建立的接入配置"）
设备分类	选择平台已有的设备分类，必填
厂家型号	选择平台已有的厂家型号，非必填
描述	非必填

在"模型"界面中单击"台账信息"选项卡，单击"新增"按钮，弹出"新增台账"对话框，支持引用标准台账库和自定义台账，如图 4-42 所示。

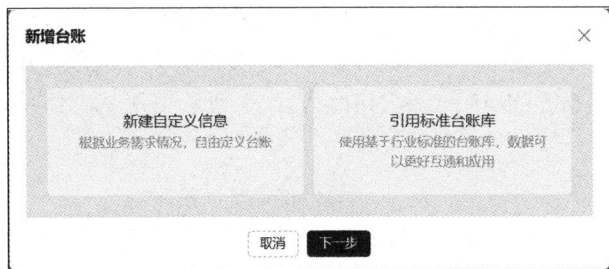

图 4-42 "新增台账"对话框

单击"引用标准台账库"按钮，在弹出的对话框中可引用标准台账库，如图 4-43 所示。

单击"新建自定义信息"按钮，在弹出的对话框中可自定义添加台账信息，如图 4-44 所示。

图 4-43 引用标准台账库

图 4-44 自定义添加台账信息

台账信息参数说明如表 4-22 所示。

表 4-22 台账信息参数说明

参数	说明
标识	具有唯一性，以字母或数字开头，不能含有空格及中文字符，由 1～64 个字符组成，必填
名称	由 1～64 个字符组成，必填

续表

参数	说明
数据类型	包含字符型、整数型、小数型、日期型、日期时间型、布尔型、图片和文件型，必填
默认值	按数据类型填写默认值，非必填
类别	暂无实际用途

（2）设备资产。设备资产归属特定模型下的设备实体，每个设备有唯一标识码。设备包括直接连接边缘服务器平台的网关设备、网关子设备。可在边缘服务器平台注册实体设备，通过平台分配的设备 ID 和密钥，集成 SDK 后接入平台，实现与平台的通信交互，如上传数据和接收控制指令，提升边缘服务器应用的便利性和实用性。

进入边缘服务器平台，选择"设备管理"→"设备资产"选项，单击"新增"按钮，弹出"设备资产"界面，如图 4-45 所示，按照表 4-23 所示填写基础信息。

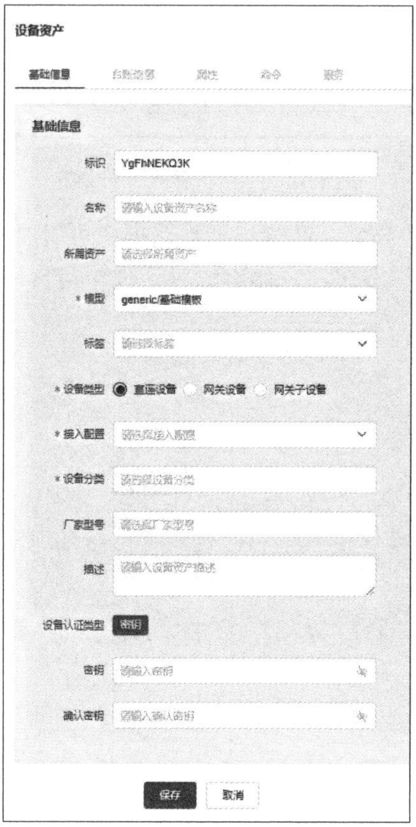

图 4-45　"设备资产"界面

表 4-23　设备资产参数说明

参数	说明
标识	系统自动生成，可以手动录入，支持字母、数字、下划线组合，在 64 个字符内，具有唯一性（与工业智能网关 MQTT 数据主题处的设备 ID 一致）
名称	支持中英文、数字、特殊字符，在 64 个字符内

续表

参数	说明
所属资产	选择逻辑资产,实现资产层级关联,非必填
模型	默认基础模型,选择上一步建立的模型,会继承父模型定义的信息,必填
标签	选择平台已有的标签,非必填
设备类型	继承父模型定义的设备类型,必填
接入配置	继承父模型定义的接入配置,必填
设备分类	选择平台已有的设备分类,必填
厂家型号	选择平台已有的厂家型号,非必填
描述	非必填
设备认证类型	使用 MQTT 协议等连接设备与平台的连接认证方式
密钥	密钥长度为 8~32 个字符,只能由数字、字母、-、_组成
确认密钥	密钥长度为 8~32 个字符,只能由数字、字母、-、_组成

"属性"选项卡支持对设备属性的定义,用于将设备各属性值实时上报到平台。属性包含测点属性和计算属性(指标公式),在"设备资产"界面中单击"属性"选项卡,单击"新增"按钮,弹出"添加属性"对话框,如图 4-46 所示。

图 4-46　"添加属性"对话框

属性参数说明如表 4-24 所示。

表 4-24　属性参数说明

参数	说明
属性类型	有两个选项:测点和计算属性。 测点:实际采集上传的数据点位。 计算属性:通过边缘计算得出的数据存储点位

续表

参数	说明
标识	具有唯一性,以字母或者数字开头,不能含有空格及中文字符,由1~64个字符组成,必填(与工业网关MQTT上传的数据点位的别名相同)
名称	1~64个字符组成,必填
数据类型	包含字符型、整数型、小数型、日期型、日期时间型、布尔型、枚举型,必填(选择小数型)
默认值	按数据类型填写默认值,非必填
访问权限	只读、读写两种类型;"只读"代表该点位只能进行数据读取操作;"读写"代表该点位既可读取数据也可写入数据;必填
保存历史值	是、否两种类型;"是"代表保存历史值,在历史数据中可以看到历史值;"否"代表不保存历史值,在历史数据中看不到历史值;必填
属性变化事件	指属性变化会触发事件和订阅发生;包含不产生、一直、真、假、范围,默认不产生,目前只支持不产生,非必填
类别	选择平台已有的标签,非必填
属性描述	非必填

3. 工业智能网关配置

打开 Advantech EdgeLink Studio 软件,在"工程管理"选项列表下选择"云服务"→"Simple MQTT[2]"选项,双击打开"SimpleMQTT(新节点)*"界面,勾选"启用此连接"复选框,如图4-47所示,根据表4-25所示填写相关参数信息。

图 4-47 Simple MQTT 服务器信息

表 4-25　Simple MQTT 服务器参数说明

参数	说明
主机	要上传的边缘服务器的域名地址或 IP 地址，必填； 本次要上传的边缘服务器的 IP 地址为 192.168.2.192
端口号	要上传的边缘服务器 MQTT 的服务端口，必填（本次使用的边缘服务器 MQTT 的服务端口为 31238）
用户名	边缘服务器 MQTT 账户名称
密码	边缘服务器 MQTT 账户密码
上传周期	数据每隔多长时间进行一次上传（根据需要进行填写）
Data Topic	指定用于发布实时数据的主题，必填； 便于在云服务端解析来自不同设备的数据封包； 上报设备属性的主题为$ns/thing/upLink/{productId}/{deviceId}/properties/report，发布者为工业智能网关，订阅者为边缘服务器平台； 其中$ns/thing/upLink 为上行 Topic 统一前缀，{productId} 为模型标识，{deviceId} 为设备资产标识，根据边缘服务器侧建立的模板和设备资产进行填写

在右侧窗口双击"添加点"选项，弹出"选择点"界面，如图 4-48 所示，根据需要添加需要通过 MQTT 上传的数据点位，选中完成后单击"确定"按钮，添加完成后，数据点位如图 4-49 所示。上传数据点位参数说明如表 4-26 所示。

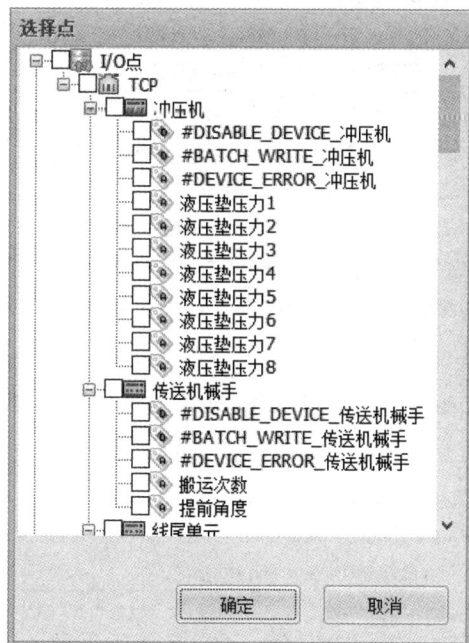

图 4-48　"选择点"界面

点名称	别名	点类型	阈值宽度	阈值宽度类型	最高...	最...	单位	抖动时间(s)	小数位数	描述
液压垫压力1	Hcp1	analog	0	绝对值	1000	0		0	2	液压垫压力1
液压垫压力2	Hcp2	analog	0	绝对值	1000	0		0	2	液压垫压力2
液压垫压力3	Hcp3	analog	0	绝对值	1000	0		0	2	液压垫压力3
液压垫压力4	Hcp4	analog	0	绝对值	1000	0		0	2	液压垫压力4
液压垫压力5	Hcp5	analog	0	绝对值	1000	0		0	2	液压垫压力5
液压垫压力6	Hcp6	analog	0	绝对值	1000	0		0	2	液压垫压力6
液压垫压力7	Hcp7	analog	0	绝对值	1000	0		0	2	液压垫压力7
液压垫压力8	Hcp8	analog	0	绝对值	1000	0		0	2	液压垫压力8
搬运次数	MovedNumber	analog	0	绝对值	1000	0		0	2	MovedNumber
提前角度	AdvanceAngle	analog	0	绝对值	1000	0		0	2	AdvanceAngle
生产数量	ProductionQuantity	analog	0	绝对值	1000	0		0	2	ProductionQuantity
合格数量	QualifiedQuantity	analog	0	绝对值	1000	0		0	2	QualifiedQuantity
整线速度	RectilinearVelocity	analog	0	绝对值	1000	0		0	2	RectilinearVelocity
换模时间	SETUPTIME	analog	0	绝对值	1000	0		0	2	SETUPTIME
设备开机时间	UPTIME	analog	0	绝对值	1000	0		0	2	UPTIME
设备停机时间	DOWNTIME	analog	0	绝对值	1000	0		0	2	DOWNTIME
拆垛手冲次	CDSStroke	analog	0	绝对值	1000	0		0	2	CDSStroke
拆垛抛料数量	PLNumber	analog	0	绝对值	1000	0		0	2	PLNumber
喷油机气压	PYJPressure	analog	0	绝对值	1000	0		0	2	PYJPressure
喷油机油压	PYJOilPressure	analog	0	绝对值	1000	0		0	2	PYJOilPressure
挤干辊压力	JGGPressure	analog	0	绝对值	1000	0		0	2	JGGPressure
清洗机喷油量	QXJfuelcharg	analog	0	绝对值	1000	0		0	2	QXJfuelcharg
双击添加点...										

图 4-49　上传数据点位

表 4-26　上传数据点位参数说明

参数	说明
点名称	双击此栏可以更改设备中的 Tag 点
别名	设置上传数据时的名称，别名为空时使用点名称作为数据名称（此处需填写为边缘服务器设备资产添加属性时，对应属性点位的标识）
点类型	显示 Tag 点的数据类型，此项为只读项，在此点表中不可修改； 如果需修改，请到数据中心中修改原始 Tag 点属性
阈值宽度	对于配置点值的变化检测方式，共有两种方式：绝对值和百分比； 当类型配置为绝对值时，会将 Tag 当前点值与上一次上传的 Tag 点值的差值取绝对值后与阈值宽度进行比较，如果超出，则认为 Tag 点发生了变化； 当类型配置为百分比时，会将 Tag 当前点值与上一次上传的 Tag 点值的差值取绝对值后与上一次上传的 Tag 点值进行比较，如果变化超过阈值宽度，则认为 Tag 点发生了变化
阈值宽度类型	用于指定 Tag 点检测的阈值宽度值，Tag 点值的变化在阈值内不会触发点值变化
最高量程	点属性，在云连接配置界面中不可更改，需在数据中心中修改量程，量程不对 EdgeLink 限制
最低量程	点属性，在云连接配置界面中不可更改，需在数据中心中修改量程，量程不对 EdgeLink 限制
单位	只读项，当阈值宽度类型为百分比时会显示百分号，用于与绝对值区分
抖动时间	单位为秒，当检测到 Tag 点值超过阈值宽度后，就会开始进行抖动时间的验证； 当 Tag 点值在指定的抖动时间内都被检测为超出阈值宽度才会被最终判定为有点值变化，此时才会上传变化的值，否则会被判定为点值抖动，将不被上传
小数位数	用于指定模拟量 Tag 点值的小数点后的数据位数，默认为 2，当实际的 Tag 点值只有整数值时，可以将此栏位设置为 0 以节省数据流量
描述	显示 Tag 点的描述，此项为只读项，在此点表中不可修改； 如果需修改，请到数据中心中修改原始 Tag 点属性

回到"工程管理"选项卡，单击设备，单击"下载工程"按钮，等待工程自动编译，完成后，状态显示为编译成功，单击"下载"按钮。

进入边缘服务器平台，选择"设备管理"→"设备资产"选项，打开建立的"冲压生产线"设备资产，单击"编辑"按钮，弹出"编辑设备资产"界面，单击"属性"选项卡查看接入的数据，如图 4-50 所示。

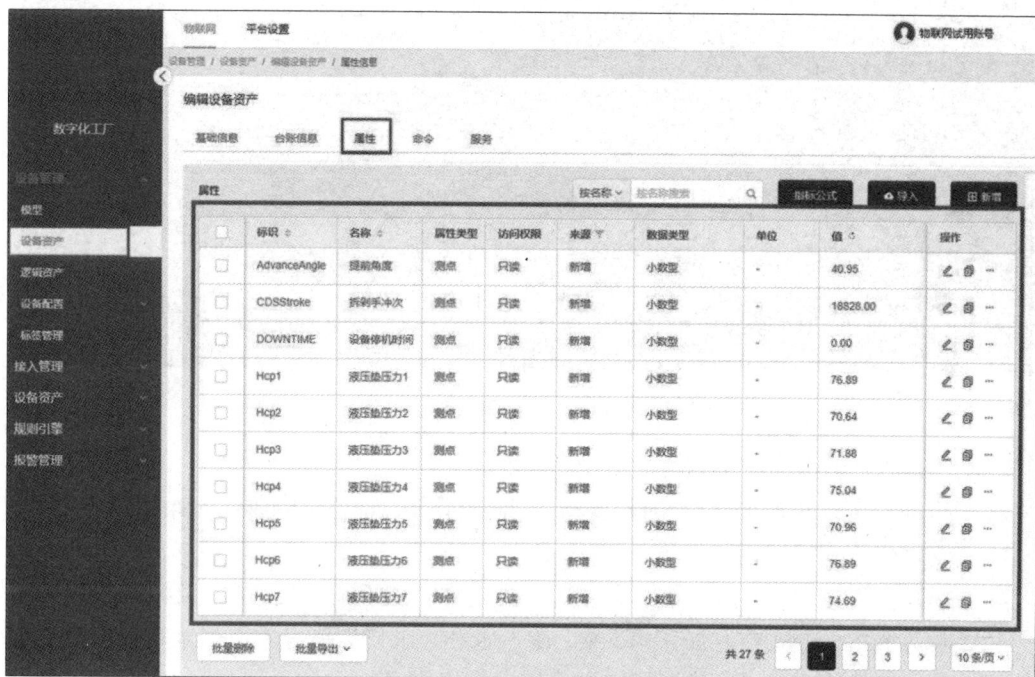

图 4-50　查看接入的数据

4. 边缘服务器的数据处理

边缘服务器的数据处理有两种方式，分别通过指标公式和编写服务脚本进行实现。

（1）指标公式。进入边缘服务器平台，选择"设备管理"→"设备资产"选项，打开建立的"冲压生产线"设备资产，单击"编辑"按钮，弹出"编辑设备资产"界面，单击"属性"选项卡，单击"指标公式"按钮，如图 4-51 所示，弹出指标公式界面，如图 4-52 所示。

图 4-51　单击"指标公式"按钮

指标公式支持多个属性之间进行简单计算，如图 4-52 所示。

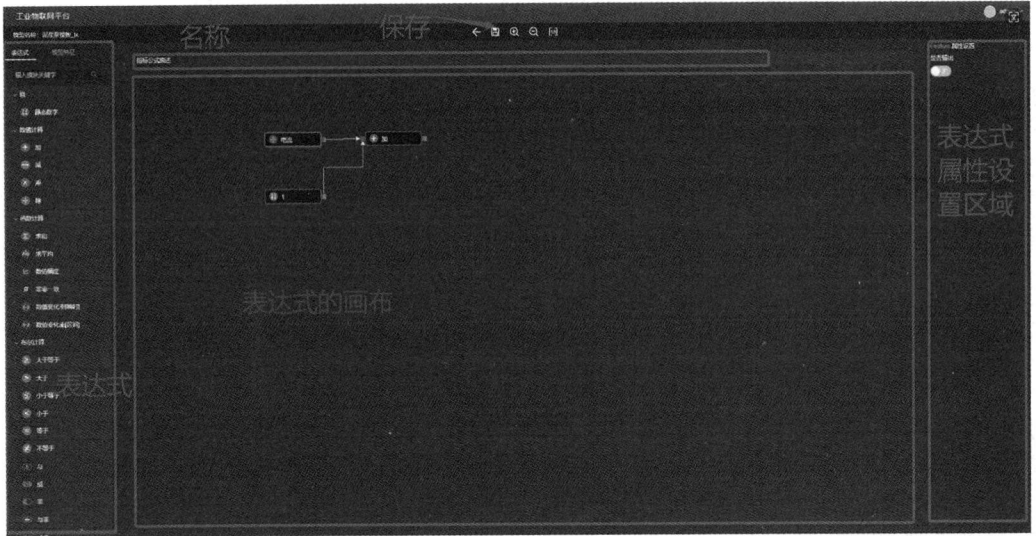

图 4-52　指标公式界面

- 左侧是表达式和定义的属性。
- 中间是表达式的画布，将左侧的表达式拖入画布中进行对应属性的计算。
- 右侧是表达式属性设置区域。
- 顶部是操作按钮，包括返回、保存、放大、缩小、恢复画布大小，以及指标公式描述。

边缘服务器指标公式中有加、减、乘、除、求和、求平均值等常用的运算符，可根据不同的需求采用拖曳的方式进行快捷使用，无须编写代码。

（2）服务脚本。服务脚本提供高级计算能力，单击"服务"选项卡，单击"新增"按钮，弹出服务脚本界面，界面分为配置区域（1）和编辑器区域（2），如图 4-53 所示。

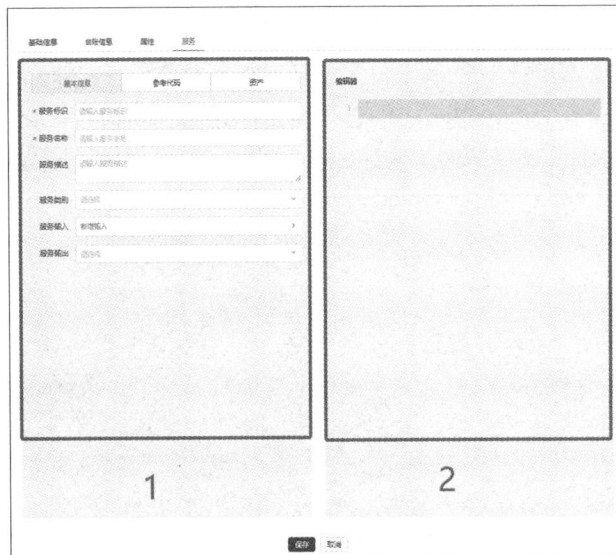

图 4-53　服务脚本界面

配置区域（1）分为基本信息、参考代码和资产 3 部分。

基本信息可完成服务标识、服务名称、服务描述、服务类别、服务输入、服务输出等基本信息配置。服务输入：定义脚本的输入参数。单击"新增输入"，配置输入参数，可根据业务场景定义多个输入参数，设置输入参数的标识、名称、描述、是否必填、数据类型及默认值。服务输出：输出值的名称默认为"result"，不可更改，设置脚本输出值的数据类型，根据设置的类型输入对应的结果。

参考代码内包含了常用代码片段，方便直接使用，如时间范围计时、时间范围计数、时间范围函数等，如图 4-54 所示。

资产内包含了当前资产和其他资产两个选项，默认为当前资产，选择服务获取基本信息，在此基础上编写代码实现业务逻辑，如图 4-55 所示。

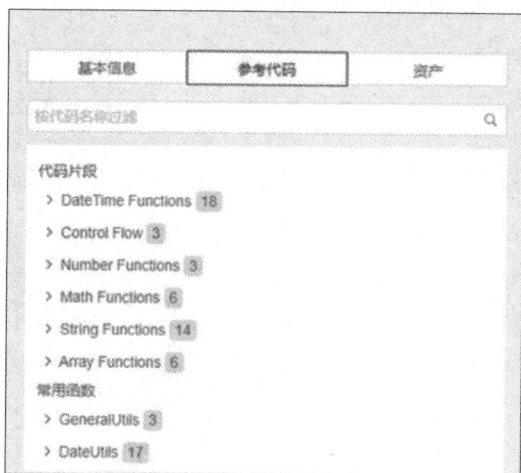

图 4-54　参考代码

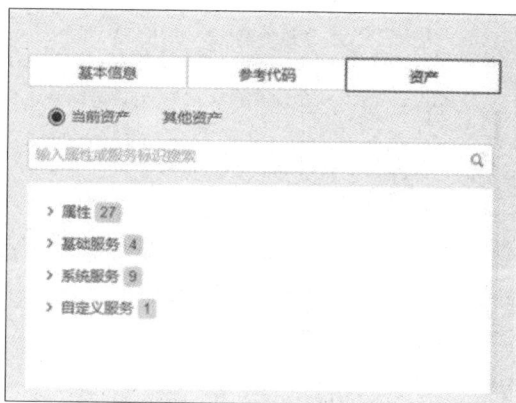

图 4-55　资产

资产-属性内包含了设备资产内建立的数据点位。

资产-基础服务内包含了常用的基础服务，基础服务说明如表 4-27 所示。

表 4-27　基础服务说明

服务名称	服务描述	入参说明	出参说明
GetCurrentInstance	获取设备实例自身对象	模型标识	
BuildGetCurrentThingParam	通过设备实例 code 构造查询参数对象	设备实例 code	
BuildGetCurrentPropCodeParam	通过设备实例 code 和属性 code 构造查询参数对象	设备实例 code 和属性 code	
BuildSetCurrentPropCodeParam	通过设备实例 code、属性 code 和属性值构造查询参数对象	设备实例 code、属性 code 和属性值	

资产-系统服务内包含了常用的系统服务，系统服务说明如表 4-28 所示。

表 4-28 系统服务说明

服务名称	服务描述	入参说明	出参说明
SetPropertyValues	批量设置属性实时值	资产标识、属性 code、设置值	
GetPropertyValue	获取属性实时值	资产标识、属性 code	返回定义信息
SetPropertyValue	设置属性实时值	资产标识、属性 code、设置值	
GetPropertyValues	批量获取属性实时值	资产标识、属性 code	list 集合
PostThingCode	控制指令下发	资产标识、属性 code、指令值	
GetPropertiesHistory	获取属性历史值	资产标识、属性 code、查询时间	JSON 数组

在编辑器区域（2）内需使用 groovy 语言编写服务脚本，服务脚本编辑器示例如图 4-56 所示。

```
1  /**
2   * new TemplateParam -> TemplateUtils.queryLiveData
3   * @param String templateCode
4   * @return
5   */
6  def param = new TemplateParam("VumrNZqmhC")
7  //返回结果
8
9  def result = TemplateUtils.queryLiveData(param)
10 /**
11  * new TemplateParam -> TemplateUtils.queryHistoryData
12  * @param String templateCode
13  * @return
14  */
15
16 def param = new TemplateParam("VumrNZqmhC")
17 param.column("属性coda1")
18     .column("属性code2")
19     .where ()
20     .and("time > 2020-05-26T00:00:0027")//时间范围:开始时间
21     .and("time < 2020-05-27T00:00:00z")//时间范围:结束时间
22     .down() //排序条件DESC默认按时间降序
23     .limit(20);//默认抽取记录20条,建议不大于10000
```

图 4-56 服务脚本编辑器示例

六、任务实施

1. 任务分配

请将人员分组及任务分配情况填写至表 4-29。

表 4-29 任务分配表

组名		日期	
组训		组长	
成员	任务分工	成员	任务分工

2. 拟定方案

小组成员共同拟定实施方案，列出本任务需要用到的设备、参数，并填写至表 4-30。

表 4-30 任务方案表

序号	设备	参数	备注

3．运行测试

请将运行测试结果填写至表 4-31。

表 4-31 运行测试表

任务名称			测试小组	
测试名称	测试结果	测试人员		存在问题
安装测试				
硬件测试				
软件测试				
数据接入测试				

七、任务总结

任务完成后，学生根据任务实施情况，分析存在的问题和原因，并填写至表 4-32，指导教师对任务实施情况进行点评。

表 4-32 任务总结表

任务实施过程	存在问题	解决办法
硬件连接		
软件配置		
数据接入与调试		
其他		

八、任务评价

请将本任务评价情况填写至表 4-33。

表 4-33 任务评价表

序号	评价内容	自我评价	小组评价	教师评价	评分标准
1	态度端正，工作认真				5
2	遵守安全操作规范				5
3	能熟练、多渠道地查找参考资料				10
4	能够熟练地完成项目中的任务要求				30

序号	评价内容	自我评价	小组评价	教师评价	评分标准
5	方案优化，选型合理				10
6	能正确回答指导教师的问题				10
7	能在规定时间内完成任务				20
8	能与他人团结协作				5
9	能做好 7S 管理工作				5
合计					100
总分					

九、巩固自测

1．上报设备属性的主题为$ns/thing/upLink/{productId}/{deviceId}/properties/report，其中
{productId}为（　　　　）标识，{deviceId}为（　　　　）标识。

2．实现 MQTT 需要（　　　　）和（　　　　）。

3．MQTT 中有三种身份：（　　　　）、（　　　　）、（　　　　）。其中，消息的发布者
和订阅者都是（　　　　），消息的代理是（　　　　），消息的发布者可以同时是（　　　　）。

4．MQTT 传输的消息分为（　　　　）和（　　　　）两部分。

十、任务拓展

1．项目简介

某电气公司致力于安全栅、隔离器、温度变送器、电涌保护器等工业信号接口仪表的研
发制造，是工信部两化融合体系贯标试点单位、工信部智能工厂标准化示范验证单位，以及
江苏省南京市首批示范智能工厂。

2．解决方案

通过应用应急物资生产管理与产能监控解决方案，在边缘智能一体机上集成工业互联网
平台物资接入和管理能力。将边缘智能一体机作为边缘服务器搭建私有云环境，在边缘侧实
现车间级应用闭环。工业互联网边缘智能一体机内置了口罩生产执行系统（MES）和生产可
视化系统。口罩生产执行系统主要实现物料管理、信息及成果、质量管理、产品工艺、生产
管理、设备管理、可视化管理、系统设置等功能。

生产可视化系统面向口罩生产现场采用电子广告牌、广播等手段实现产品、物流、生产
状态、能源监管等信息公开化、可视化，以提升现场管理水平、优化生产工作环境。通过该
系统使口罩生产线生产信息透明化，通过数据分析帮助企业管理层进行科学决策。

通过快速搭建应急物资生产线，实现"云+边+端"协同模式，实时掌控总体产能、开线
产能、设备利用率等生产数据，对生产线进行有效管理，在保证应急物资产能的同时，提升
设备利用率、产品质量和订单管理水平，降低设备、能耗、人员和材料等成本。同时，支撑
企业产能数据与政府防疫物资平台对接，实现防护产品上下游原材料供需精准对接。

3. 实施效果

对生产线进行实时、动态的智能监控，基于采集到的数据进行分析和预测掌握设备运行状态，实现精细化的生产运营管理，为企业降本增效，使生产效率提升了 35%，节约成本近百万元。

任务 4　规则引擎计算设备综合效率

一、任务描述

某装备制造企业反馈：由于缺乏对设备运行状况的有效监控和分析，无法提前发现潜在的故障隐患，突发停机事件频繁，常常会严重影响生产进度。另外，还存在质量问题难以追溯、维护计划不合理和资源配置缺乏依据等问题。某企业生产线设备综合效率如图 4-57 所示。

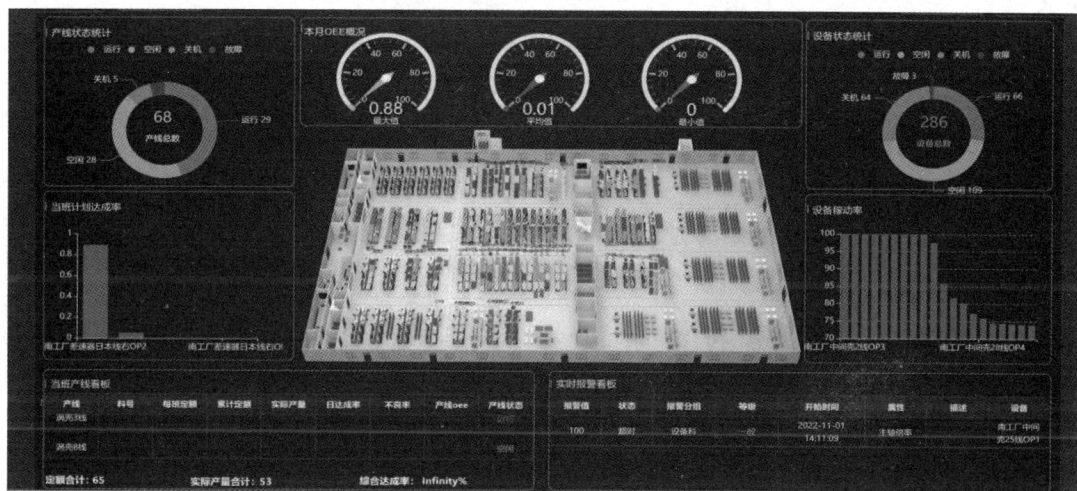

图 4-57　某企业生产线设备综合效率

为了解决上述问题，本次工赋小组的任务是计算企业设备综合效率，分析相关数据，从而为准确评估设备性能、优化整个生产流程、合理配置资源、提升产品质量提供助力。

二、任务分析

为推动企业的透明化管理，可以实时查看设备综合效率数据，并针对设备的故障和异常停机进行分析，以减少异常时间，提高设备利用率。本任务引导学生掌握设备综合效率管理计算规则的编写，明白设备综合效率如何进行计算，要求学生能够使用边缘服务器计算出设备综合效率。

三、任务准备

任务准备表如表 4-34 所示。

表 4-34　任务准备表

任务编号	4-4	任务名称	规则引擎计算设备综合效率
设备	计算机		
边缘服务器	AIoT 边缘服务器		
耗材	网线 1 根		
工具	边缘服务器		
软件	边缘云		
资料	AIoT 产品手册		

四、知识链接

1. 设备综合效率的定义

设备综合效率（Overall Equipment Effectiveness，OEE）如图 4-58 所示。一般每个生产设备都有自己的理论产能，要实现这一理论产能必须保证没有任何干扰和质量损耗。设备综合效率就是实际的生产能力相对于理论产能的比率，是一个独立的测量工具。

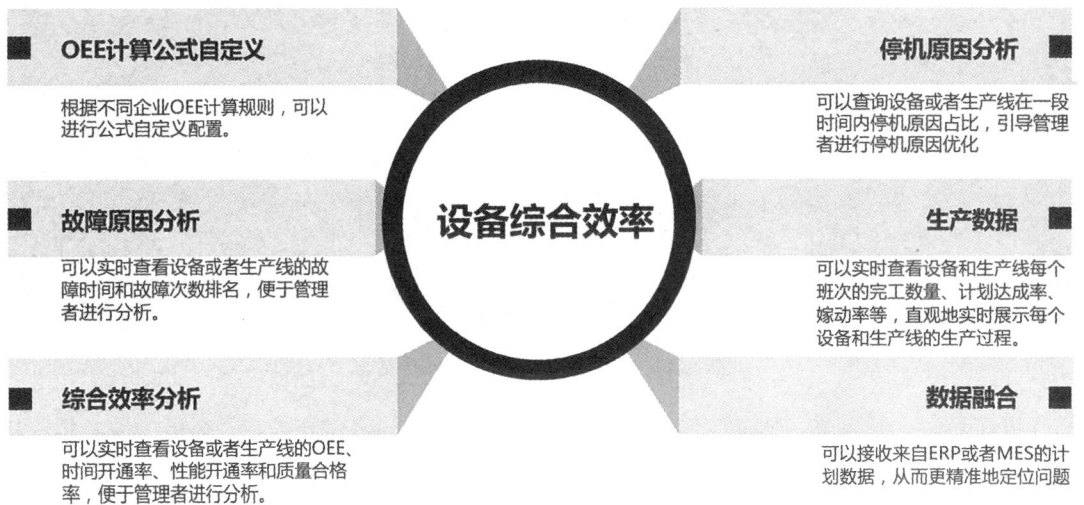

图 4-58　设备综合效率

2. 设备综合效率的应用场景

（1）数字化监管。实施透明化管理，实时查看设备综合效率数据，减少异常时间，提高设备利用率。

（2）设备可视化分析。针对设备的故障和异常停机进行分析；针对设备的生产过程进行分析。

（3）智能化优化。智能化分析设备综合效率，进行过程优化。

3. 设备综合效率的作用

（1）降低故障成本。实时查看设备综合效率数据，便于管理者实时了解设备的故障时间和故障次数，最终达到降低故障成本的目的。

（2）降低维修成本。设备综合效率能够实现预测性维修，从而降低维修成本。维修部门可以分析设备综合效率的趋势，预测即将发生的故障。

（3）提高设备利用率。可以实时查看设备综合效率排名，可以直观地展示设备的嫁动率，进而帮助管理者制定策略，提高设备利用率。

4. 设备综合效率的计算

设备综合效率可根据设备时间利用率、设备效率、产品合格率综合计算得到。

（1）设备综合效率=设备时间利用率×设备效率×产品合格率。

（2）设备时间利用率=实际工作时间/计划工作时间=（计划工作时间-实际停机时间）/计划工作时间。

（3）计划工作时间=工作日历时间-计划停机时间，也可以理解为机台的工作日历时间。

（4）设备效率=（生产数量×设计速率）/实际工作时间。

（5）产品合格率=合格数量/生产数量。

下面以这条冲压线为例计算每天的设备综合效率，在该冲压线案例中，计划工作时间为每天 24 小时（早班 0:00—8:00，中班 8:00—16:00，晚班 16:00—24:00）。

实际工作时间可以通过"冲压线中控设备开机时间"计算得到，计算公式为"实际工作时间=24 点设备关机时间-0 点设备开机时间"。系统内保存的设备开机时间的计量单位为"分"。

设备的设计速率为 18 件/分。

实际生产数量可以通过"线尾单元生产数量"计算得到，计算公式为"实际生产数量=24 点生产数量-0 点生产数量"。

本生产线线尾单元包含检测设备，合格数量可以通过"线尾单元合格数量"计算得到，计算公式为"合格数量=24 点合格数量-0 点合格数量"。

五、任务实现

1. 梳理计算存储值

为了解不同边缘服务器特性，本任务选择的边缘服务器内嵌边缘数据智能采集系统，是工业互联网的数据源点。它支持近 120 余种通信协议及 5G 网络，通过与工业互联网平台配合，能够实现设备的快速连接和数据采集，促进 IT 与 OT 的深度融合。其具备边缘计算能力，利用规则引擎可以在本地对采集的数据进行初步分析和处理，实现实时决策和控制，减轻云端的计算压力。边缘服务器在"云边端"中的作用如图 4-59 所示。

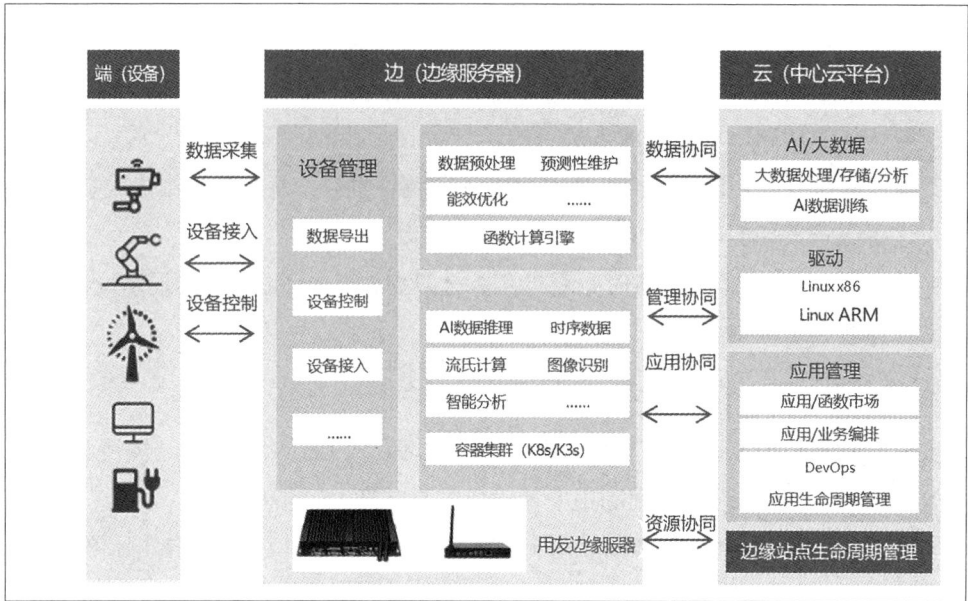

图 4-59 边缘服务器在"云边端"中的作用

依据设备综合效率计算公式，梳理出中间计算存储值有产品合格率、设备效率、设备时间利用率、设备综合效率。

1）新建内部计算通道

单击边缘服务器页面顶部菜单中的"IoT 平台"→"物联基础"→"信道管理"选项，弹出信道管理界面，在该界面中单击"新建通道"按钮，弹出"添加通道"对话框，在"选择驱动"下拉列表中选择"site1/device-test"选项，"通道名称"填写为"内部计算"，单击"完成"按钮，如图 4-60 所示。

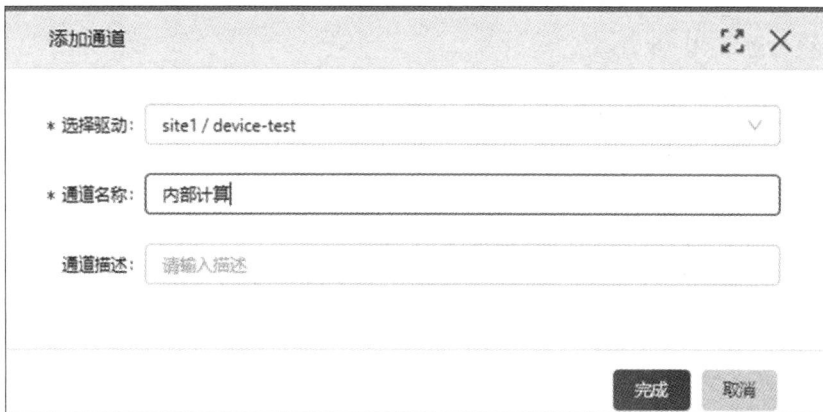

图 4-60 新建内部计算通道

2）新建冲压生产线实时数据库

单击边缘服务器页面顶部菜单中的"IoT 平台"→"物联基础"→"设备管理"选项，弹出"设备管理"界面，在该界面中单击"新建设备"按钮，弹出"编辑采集设备"对话框，"设备名称"填写为"冲压生产线实时数据库"，"设备分类"设置为"冲压生产线"，"通道选择"设置为"内部计算"，如图 4-61 所示。

图 4-61　新建冲压生产线实时数据库

在完成新增设备后，单击"下一步"按钮，选择"自定义"方式创建点位。依次添加梳理出来的计算存储值点位，填写对应的点位信息，数据类型为 Float，可读可写，测量结果类型为计量值，其余默认即可，如图 4-62 所示，填写完成后单击"完成"按钮。

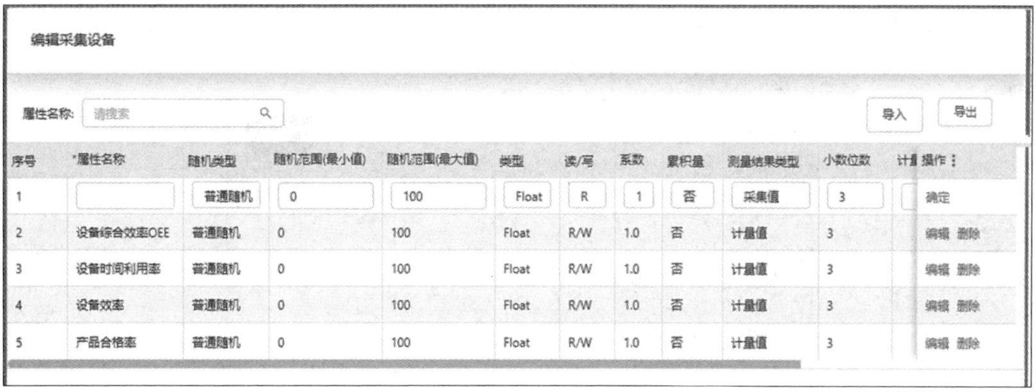

图 4-62　计算存储值点位

2．编写控制规则

规则引擎主要负责对采集的工业数据和信息进行再次处理，生成具有业务增值价值的数据，可以对数据进行加工，还可以对数据进行流向控制，在设备和其他业务系统中进行流转控制和调度。

规则引擎支持无代码规则搭建和开发，如果遇到复杂的业务逻辑，可以使用 JavaScript 脚本进行逻辑的编写，通过功能块的关联和搭配，完成规则的编写，实现用户的业务逻辑要求。

1）利用规则计算设备时间利用率

（1）使用注入数据控件，在每天晚上 00:00 进行取数，如图 4-63 所示。

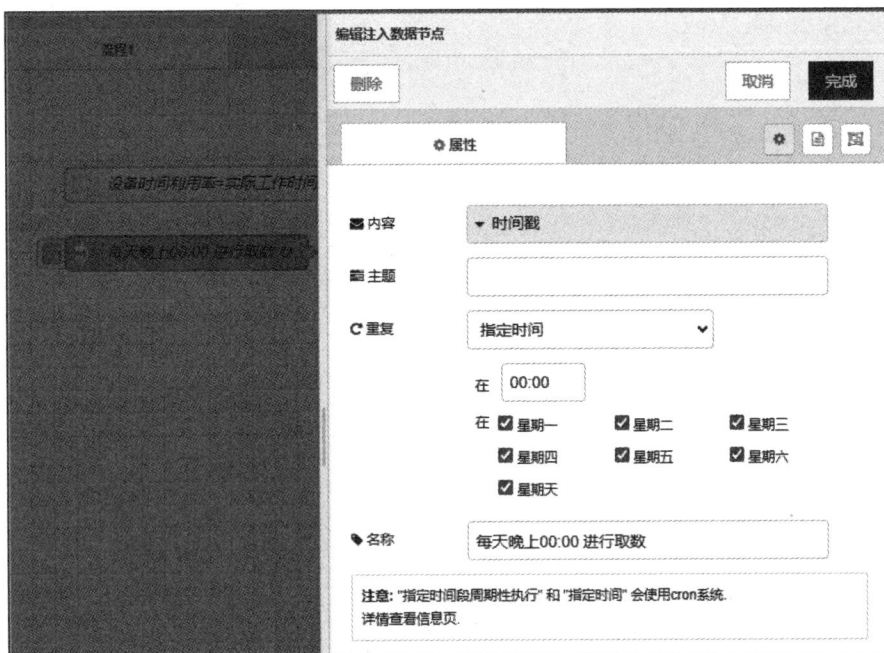

图 4-63　设置取数时间

　　（2）使用获取数据控件，获取冲压线昨天的实际工作时间。系统内部保存的是累计开机时间，时间单位为分，通过 00:00:00 与 23:59:59 之间的差值计算得到昨天实际工作时间，如图 4-64 所示。

图 4-64　获取昨天实际工作时间

（3）通过函数处理控件，计算昨天实际利用率。计划工作时间=24 小时×60 分=1440 分，如图 4-65 所示。

图 4-65　计算昨天实际利用率

（4）通过实时库控件，将计算结果保存到"冲压生产线实时数据库@设备时间利用率"位号，如图 4-66 所示。

图 4-66　保存设备时间利用率

（5）计算设备时间利用率的规则如图 4-67 所示。

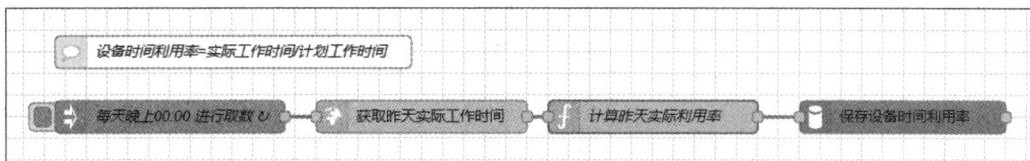

图 4-67　计算设备时间利用率的规则

2）利用规则计算产品合格率

（1）使用注入数据控件，在每天晚上 00:00 进行取数。

（2）使用获取数据控件，获取冲压线昨天合格数量、生产数量。系统内部保存的是累计合格数量、累计生产数量，通过 00:00:00 与 23:59:59 之间的差值计算得到昨天合格数量{$1}、生产数量{$2}。通过计算公式{$1}/{$2}就可以得到产品合格率，如图 4-68 所示。

（3）通过实时库控件，将计算结果保存到"冲压生产线实时数据库@产品合格率"位号，如图 4-69 所示。

图 4-68　计算产品合格率　　　　　　图 4-69　保存产品合格率

（4）计算产品合格率的规则如图 4-70 所示。

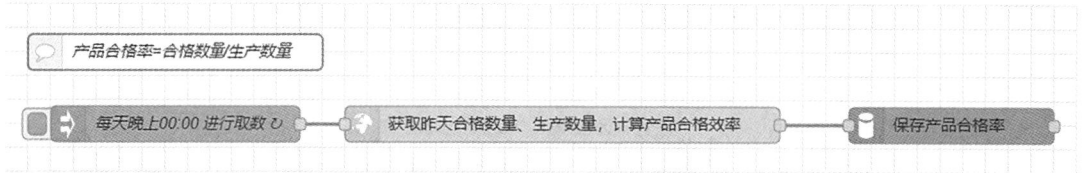

图 4-70　计算产品合格率的规则

3）利用规则计算设备效率

（1）使用注入数据控件，在每天晚上 00:01 进行取数（因需获取的部分数据与上面两步获取的部分数据相同，无法同时获取）。

（2）使用获取数据控件，获取冲压线昨天实际生产数量、实际工作时间。系统内部保存的是累计生产数量、累计开机时间，通过 00:00:00 与 23:59:59 之间的差值计算得到昨天实际生产数量{$1}、实际工作时间{$2}。计划生产速率为每分钟 18 件，即每件 1/18 分。编辑计算公式{$1}/18/{$2}，得到设备效率，如图 4-71 所示。

（3）通过实时库控件，将计算结果保存到"冲压生产线实时数据库@设备效率"位号，如图 4-72 所示。

（4）计算设备效率的规则如图 4-73 所示。

图 4-71　计算设备效率

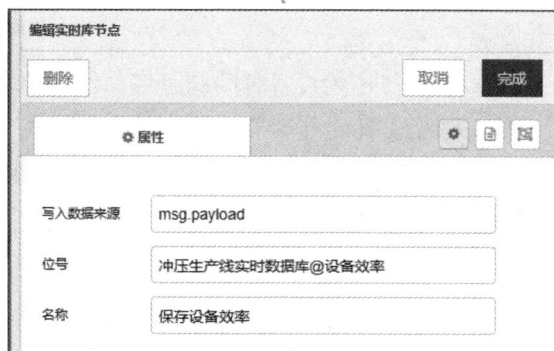

图 4-72　保存设备效率

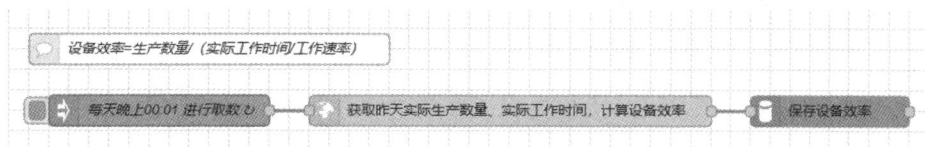

图 4-73　计算设备效率的规则

4）利用规则计算设备综合效率

（1）使用注入数据控件，在每天晚上 00:02 进行取数（确保前三步的数据已经计算完毕）。

（2）使用获取数据控件，获取冲压线昨天的设备时间利用率、设备效率、产品合格率。通过计算公式{$1}*{$2}*{$3}，就可以得到设备综合效率，如图 4-74 所示。

（3）通过实时库控件，将计算结果保存到"冲压生产线实时数据库@设备综合效率 OEE"位号，如图 4-75 所示。

图 4-74　计算设备综合效率

图 4-75　保存设备综合效率

（4）计算设备综合效率的规则如图 4-76 所示。

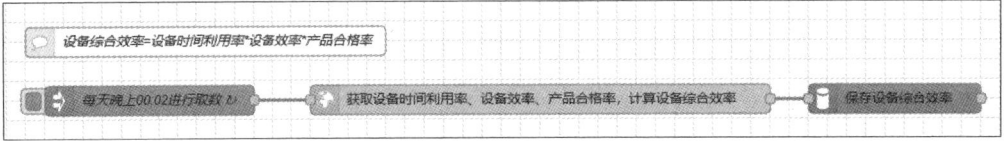

图 4-76　计算设备综合效率的规则

5）查看计算出的设备时间利用率、设备效率、产品合格率、设备综合效率

第二天选择"IoT 平台"→"物联基础"→"运行监视"选项，在弹出的界面中设置"选择设备"为"冲压线生产实时数据库"，查看规则引擎计算出的数据，如图 4-77 所示。

图 4-77　规则引擎计算出的数据

六、任务实施

1. 任务分配

请将人员分组及任务分配情况填写至表 4-35。

表 4-35　任务分配表

组名		日期	
组训		组长	
成员	任务分工	成员	任务分工

2. 拟定方案

小组成员共同拟定规则编写方案，列出本任务需要用到的组件，并填写至表 4-36。

表 4-36　任务方案表

序号	组件	备注

续表

序号	组件	备注

3. 运行测试

请将运行测试与验证结果填写至表 4-37。

表 4-37　运行测试表

任务名称		测试小组	
测试名称	测试结果	测试人员	存在问题
安装测试			
硬件测试			
软件测试			
数据接入测试			

七、任务总结

任务完成后，学生根据任务实施情况，分析存在的问题和原因，并填写至表 4-38，指导教师对任务实施情况进行点评。

表 4-38　任务总结表

任务实施过程	存在问题	解决办法
硬件连接		
软件配置		
数据接入与调试		
其他		

八、任务评价

请将本任务评价情况填写至表 4-39。

表 4-39　任务评价表

序号	评价内容	自我评价	小组评价	教师评价	评分标准
1	态度端正，工作认真				5
2	遵守安全操作规范				5
3	能熟练、多渠道地查找参考资料				10
4	能够熟练地完成项目中的任务要求				30
5	方案优化，选型合理				10
6	能正确回答指导教师的问题				10

续表

序号	评价内容	自我评价	小组评价	教师评价	评分标准
7	能在规定时间内完成任务				20
8	能与他人团结协作				5
9	能做好 7S 管理工作				5
合计					100
总分					

九、巩固自测

1. 在每天的 08:00—10:00 时间段内周期性使用"注入数据"组件，应使用（   ）注入规则。

  A. 无：不重复   B. 周期性执行

  C. 指定时间段内周期性执行 D. 指定时间

2. 在获取实时数据时，选取了三个位号，能否使用"只输出位号的 value"的输出方式？（   ）

  A. 能   B. 不能

3. 使用"获取数据"组件获取历史数据，若要获取今年 8 月 1 日上午 11:00 的数据，则在时间属性中应填写（   ）。

  A. 本月、1 11:00   B. 本年、2021-08-01 11:00

  C. 本年、08-01 11:00   D. 本年、08 01 11:00

4. 已知使用某设备所采集的数据进行规则引擎计算后产生两个新的数据，则创建（   ）个设备属性用于新的数据存储。

  A. 1   B. 2   C. 3   D. 不需要创建

5. 在新增设备属性时，数据读写与测量结果类型应为（   ）。

  A. R/W、计量值   B. R/W、采集值

  C. W、计量值   D. R、计量值

十、任务拓展

1. 项目简介

工业机器人是计算机之后出现的新一代生产工具，现已经被广泛应用在各个领域。中国对工业机器人需求巨大，有着广阔的市场。某机器人公司所有机器人设备独立运行，主要为单点数据采集模式。存在机器人制造商维修响应慢、运维成本高的问题，同时，机器人使用商在应用过程中存在非计划停机、严重影响排产计划、设备备件损耗高等问题。

2. 解决方案

某机器人公司依托工业互联网平台，应用工业机器人智能服务系统解决方案，实现了对工业机器人的数据采集、数据分析处理、状态监测、健康评估、故障预测和保障决策等多维

度、分层次的智能化服务。

（1）通过为工业机器人产品加装传感器，采集关节轴末端坐标、关节轴电流等运行参数，利用边缘网关，对传感器数据进行采集及预处理，并传送至工业互联网平台。

（2）通过工业互联网平台，为该机器人公司和使用商提供设备台账管理、运行工况监测、关节轴电流异常报警、故障维修维护等功能，围绕工业机器人的运行状态、设备故障率及整体生产效率等数据，构建历史数据、同型号产品数据综合分析模型。

3.　实施效果

该方案解决了设备信息化管理、设备健康监测、设备故障预警及预测性维护等问题。目前，通过工业机器人设备优化管理平台的建设及应用，完成了全国范围内 31 家使用商企业 740 台机器人设备的接入，接入数据包含工业机器人的运行状态、转角、轴电流、故障信号、振动、噪声等。

1）设备运行工况监测

通过对设备运行工况进行监测，采集设备参数数据，为企业生产运营提供精准数据支撑，如图 4-78 所示。掌握设备工作状态，有助于及时发现问题，提高设备管理效率，同时通过大数据分析进行生产环节的优化，可提升生产效率 10%。

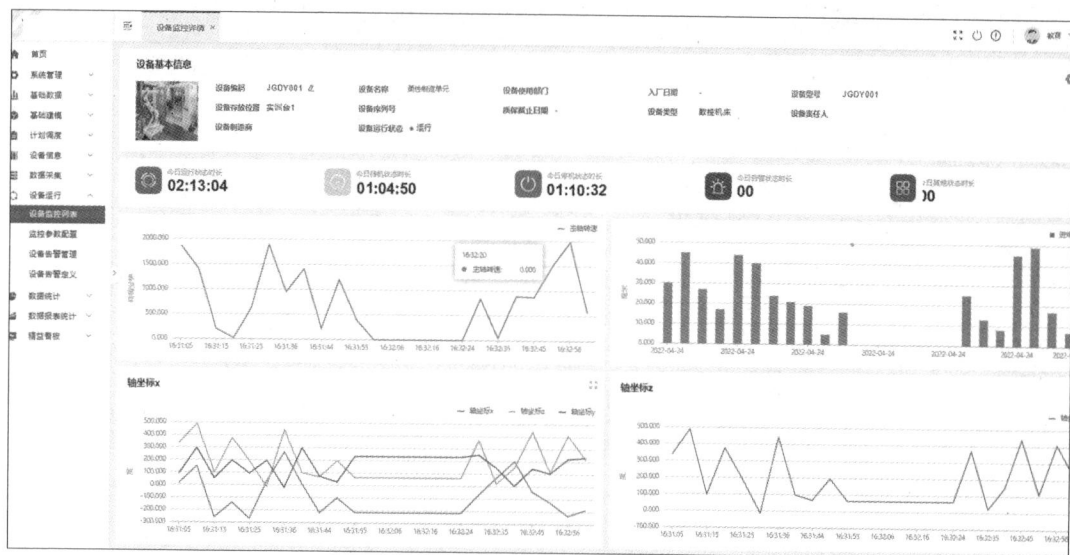

图 4-78　设备运行状态监测

对设备的实时运行状态进行监测，可提高设备安全运行率，为状态监测提供数据支持和故障诊断依据，减少定期检修带来的人力、财力的浪费。

2）设备利用效能监控

通过运行数据与质量数据的关联分析，能够有效检测和分析产品的一致性，保障产品生产合格率，提升设备综合效率，如图 4-79 所示。

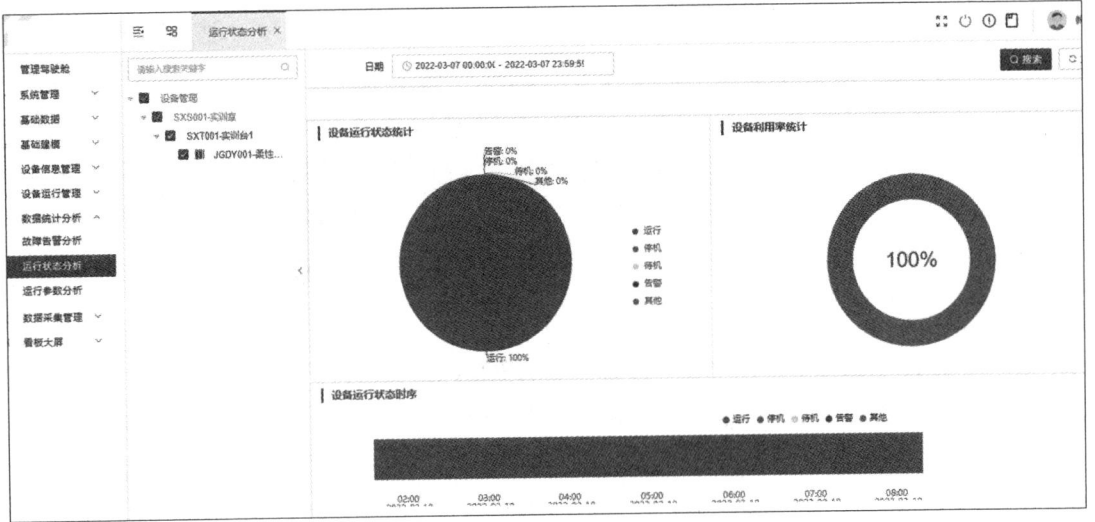

图 4-79　设备运行状态分析

通过采集和积累设备数据，并建立模型，多维度对比设备健康状态，生成维修建议，实现对设备的针对性维护；提前发现设备故障安全隐患，有效减少 30%～40%设备维护时间，从而降低企业维护成本。

项目 5
边缘视觉平台实现工业
瑕疵检测

一、项目情境

在工业生产过程中，由于现有技术、工作条件等因素的不足和局限性，极易影响制成品的质量。其中，表面缺陷是产品质量受到影响的最直观表现。因此，为了保证合格率和可靠的质量，必须进行产品表面缺陷检测。

"缺陷"一般可以理解为与正常样品相比的缺失、缺陷或面积。表面缺陷检测是指检测样品表面的划痕、缺陷、异物遮挡、颜色污染、孔洞等缺陷，从而获得被测样品表面缺陷的类别、轮廓、位置、大小等一系列相关信息。人工缺陷检测曾经是主流方法，但这种方法效率低下，检测结果容易受人为主观因素的影响，不能满足实时检测的要求。机器视觉检测技术在工厂中的应用如图 5-1 所示。

图 5-1　机器视觉检测技术在工厂中的应用

二、项目要求

了解工业产品常用的质量检测方法，熟悉智能工厂边缘侧质量检测流程；通过本项目的学习，能够熟悉工业相机、工业光源的设置方法，掌握边缘侧人工智能的开发流程，制定相应的解决方案，解决工业产品质量检测中制成品瑕疵问题。

熟练使用图像采集软件采集样品图像并进行数据的清洗和标注，借助机器视觉和深度学习算法完成人工智能模型的训练及部署。

三、项目目标

（一）知识目标

1. 掌握视觉设备的调节方法。
2. 熟悉图像采集与标注步骤。
3. 掌握模型训练与边缘部署方法。
4. 掌握药瓶瑕疵检测与分拣方法。

（二）能力目标

1. 能够正确调节边缘视觉平台中的视觉设备。
2. 能够正确完成图像的采集、清洗与标注。
3. 能够完成模型训练与边缘部署。
4. 能够实现药瓶瑕疵检测与分拣。

（三）素养目标

1. 具备文明生产、现场精益管理、精益求精的工匠精神。
2. 具备沟通能力、团队协作能力、举一反三能力和实践创新能力。
3. 具备爱岗敬业的职业素养和数智化思维意识。

四、知识图谱

边缘视觉平台实现工业瑕疵检测项目知识图谱如图 5-2 所示，共分为视觉设备的调节、图像采集与标注、模型训练与边缘部署、药瓶瑕疵检测与分拣 4 个任务。

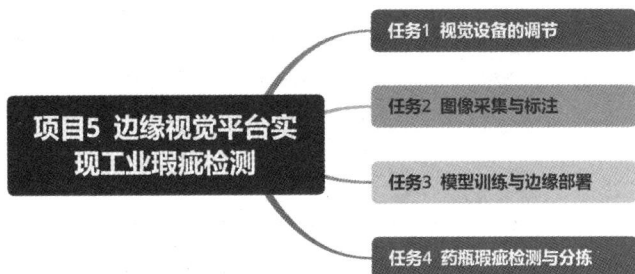

图 5-2　边缘视觉平台实现工业瑕疵检测项目知识图谱

任务 1　视觉设备的调节

一、任务描述

在工业生产线的瑕疵检测中，视觉设备承担着重要的质量控制任务，是视觉检测的"眼睛"。通过对产品的图像进行实时分析，可以检测出产品的缺陷和异常情况，并及时进行报警和处理。调节好视觉设备对于机器视觉医用药瓶检测系统的研究有着极为重要的作用。

二、任务分析

对视觉设备的调节应达到这样的效果：一是尽量突出待检物体的特征；二是尽可能地削弱背景对目标的影响，故本任务通过调节工业相机、工业光源及光源控制器，实现用工业相机视野获取到清晰的产品检测部位图像。视觉设备的调节是一个复杂的过程，需要考虑光学系统、光源和工程师的调试能力等多方面因素，才能保证采集数据的准确性和实时性。

三、任务准备

任务准备表如表 5-1 所示。

表 5-1　任务准备表

任务编号	5-1	任务名称	视觉设备的调节
设备	12V DC 电源、光源控制器、工业相机、工业光源（环形光源）、工业相机电源线缆、千兆网线（2 根 1m）、千兆交换机		
耗材	无		
工具	螺钉旋具、电工胶布、剥线钳		
软件	MVS_STD_4.3.0 以上		
资料	MVS 使用手册、工业互联网边缘计算实训台教材		

四、知识链接

1. 边缘视觉平台

边缘视觉平台包含智能视觉检测系统、百度 AI 智能识别算法、PLC 控制系统、PLC 人机界面，以及一套输送、分拣线，可以对高速传输的工件进行检测、分拣等操作，如图 5-3 所示。其中视觉设备包含工业相机、工业光源及光源控制器。

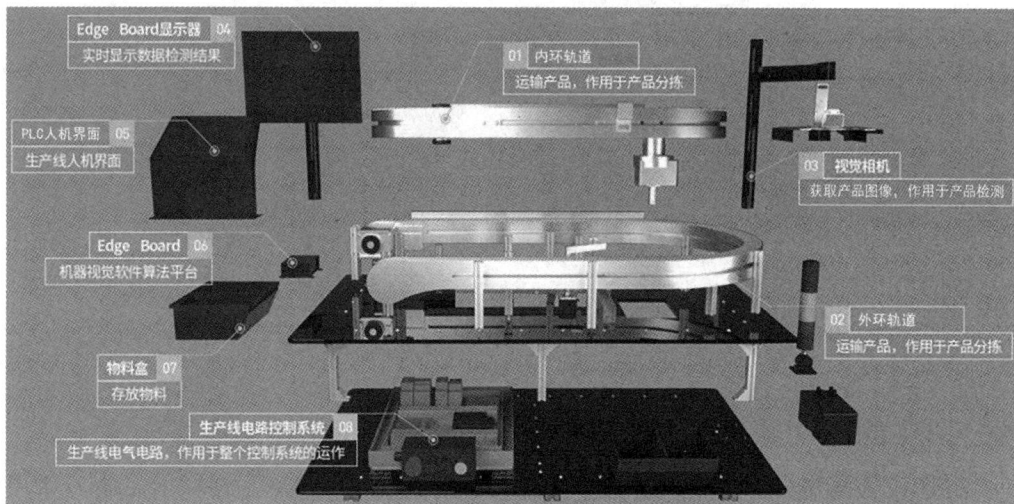

图 5-3　边缘视觉平台

2. 工业相机及镜头

工业相机是机器视觉系统中的一个关键组件，选择合适的相机是机器视觉系统设计中的重要环节，相机的选择直接决定所采集到的图像分辨率、图像质量等。工业相机及镜头如图 5-4 所示。工业相机按照图像传感器的不同，可分为 CCD 相机和 CMOS 相机，二者的区别如表 5-2 所示。

图 5-4 工业相机及镜头

表 5-2 CCD 相机和 CMOS 相机的区别

性能比较	CCD 相机	CMOS 相机
成像过程	CCD 信号输出一致性好	CMOS 信号输出一致性较差，CMOS 功耗低
集成度	CCD 制造工艺复杂，集成度低	CMOS 成本低，集成度高
速度	速度较慢	速度快
成像质量	成像质量好	成像质量稍好

CCD，全称电荷耦合元件，是一种半导体器件，用于将光学影像转化为数字信号。CCD 上每个感光元件称为像素（Pixel），像素数越多，画面分辨率越高。

CMOS，全称互补金属氧化物半导体，是电压控制的放大器件，应用于数字影像领域，CMOS 作为一种低成本感光元件技术被发展出来。

本实训台选用的是海康的 CCD 相机，使用的是 12mm 变焦镜头，如图 5-5 所示。

图 5-5 12mm 变焦镜头

3. MVS 客户端介绍

机器视觉工业相机客户端 MVS 是为支持海康机器视觉相机产品而开发的软件应用程序，适用于所有海康机器视觉面阵及线阵相机产品。MVS 主界面功能分区如图 5-6 所示。

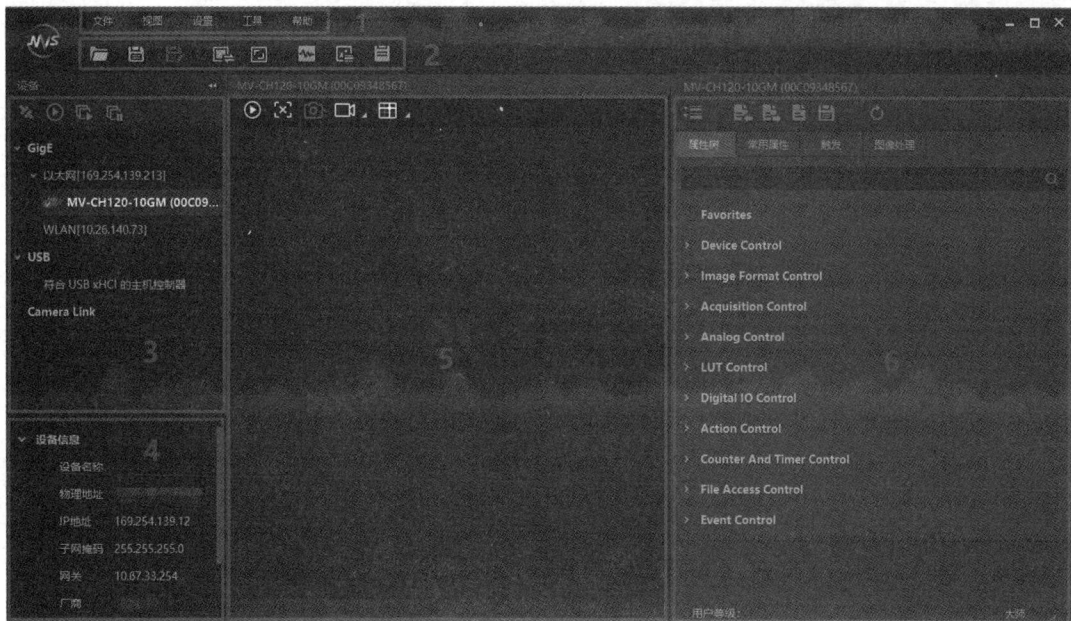

图 5-6　MVS 主界面功能分区

4. 工业光源

常用的工业光源有 LED 光源、卤素灯（光纤光源）、高频荧光灯，目前 LED 光源最常用。

LED 光源按形状可以分为环形光源、背光源、条形光源、同轴光源、AOI 专用光源。本次质检任务的药瓶瓶口一般呈圆形，在各个方向都可能产生缺陷，环形光源可以提供不同的照射角度且光线均匀，更能突出物体的三维信息，所以采用环形光源，如图 5-7 所示。

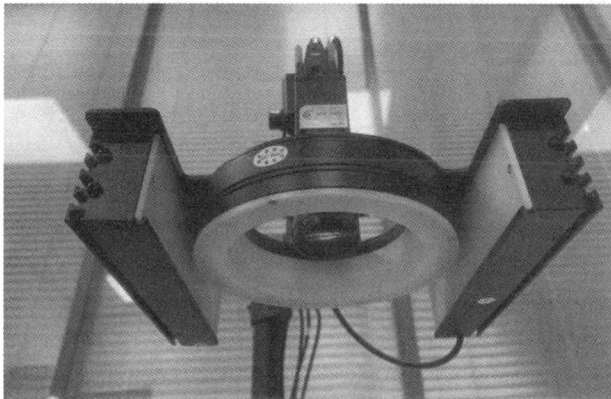

图 5-7　环形光源

5. 光源控制器

光源控制器的主要作用是给光源供电、控制光源的亮度及光源的照明状态（开启或关闭）。光源控制器还可实现进行亮度无级控制、短路保护等功能。根据不同的使用需求，光源控制器可以分为模拟控制器和数字控制器，模拟控制器通常通过手动调节，而数字控制器则可以通过计算机或其他设备进行远程控制。本次选用的光源控制器如图 5-8 所示。

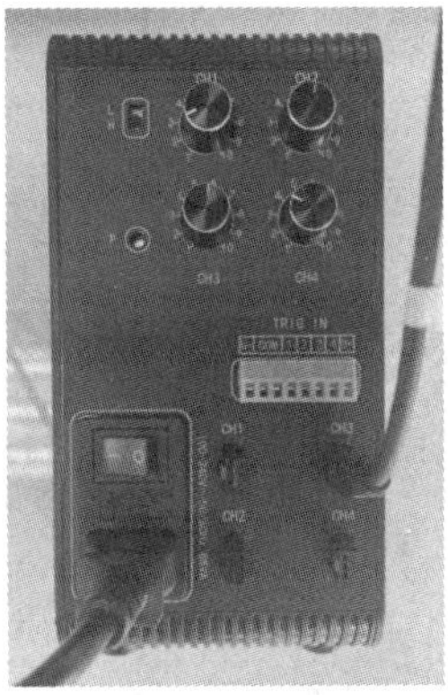

图 5-8 光源控制器

五、任务实现

1. 硬件连接

1）准备材料

需要准备工业相机、工业镜头、电源适配器、千兆网线、工业相机电源线缆、工业光源、光源控制器、千兆交换机，视觉设备相关材料如图 5-9 所示。

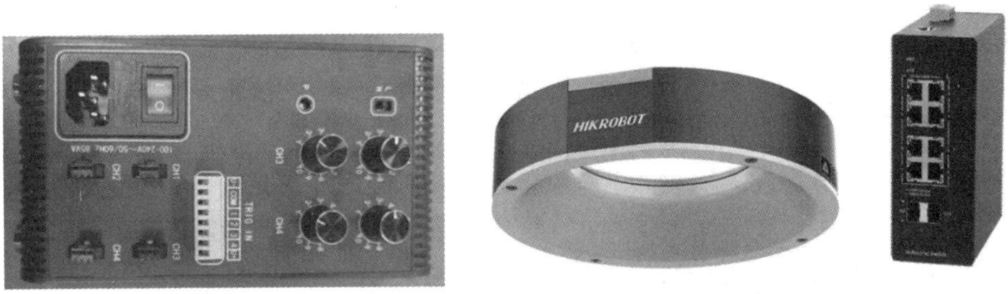

图 5-9 视觉设备相关材料

2）相机供电

（1）区分电源适配器输出端正负极。电源适配器输入端连接 220V 电源。将万用表打到直流模式，使用万用表测量电源适配器输出端，根据万用表显示值确定电源适配器输出端正负极。

（2）连接工业相机电源线缆，如图 5-10 所示。

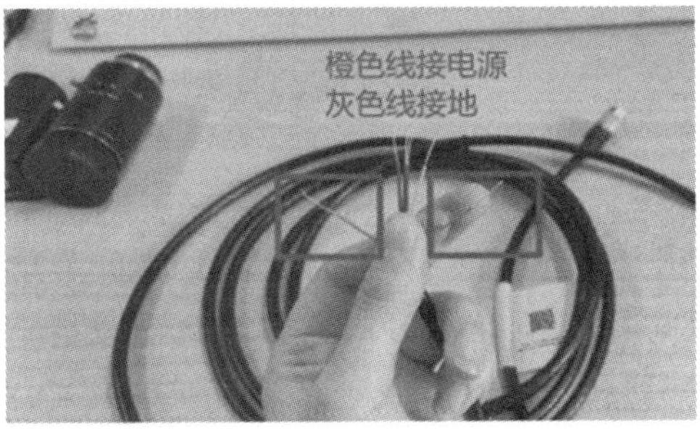

图 5-10 连接工业相机电源线缆

（3）电源适配器正极连接工业相机电源线缆橙色线，负极连接灰色线，如图 5-11 所示。

图 5-11　引脚定义

（4）连接完成后，若相机蓝色灯常亮，则成功，如图 5-12 所示。

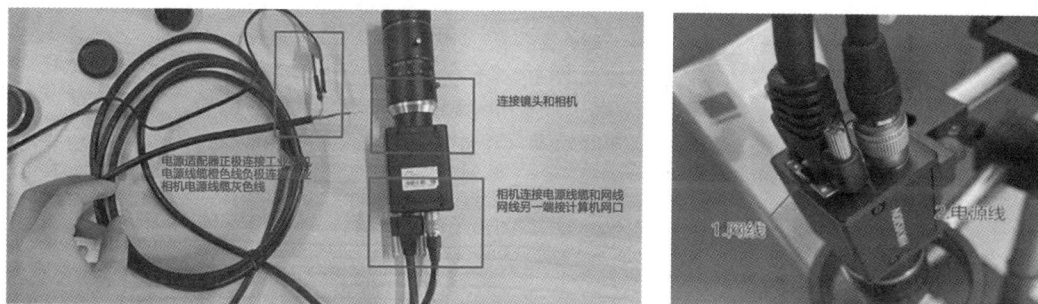

图 5-12　接线图

3）工业光源与光源控制器连接

把工业光源的连接线接入光源控制器的 CH1～CH4 其中的一路，光源控制器的电源接入 AC 220V。根据实训台光源连接的控制通道选择光源控制器的控制旋钮。例如，光源通过 CH1、CH2 信道输出（根据实际连接情况，四路都可用），旋转 CH1、CH2 旋钮，使工业相机内图像光线变亮。光源控制器面板如图 5-13 所示。

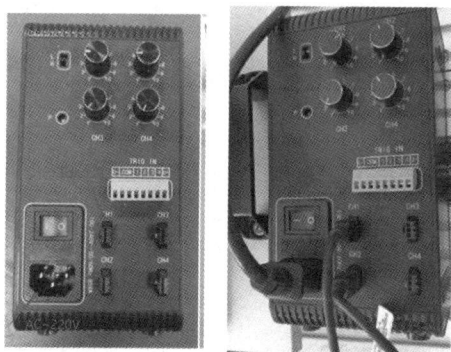

图 5-13　光源控制器面板

4）连接网络

根据网络拓扑图把工业相机和计算机的网线分别插入千兆交换机网口中，如图 5-14 所示。

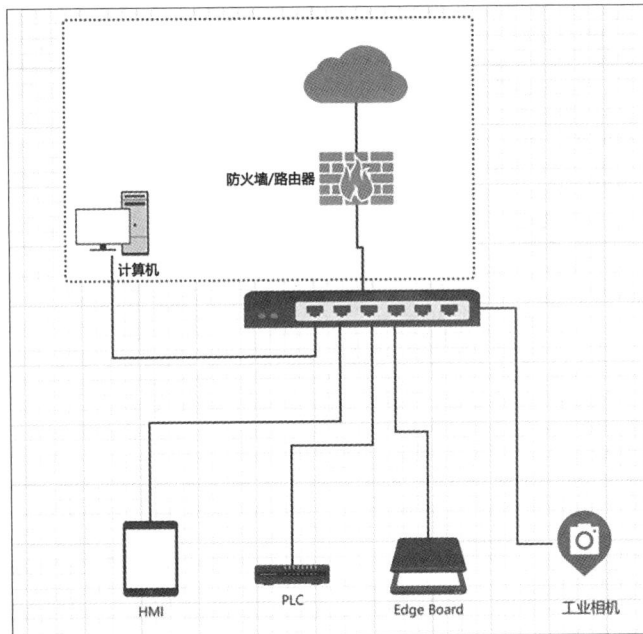

图 5-14　连接网络

2. 调试步骤

1）网络配置

如果计算机与工业相机之间通过网线直连方式连接，需要配置静态 IP 地址与网关 IP 地址在同一个网段，如图 5-15 所示。由于图像传输数据量较大，需要使用千兆网卡端口连接工业相机。

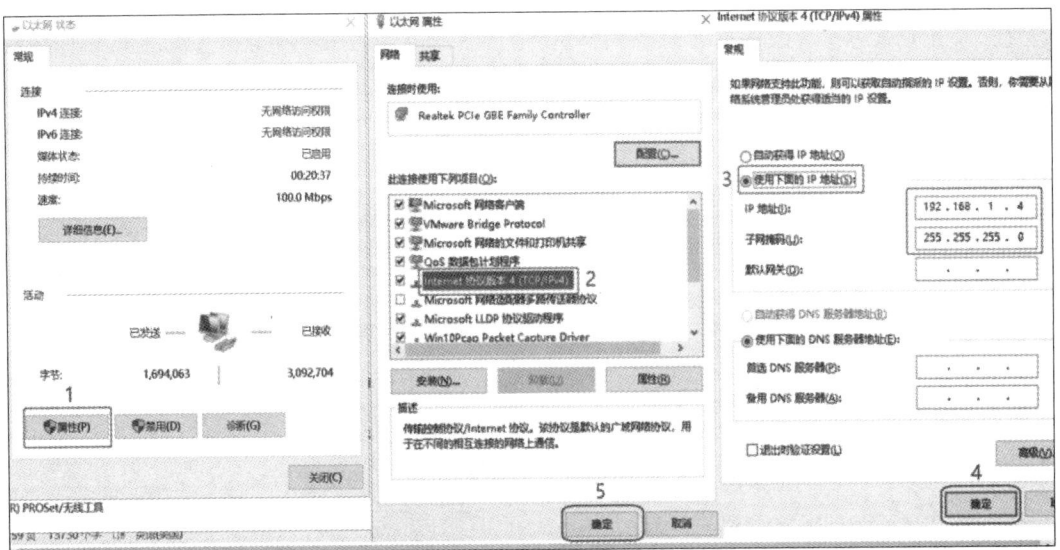

图 5-15　设置计算机 IP 地址

2）调节工业光源及光源控制器

工业光源的明暗是需要通过光源控制器进行调节的，本实训台用的是四通道光源控制器。根据实训台光源连接的控制通道选择光源控制器的控制旋钮。例如，环形光源通过 CH3 信道输出，旋转 CH3 旋钮，使环形光源光线变亮，如图 5-16 所示。

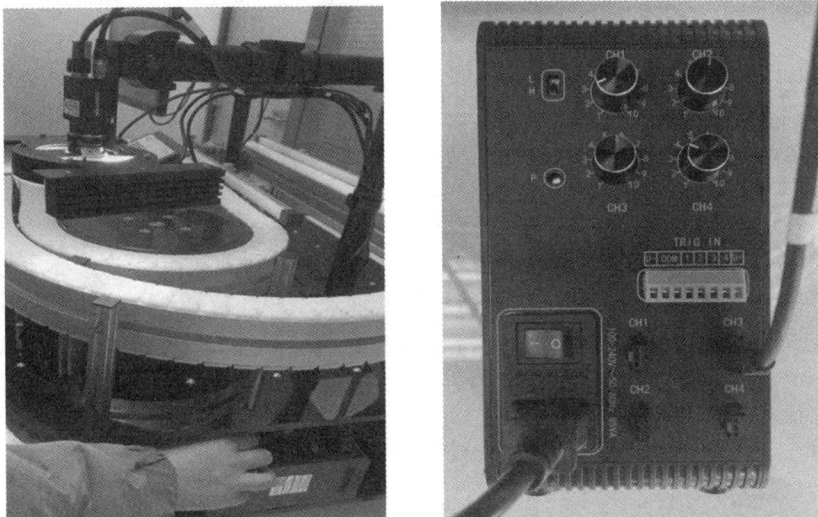

图 5-16　调节环形光源

3）调节工业相机

本实训台使用的工业相机是千兆网口工业面阵相机，支持用户通过客户端软件或者调用 SDK 进行远程数据采集和参数设置（如工作模式、图像参数调节等）。

（1）MVS 客户端连接工业相机。单击 MVS 图标启动 MVS 客户端。初次使用时需要设置工业相机的 IP 地址，找到对应的工业相机并右击，在弹出的快捷菜单中选择"修改 IP"命令，弹出"修改 IP 地址"对话框，修改工业相机的 IP 地址与本地计算机网卡为同一网段，如图 5-17 所示。

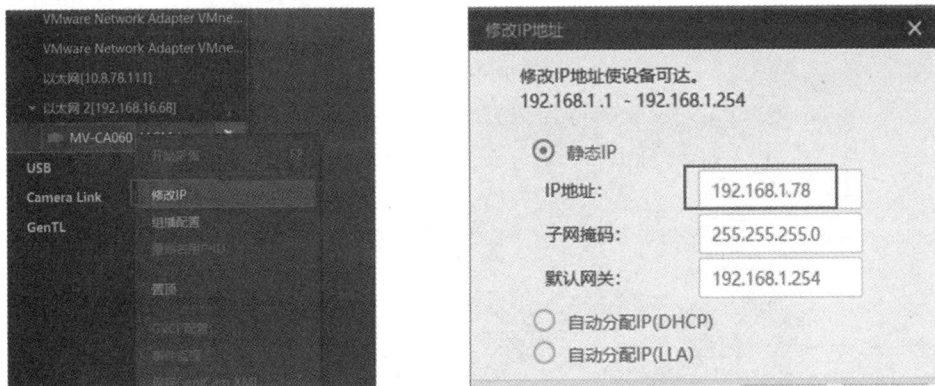

图 5-17　设置工业相机的 IP 地址

在 MVS 客户端中打开需要调试的工业相机。如果打开后看到漆黑一片，需要调节光源及镜头。连接正常后会看到相机视野内的图像，如图 5-18 所示。

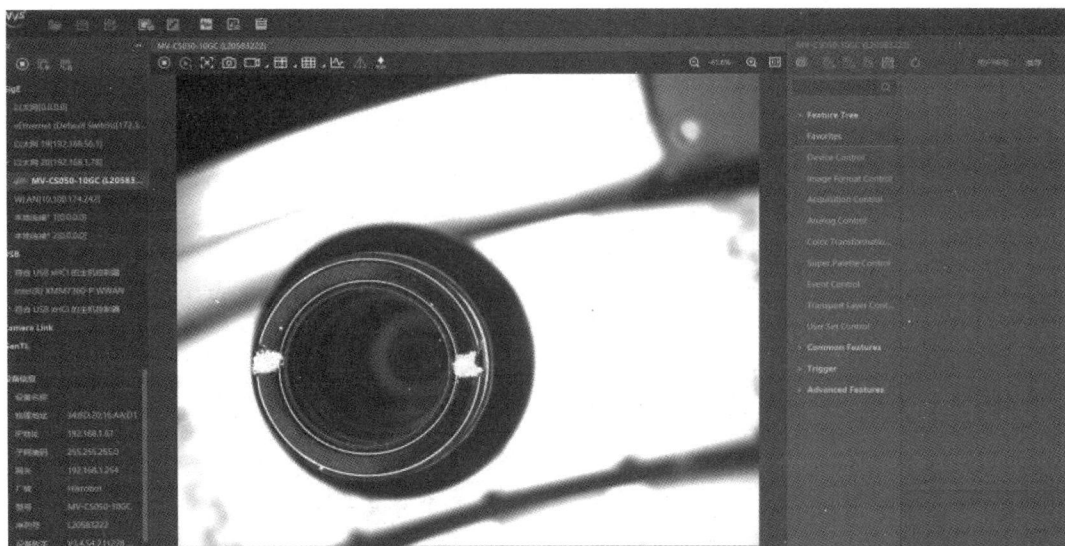

图 5-18　连接正常

（2）调节镜头焦距及光圈。把相机镜头的光圈调至最大，以便更多的光线进入相机视野。如果画面上物体成像模糊，图像不清晰，调节镜头的焦距旋钮，使需要检测的工件图像清晰地出现在相机视野中，相机镜头调节旋钮如图 5-19 所示，最终调试效果如图 5-20 所示。

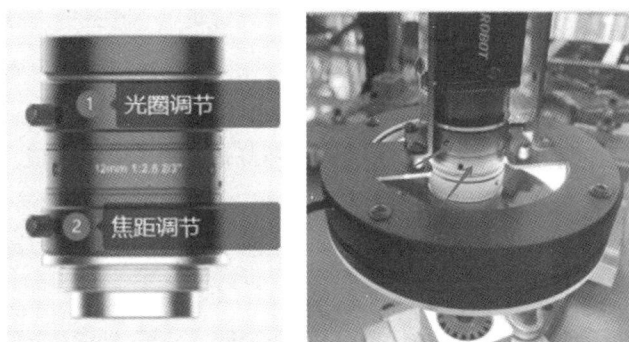

图 5-19　相机镜头调节旋钮

图 5-20　最终调试效果

在调节图像时，相机需要使用连续采集模式，触发模式选择"关闭"，如图 5-21 所示。

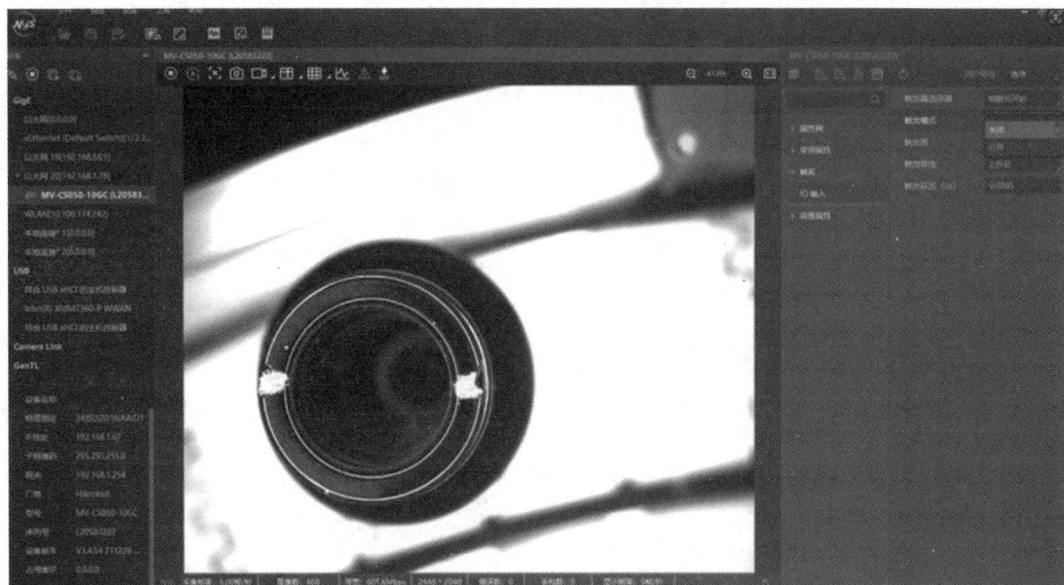

图 5-21　触发模式选择"关闭"

六、任务实施

1. 任务分配

请将人员分组及任务分配情况填写至表 5-3。

表 5-3　任务分配表

组名		日期	
组训		组长	
成员	任务分工	成员	任务分工

2. 拟定方案

小组成员共同拟定数据采集方案，列出本任务需要用到的设备、参数，并填写至表 5-4。

表 5-4　任务方案表

序号	设备	参数	备注

3. 运行测试

请将运行测试结果填写至表 5-5。

表 5-5　运行测试表

任务名称		测试小组	
测试名称	测试结果	测试人员	存在问题
安装测试			
硬件测试			
软件测试			
采集测试			

七、任务总结

任务完成后，学生根据任务实施情况，分析存在的问题和原因，并填写至表 5-6，指导教师对任务实施情况进行点评。

表 5-6　任务总结表

任务实施过程	存在问题	解决办法
硬件连接		
软件配置		
数据采集与调试		
其他		

八、任务评价

请将本任务评价情况填写至表 5-7。

表 5-7　任务评价表

序号	评价内容	自我评价	小组评价	教师评价	评分标准
1	态度端正，工作认真				5
2	遵守安全操作规范				5
3	能熟练、多渠道地查找参考资料				10
4	能够熟练地完成项目中的任务要求				30
5	方案优化，选型合理				10
6	能正确回答指导教师的问题				10
7	能在规定时间内完成任务				20
8	能与他人团结协作				5
9	能做好 7S 管理工作				5
合计					100
总分					

九、巩固自测

1．工业相机按照图像传感器的不同，可分为 CCD 相机和（　　　）相机。

2．工业相机是机器视觉系统中的一个关键组件，其最本质的功能就是将电信号转变成有序的光信号。（　　）

3．简述光源调节的步骤。

任务 2　图像采集与标注

一、任务描述

工业产品质量检测过程中，原始图像的采集和标注质量是非常重要的。本任务首先对目标产品的图像进行采集、清洗和标注，告诉模型待检目标位置和类别，为后续人工智能模型训练做数据准备。

二、任务分析

图像采集是工业机器视觉系统的基础环节。本任务重点学习图像采集过程的影响因素，如物体形状、表面特性、光照条件等，并通过合适的硬件设备和图像处理算法来实现高质量的图像采集。通过图像特征提取和文本生成，完成图像标注。

三、任务准备

任务准备表如表 5-8 所示。

表 5-8　任务准备表

任务编号	5-2	任务名称	图像采集与标注
设备	工业互联网边缘计算实训台、带有瑕疵的工件样品、工控机		
软件	MVS_STD_4.3.0 以上、labelImg 标注软件、Ubuntu 20.04		
资料	工业互联网边缘计算实训台教材		

四、知识链接

1．人工智能项目实施的流程

人工智能项目实施的流程一共可分为四个阶段：准备阶段、训练阶段、模型评估与优化阶段、模型部署与维护阶段。每个阶段分别对应着不同的工作内容，如图 5-22 所示。

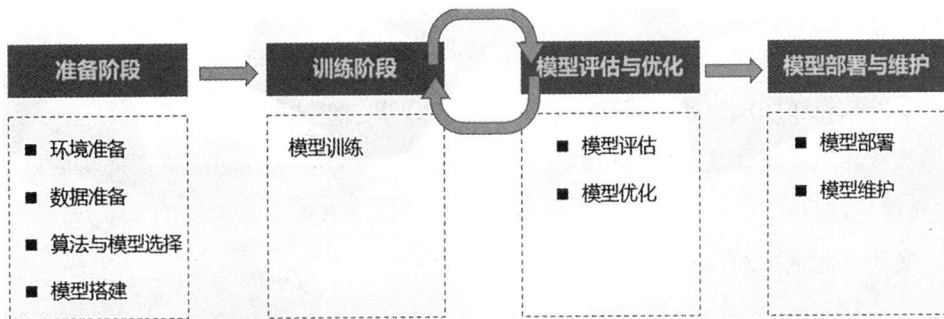

图 5-22　项目实施流程

- 准备阶段：包括环境准备、数据准备、算法与模型选择、模型搭建。
- 训练阶段：本阶段主要工作为模型训练。
- 模型评估与优化：对训练后的模型进行评估和优化，直到评估结果达到要求。
- 模型部署与维护：把模型部署在生产线上，让系统真正地开始投入使用。

数据准备包括数据采集、数据清洗、数据标注等步骤。

（1）数据采集。利用工业相机、数码相机、摄像机，甚至是手机相机采集带瑕疵的产品图像数据。采集的图像数量越多越好，每类瑕疵的图片数量至少需要 1000 张。

（2）数据清洗。低质量的数据会降低模型的精度。数据清洗是指将低质量的数据删除，例如，摄像头曝光过度会产生过亮的图像，镜面过脏会带来图像噪点。

（3）数据标注。对于目标检测任务，数据清洗完成后，需要使用一些标注工具将图片中不同类别的物体（目标）标注出来，便于模型学习。

2. 图像的采集方法

工业产品图像采集的方法主要是现场采集。现场采集可以分为以下三种方式。

（1）在线采集。摄像头直接固定在产品生产线的传送带上方。数据采集人员通过肉眼观察移动的产品，如果发现瑕疵点出现了，立刻按下相机快门，实现在线拍照和保存，可以免去后期的二次筛选。

（2）在线录像，后期提取。这种方式是目前采用最多的方式。与第一种方式相比，这种方式不需要专门针对瑕疵进行拍照。通过对相机进行设定，比如每隔 5s 让相机自动拍照一次，让相机不断地拍上几十个小时，再去除掉没有瑕疵的图片，只保留有瑕疵的图片。

（3）离线采集。先将带有瑕疵的产品片段找出来，然后对产品上的瑕疵进行拍照。

五、任务实现

1. 调试工业相机采集图像

根据任务 1 的步骤连接工业相机的电源，并把工业相机与工控机接入同一网络中，使用 MVS 软件获取工件图像。双击左侧相机，单击"播放"按钮，可成功获取到图像，如图 5-23 所示。当获取到需要的图像时，按"Ctrl+P"快捷键，保存图像，如图 5-24 所示。

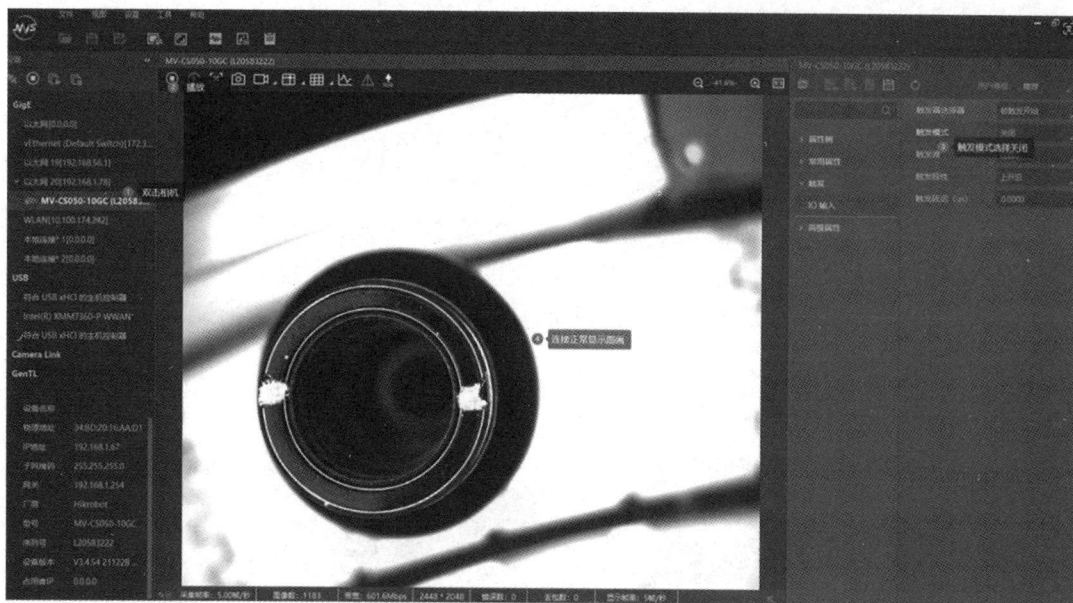

图 5-23 获取图像

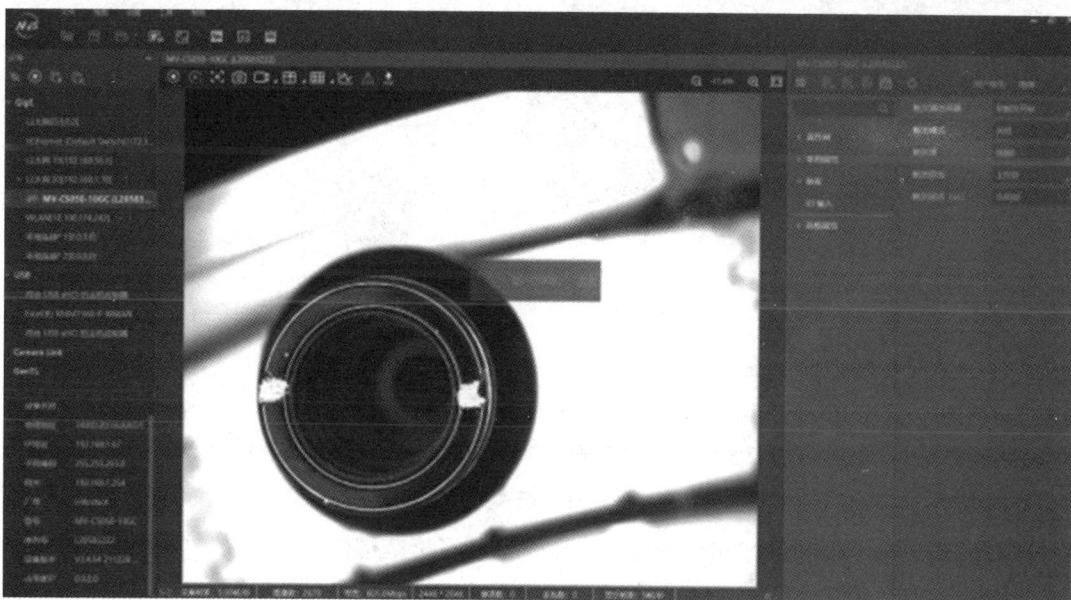

图 5-24 保存图像

2. 图像数据的清洗

数据采集完成后，所有采集到的图像数据都可以直接使用吗？当然不是，因为数据采集过程大部分工作都需要人工和机器配合完成，中间难免会有出错的情况，导致采集到的部分图像质量不高，所以需要对数据进行清洗。在对图像数据进行清洗时，主要有以下几种方法。

（1）数据规范化处理。将采集到的瑕疵图片进行格式统一化处理。例如，把图片统一为 JPG 或 PNG 格式。只有规范化处理后的数据，才有可能成为一个标准的数据集。

（2）数据去重。去掉完全相同的带瑕疵图片，或者利用图像相似度算法去除极相似图片。

（3）数据去噪。对于噪点较多的图片，可以调用 OpenCV 的相关 API 进行去噪。

（4）删除数据。对于与瑕疵无关的图片、过暗过亮的图片，以及噪点过多的图片，直接删除即可。

3. 图像标注

数据清洗完成后，下面需要完成图像标注，如图 5-25 所示。图像标注的目的是告诉模型待检的目标位置和类别。例如，对于质量检测任务，就是要将图像数据中的瑕疵位置和瑕疵种类标出来，这样，模型在训练时，就会知道在这张图片的某个地方出现了目标（瑕疵），以便于模型进行学习。

图 5-25　图像标注

图像标注是一个将标签添加到图像上的过程。其目标范围既可以是在整幅图像上仅使用一个标签，也可以是在某幅图像内的各组像素中配上多个标签。当然，具体标注的方法取决于实际项目所使用的图像标注类型。

1）标注软件

本次选用 labelImg 标注软件，登录界面如图 5-26 所示。

2）标注图像

下面介绍利用 labelImg 标注软件标注图像的具体步骤。

在 Windows 系统中，把 labelImg.exe 放在根目录下。修改默认的 XML 文件保存路径，使用"Ctrl+R"快捷键改为自己想存储的位置，一般是新建一个 Annotations 文件来存储 XML 文件，如图 5-27 所示。

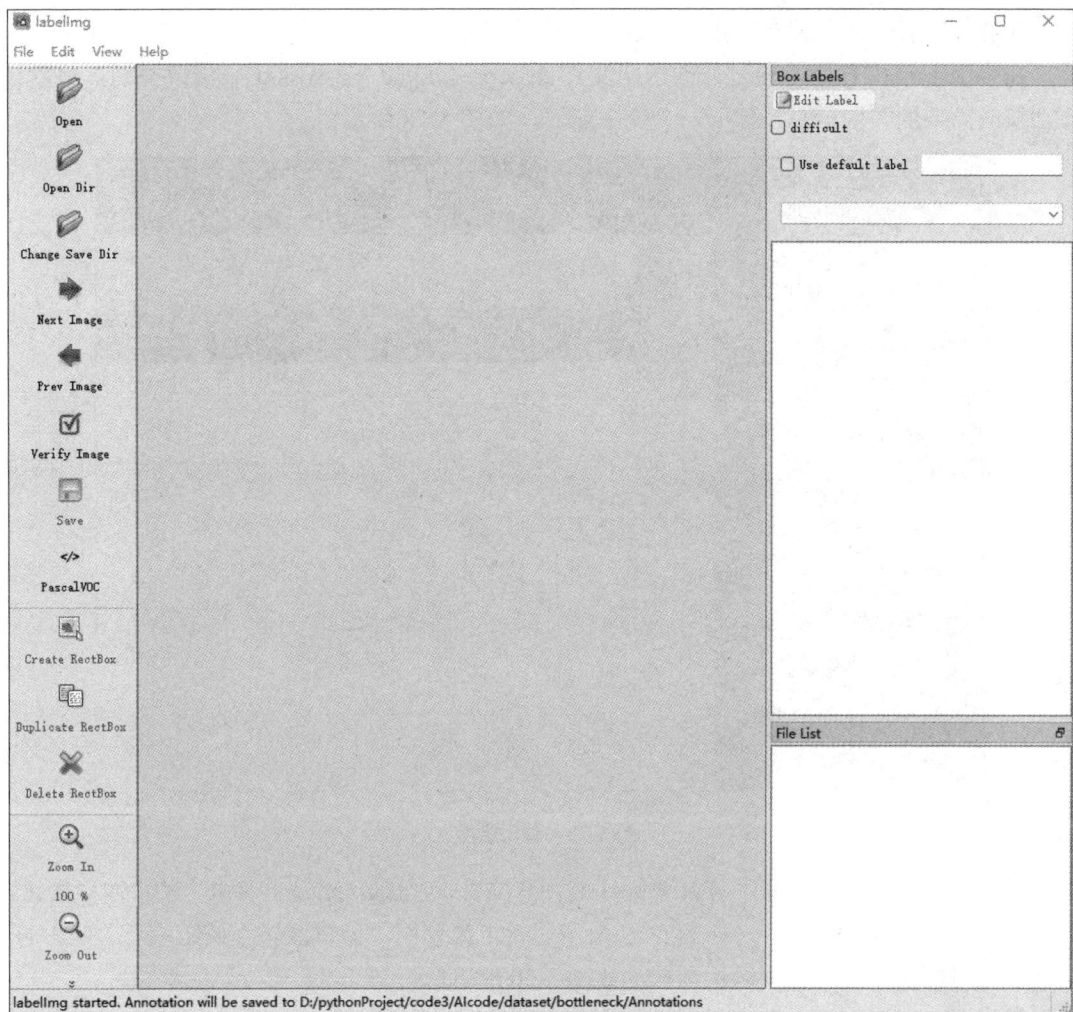

图 5-26　labelImg 标注软件登录界面

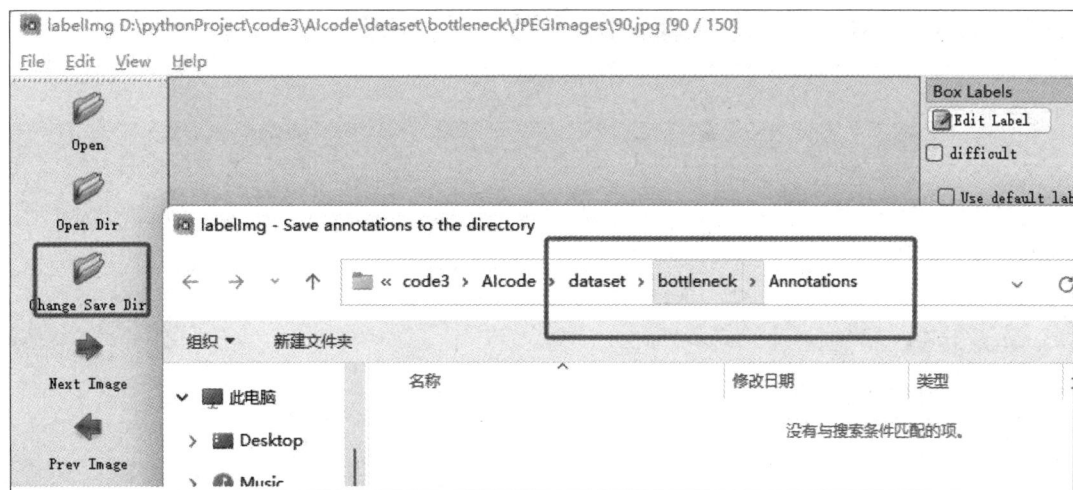

图 5-27　设置标注文件存储目录

注意，路径一定不能包含中文，否则无法保存。

在 labelImg 文件中，通过修改源码文件 data/predefined_classes.txt 来修改类别，将默认类别换成需要的类别信息，如 gear、person 等，如图 5-28 所示。

图 5-28　修改类别

单击"打开目录"按钮，打开要标注的图片文件夹 JPEGImages，单击"OPEN"按钮，打开第一张需要标注的图片，如图 5-29 所示。接下来使用"创建区块"按钮或者"Ctrl+N"快捷键来对需要标注的图片进行画框，如图 5-30 所示。

画完框，松开鼠标左键，弹出选择类别信息的框，选择所有标注的类别，单击"OK"按钮，如图 5-31 所示。等一张图片的所有目标都标注成功以后，单击"保存"按钮，此时就在 Annotations 文件下生成了一个对应图片名的 XML 文件，里面保存了标注信息，如图 5-32 所示。

图 5-29　打开待标注的图片目录

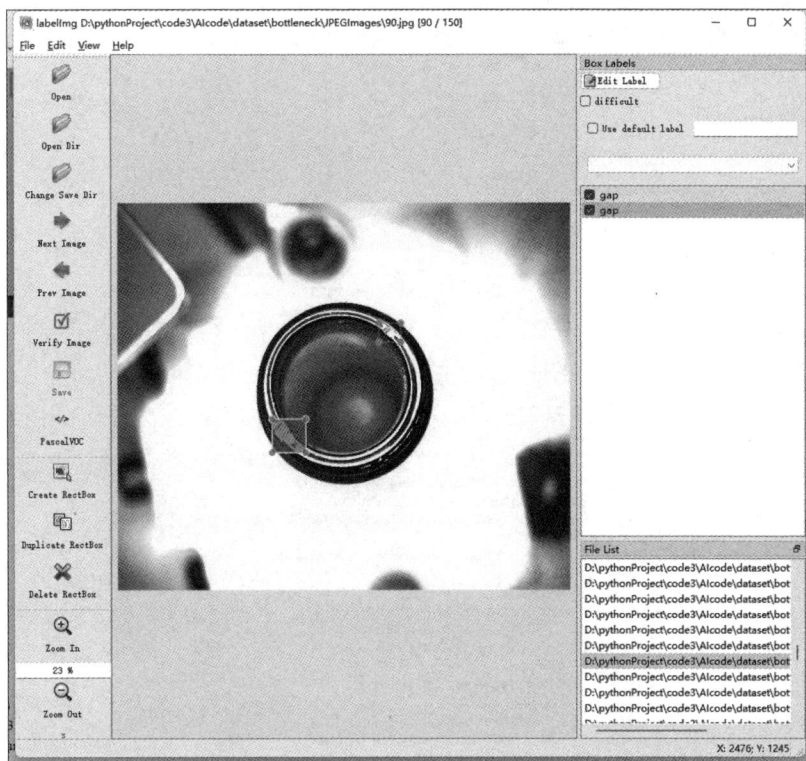

图 5-30 在图像中做标注

图 5-31 选择标注类别

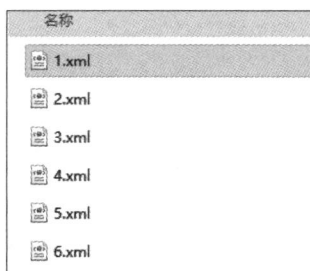

图 5-32　生成的标注数据

注意，以上是标注过很多张图片之后生成的 XML 文件的结果。

对于单张标注好的图片，打开 XML 文件，可看到标注信息，如图 5-33 所示。

```
1  <annotation>
2      <folder>JPEGImages</folder>
3      <filename>1.jpg</filename>
4      <path>/mnt/bottle/JPEGImages/1.jpg</path>
5      <source>
6          <database>Unknown</database>
7      </source>
8      <size>
9          <width>2448</width>
10         <height>2048</height>
11         <depth>3</depth>
12     </size>
13     <segmented>0</segmented>
14     <object>
15         <name>gap</name>
16         <pose>Unspecified</pose>
17         <truncated>0</truncated>
18         <difficult>0</difficult>
19         <bndbox>
20             <xmin>1037</xmin>
21             <ymin>1452</ymin>
22             <xmax>1139</xmax>
23             <ymax>1559</ymax>
24         </bndbox>
25     </object>
26 </annotation>
27
```

图 5-33　标注数据文件的内容

等待一张图片标注完毕后，单击"下一张图片"按钮或者按"D"快捷键进入下一张图片进行标注。

3）标注结果的整理

对于本次实验的数据集，标注格式为 VOC 格式，标注之后生成了两个文件夹：Annotations 和 JPEGImages。其中，Annotations 用来存储数据集的 XML 文件；JPEGImages 用来存储数据集的图片，文件结构如图 5-34 所示。

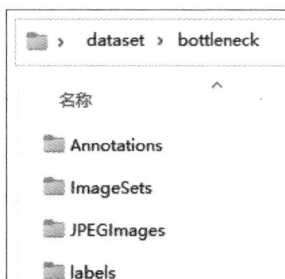

图 5-34　文件结构

六、任务实施

1. 任务分配

请将人员分组及任务分配情况填写至表 5-9。

表 5-9　任务分配表

组名		日期	
组训		组长	
成员	任务分工	成员	任务分工

2. 拟定方案

小组成员共同拟定数据采集方案，列出本任务需要用到的设备、参数，并填写至表 5-10。

表 5-10　任务方案表

序号	设备	参数	备注

3. 运行测试

请将运行测试结果填写至表 5-11。

表 5-11　运行测试表

任务名称		测试小组	
测试名称	测试结果	测试人员	存在问题
安装测试			
硬件测试			
软件测试			
采集测试			

七、任务总结

任务完成后，学生根据任务实施情况，分析存在的问题和原因，并填写至表 5-12，指导教师对任务实施情况进行点评。

表 5-12 任务总结表

任务实施过程	存在问题	解决办法
硬件连接		
软件配置		
数据采集与调试		
其他		

八、任务评价

请将本任务评价情况填写至表 5-13。

表 5-13 任务评价表

序号	评价内容	自我评价	小组评价	教师评价	评分标准
1	态度端正，工作认真				5
2	遵守安全操作规范				5
3	能熟练、多渠道地查找参考资料				10
4	能够熟练地完成项目中的任务要求				30
5	方案优化，选型合理				10
6	能正确回答指导教师的问题				10
7	能在规定时间内完成任务				20
8	能与他人团结协作				5
9	能做好 7S 管理工作				5
合计					100
总分					

九、巩固自测

1．现场采集有在线采集、（　　　）、（　　　）三种方式。
2．图像清洗有数据规范化处理、数据去重、（　　　）和（　　　）四种方法。
3．当获取到需要图像时按（　　　）保存图像。

任务 3　模型训练与边缘部署

一、任务描述

任务 2 完成了缺陷图像的采集、图像的清洗和标注。为实现工业产品瑕疵的人工智能诊断，本任务需要对建立的图像数据集进行模型训练和边缘部署，训练出一个能够自动学习并预测或分类的模型。

二、任务分析

本任务使用前期准备的数据（图像采集、图像标注），通过 PaddlePaddle 开源平台训练人工智能模型。模型训练重点关注的是如何通过训练策略来得到一个性能更好的模型，整个流程包含从训练样本的获取（包括数据采集与标注）、模型结构的确定、损失函数和评价指标的确定到模型参数的训练，这部分更多是业务方去承接相关工作。一旦通过训练得到了一个指标不错的模型，如何将其赋能到实际业务中，充分发挥其能力，这就是部署方需要承接的工作。

三、任务准备

任务准备表如表 5-14 所示。

表 5-14　任务准备表

任务编号	5-3	任务名称	模型训练与边缘部署
设备	工业互联网边缘计算实训台、带有瑕疵的工件样品、工控机		
软件	PaddlePaddle、PaddleDetection、Python3.8、PyCharm		
资料	工业互联网边缘计算实训台教材、PaddlePaddle 使用说明		

四、知识链接

1. 模型训练概念

模型训练（Model Training）是机器学习中的一个核心步骤，它指的是使用已知的数据（通常称为训练数据或训练集）来优化机器学习模型的过程。通过模型训练，机器学习模型能够学习到从输入数据中提取有用特征的能力，并基于这些特征进行预测或分类。训练好的模型可以被用于新的、未见过的数据上，以进行预测、分类或生成等任务。

模型训练的主要步骤如下。

- 数据准备。
- 选择模型：根据任务类型和数据特性选择适当的模型。例如，对于图像分类任务，卷积神经网络（CNN）可能是一个不错的选择。
- 定义模型结构：使用深度学习框架（如 TensorFlow、PyTorch 等）定义模型的结构。这包括选择适当的层（如卷积层、池化层、全连接层等）、激活函数（如 ReLU、Sigmoid 等）及损失函数（如交叉熵损失、均方误差损失等）。
- 初始化模型参数：在训练开始之前，需要初始化模型的参数（权重和偏置）。
- 设置训练循环：使用训练数据迭代训练模型。
- 监控和评估：在训练过程中，定期使用验证集评估模型的性能。这可以通过计算验证集上的损失和准确率等指标来完成。
- 调整超参数：超参数是需要在训练之前设置的参数，如学习率、批处理大小、迭代次数等。这些参数对模型的性能有很大的影响。
- 使用测试集评估模型：在模型训练完成后，使用测试集评估模型的性能。
- 保存和部署模型：将训练好的模型保存到磁盘上，以便将来使用。可以使用深度学习框架提供的 API 来保存和加载模型。

将模型部署到生产环境中，以便在实际应用中使用。这可能需要将模型转换为某种格式

（如 ONNX、TensorFlow Lite 等），以便在特定的硬件或平台上运行。

2. 模型部署流程

一旦通过训练得到了一个指标不错的模型，如何将其赋能到实际业务中，充分发挥其能力，这就是部署方需要承接的工作。

当完成了前面的模型训练、模型评估等步骤之后，就需要将训练出来的模型进行"上线"，也就是我们所说的模型部署。对于药瓶瑕疵检测项目，只有将模型实际应用到药瓶生产线上，才能帮助我们完成对药瓶瑕疵的实时检测。由于部署环节直接面向生产环境，所以也有严格的要求。

我们需要将模型部署到什么硬件条件下？针对药瓶瑕疵检测项目，可以将训练好的模型部署在服务器、移动端（包括手机端）。在实际生产车间中，一般会将模型部署到服务器端，这样可以做到对药瓶瑕疵的实时在线检测。而部署在手机端的话，有局限性，一般专指部署在特定质检人员的手机上，方便他们拿着手机，不定期对药瓶进行抽检。

1）服务器端部署

车间的药瓶在线检测系统需要解决的两大问题是低延时、吞吐量大。低延时是指在药瓶瑕疵进入摄像头视野时，模型能够快速检测出瑕疵的位置和类型，而不是当药瓶瑕疵离开摄像头之后，还没有给出反馈结果，因此模型预测必须要求低时延。吞吐量大是指在实际药瓶生产过程中，为了满足产量的需求，通常情况下，都不会只有一条生产流水线，因此当药瓶生产量较大时，同一时间可能会有大量的图片数据需要进行处理、预测。

2）移动端部署

针对药瓶质检系统，移动端部署比较少见。当质检人员用手机在现场对药瓶进行抽检时，需要将模型部署在手机端。

五、任务实现

1. 模型训练

1）安装编译环境

（1）安装 PaddlePaddle，如图 5-35 所示。

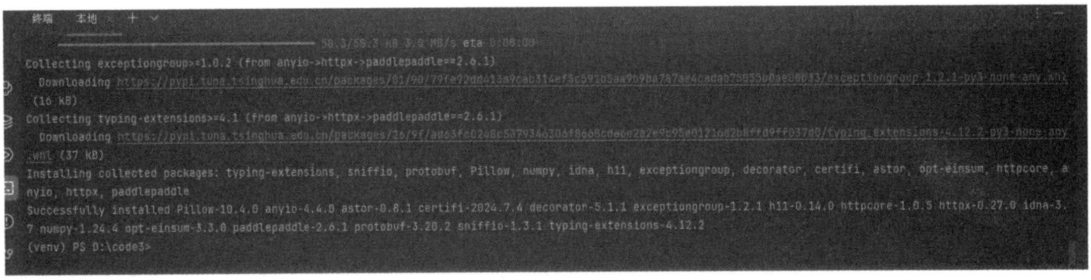

图 5-35 PaddlePaddle 安装完成界面

（2）安装 PaddleDetection。解压 PaddleDetection_v2.6.0.zip，进入 PaddleDetection 文件夹，如图 5-36 所示。

```
cd PaddleDetection/
```

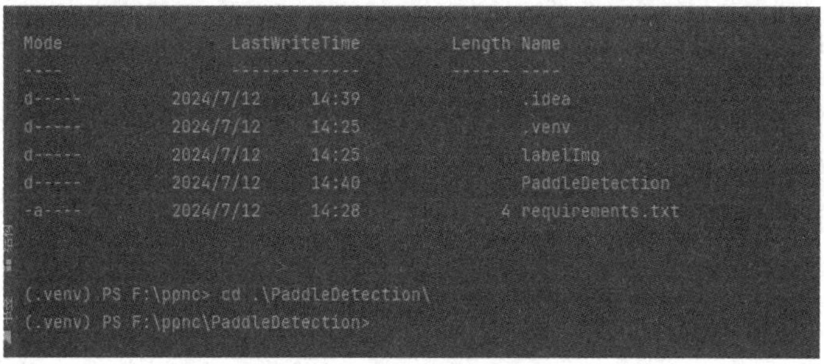

图 5-36 进入 PaddleDetection 文件夹

执行安装，结果如图 5-37 所示。

```
pip install -r requirements.txt -i https://pypi.tuna.tsinghua.edu.cn/simple
```

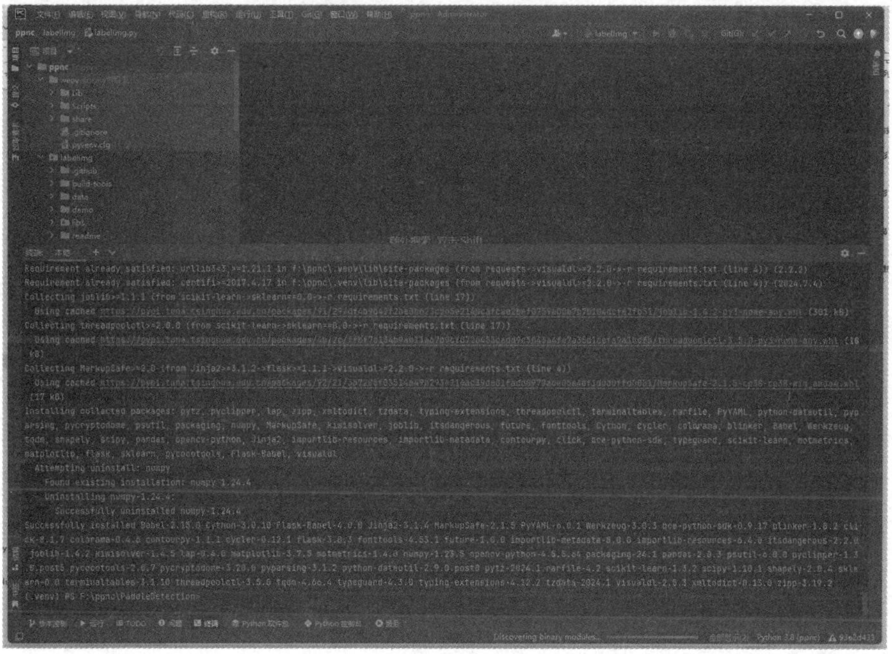

图 5-37 PaddleDetection 安装完成界面

2）准备数据

将数据集 bottleneck 放到 PaddleDetection/dataset 文件夹下，如图 5-38 所示。

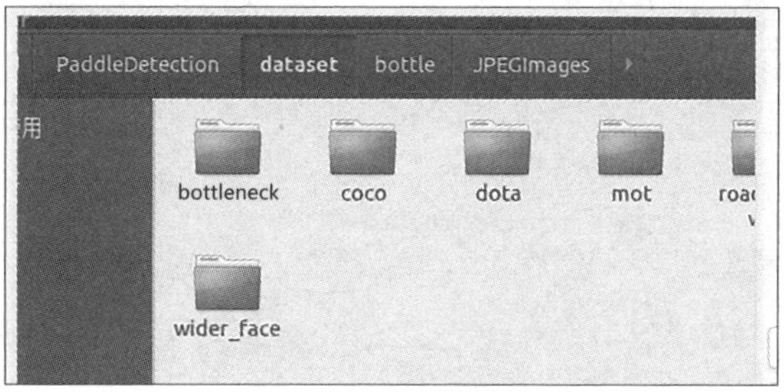

图 5-38 数据集文件夹

数据集 bottleneck 文件列表如图 5-39 所示。

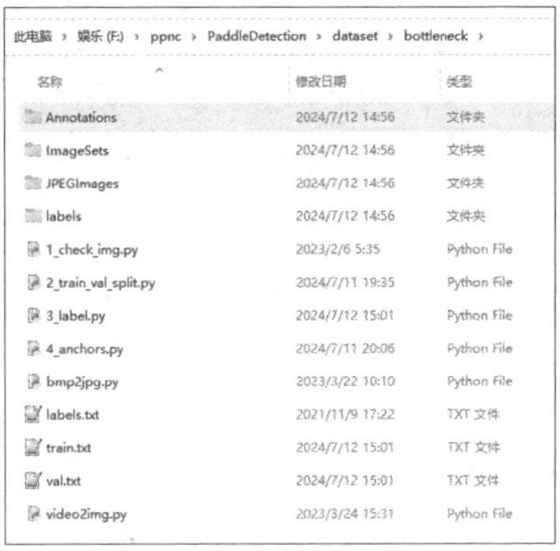

图 5-39　数据集 bottleneck 文件列表

各脚本作用如下。

- 1_check_img.py：数据检查。
- 2_train_val_split.py：数据分割。
- 3_label.py：数据归一化及路径保存。
- 4_anchors.py：计算锚框。

（1）数据检查。检查数据集中图片及标注文件的对应关系，没有标注的图片被移至 error 文件夹中，结果如图 5-40 所示。

```
python 1_check_img.py
```

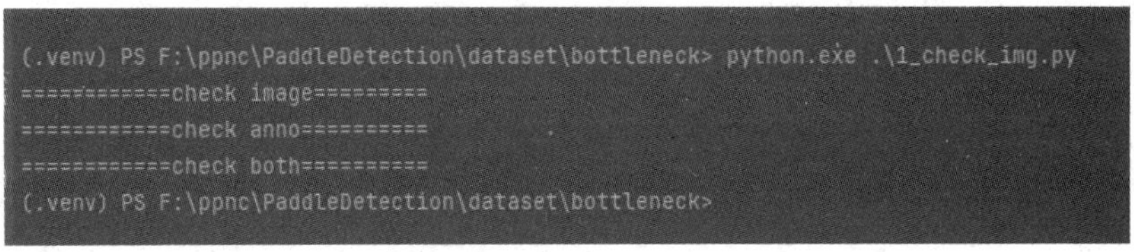

图 5-40　数据检查操作

（2）数据分割。分割数据集为训练数据和测试数据，数据分割配置参数如图 5-41 所示，数据分割操作如图 5-42 所示。

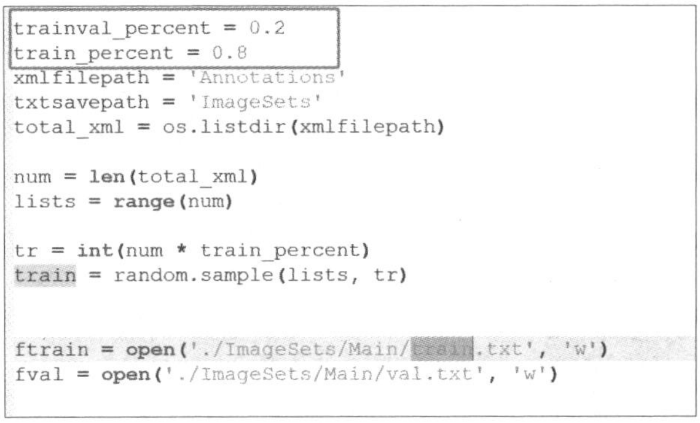

```python
trainval_percent = 0.2
train_percent = 0.8
xmlfilepath = 'Annotations'
txtsavepath = 'ImageSets'
total_xml = os.listdir(xmlfilepath)

num = len(total_xml)
lists = range(num)

tr = int(num * train_percent)
train = random.sample(lists, tr)

ftrain = open('./ImageSets/Main/train.txt', 'w')
fval = open('./ImageSets/Main/val.txt', 'w')
```

图 5-41　数据分割配置参数

```
python 2_train_val_split.py
```

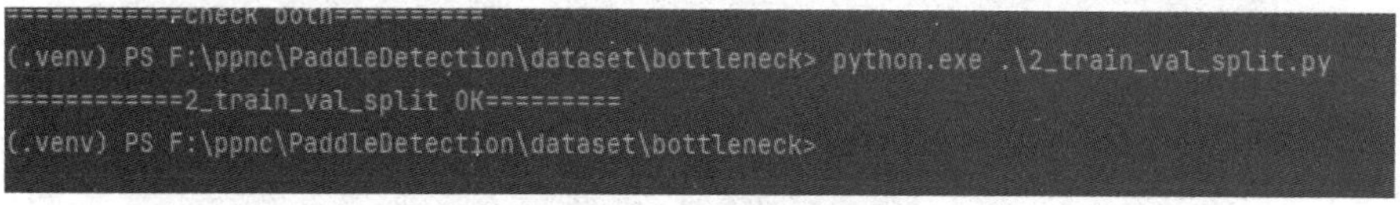

图 5-42　数据分割操作

（3）数据归一化及路径保存，如图 5-43～图 5-46 所示。

```
python 3_label.py
```

图 5-43　数据归一化操作

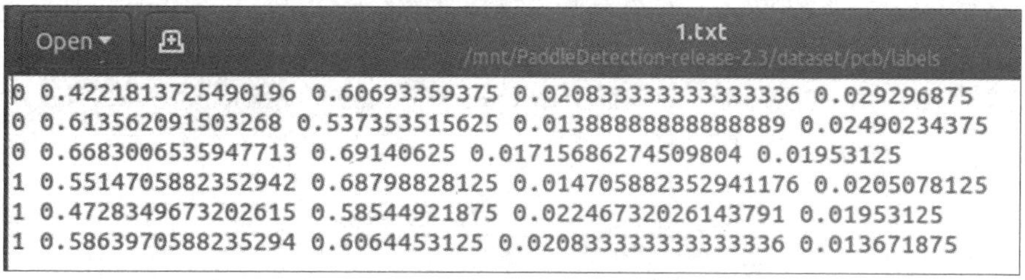

图 5-44　归一化数据

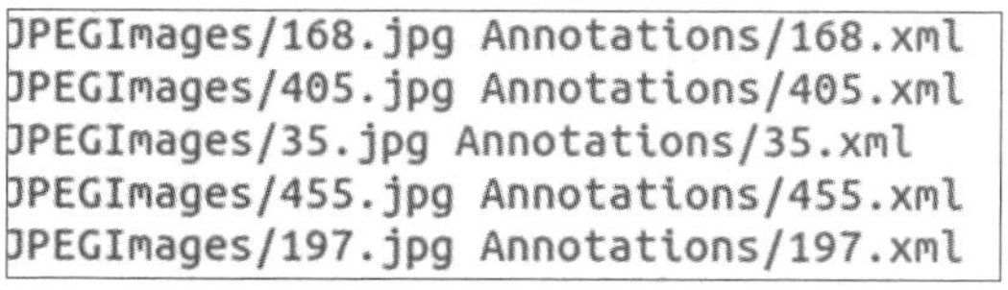

```
JPEGImages/168.jpg Annotations/168.xml
JPEGImages/405.jpg Annotations/405.xml
JPEGImages/35.jpg Annotations/35.xml
JPEGImages/455.jpg Annotations/455.xml
JPEGImages/197.jpg Annotations/197.xml
```

图 5-45　数据路径存储格式　　　　图 5-46　处理完成的数据集目录

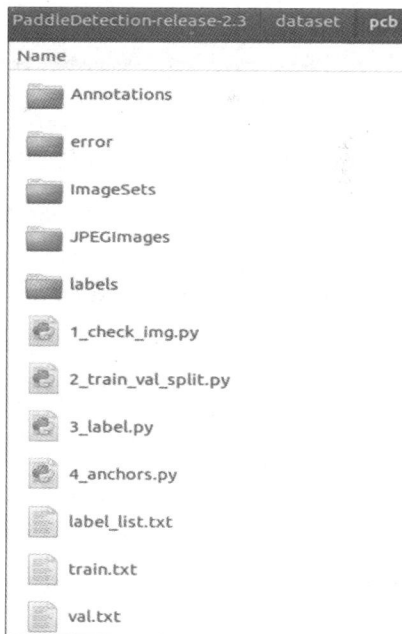

（4）计算锚框，执行结果如图 5-47 所示。

```
python 4_anchors.py
```

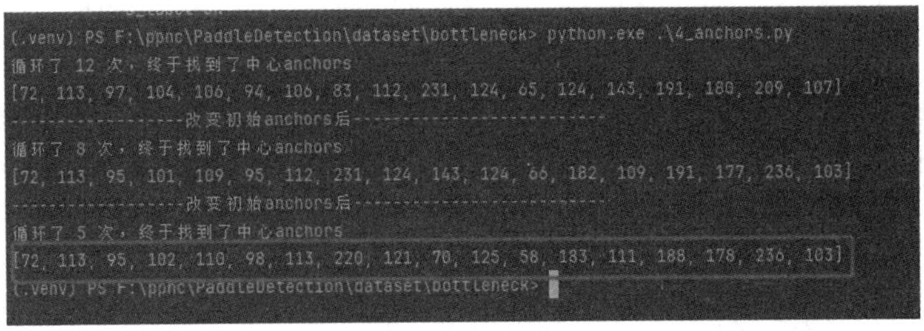

图 5-47　计算锚框

说明：下载的 PaddleDetection 放到某目录下（如桌面），解压，将数据集放到 PaddleDetection/dataset 目录下。

3）更改配置文件

PaddleDetection 作为成熟的目标检测开发套件，提供了从数据准备、模型训练、模型评估、模型导出到模型部署的全流程。本任务以瓶口检测数据集为例，提供快速上手 PaddleDetection 的流程。

配置文件路径为~/PaddleDetection/configs/yolov3/yolov3_darknet53_270e_voc.yml，其中写明了需要修改的参数，如图 5-48 所示。

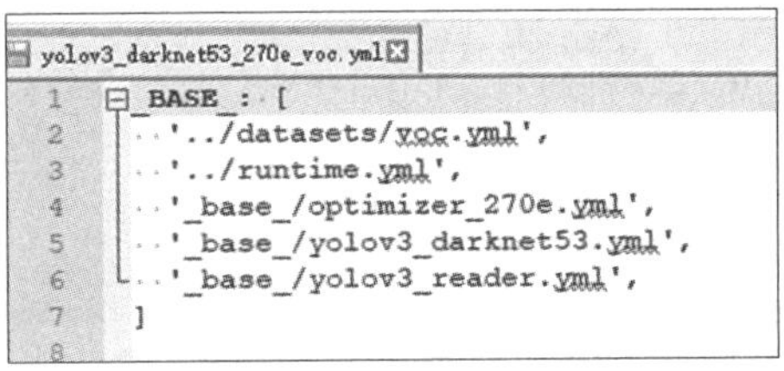

图 5-48　需要修改的参数

（1）数据配置文件 voc.yml 如图 5-49 所示。

更改文件路径为~/PaddleDetection/configs/datasets/voc.yml。

- num_classes：类数量。
- dataset_dir：数据集目录 bottleneck。

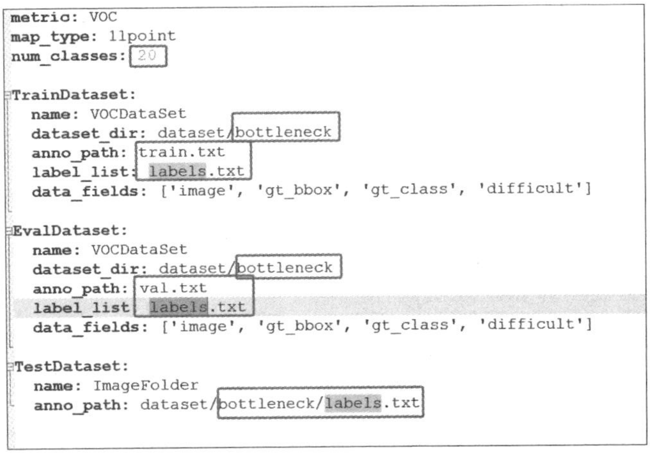

图 5-49　数据配置文件 voc.yml

（2）优化器配置文件 optimizer_270e.yml 如图 5-50 所示。

更改文件路径为~/PaddleDetection/configs/yolov3/_base_/optimizer_270e.yml。

- epoch：训练轮数（与数据量大小有关）。
- base_lr：学习率（与 GPU 数量有关）。

```
epoch: 20

LearningRate:
  base_lr: 0.001
  schedulers:
  - !PiecewiseDecay
    gamma: 0.1
    milestones:
    - 216
    - 243
  - !LinearWarmup
    start_factor: 0.
    steps: 4000
```

图 5-50　优化器配置文件 optimizer_270e.yml

（3）数据读取配置文件 yolov3_reader.yml 如图 5-51 所示。

```
worker_num: 2
TrainReader:
  inputs_def:
    num_max_boxes: 50
  sample_transforms:
  - Decode: {}
  - Mixup: {alpha: 1.5, beta: 1.5}
  - RandomDistort: {}
  - RandomExpand: {fill_value: [123.675, 116.28, 103.53]}
  - RandomCrop: {}
  - RandomFlip: {}
  batch_transforms:
  - BatchRandomResize: {target_size: [320, 352, 384, 416, 448, 480, 512, 544, 576, 608],
    random_size: True, random_interp: True, keep_ratio: False}
  - NormalizeBox: {}
  - PadBox: {num_max_boxes: 50}
  - BboxXYXY2XYWH: {}
  - NormalizeImage: {mean: [0.485, 0.456, 0.406], std: [0.229, 0.224, 0.225], is_scale:
    True}
  - Permute: {}
  - Gt2YoloTarget: {anchor_masks: [[6, 7, 8], [3, 4, 5], [0, 1, 2]], anchors: [[92,
    113], [93, 101], [103, 229],[103, 216], [104, 87], [114, 216],[136, 68], [ 172, 168],
    [228, 104]], downsample_ratios: [32, 16, 8]}
  batch_size: 2
  shuffle: true
  drop_last: true
  mixup_epoch: 250
  use_shared_memory: true
```

图 5-51　数据读取配置文件 yolov3_reader.yml

更改文件路径为~/PaddleDetection/configs/yolov3/_base_/yolov3_reader.yml。

- anchors：锚框，图 5-47 最后得出的 18 个数更新到此处。
- batch_size：与计算力有关，设为 2。

（4）模型配置文件 yolov3_darknet53.yml 如图 5-52 所示。

更改文件路径为~/PaddleDetection/configs/yolov3/_base_/yolov3_darknet53.yml。

- pretrain_weights：预训练模型路径。
- anchors：锚框，图 5-47 最后得出的 18 个数更新到此处。

```
architecture: YOLOv3
pretrain_weights:
https://paddledet.bj.bcebos.com/models/pretrained/DarkNet53_pretrained.pdparams
norm_type: sync_bn

YOLOv3:
  backbone: DarkNet
  neck: YOLOv3FPN
  yolo_head: YOLOv3Head
  post_process: BBoxPostProcess

DarkNet:
  depth: 53
  return_idx: [2, 3, 4]

# use default config
# YOLOv3FPN:

YOLOv3Head:
  anchors: [
[92, 113], [93, 101], [103, 229],
[103, 216], [104, 87], [114, 216],
[136, 68], [ 172, 168], [228, 104]]

  anchor_masks: [[6, 7, 8], [3, 4, 5], [0, 1, 2]]
  loss: YOLOv3Loss

YOLOv3Loss:
  ignore_thresh: 0.7
  downsample: [32, 16, 8]
  label_smooth: false

BBoxPostProcess:
  decode:
```

图 5-52　模型配置文件 yolov3_darknet53.yml

（5）运行时配置文件 runtime.yml 如图 5-53 所示。

```
use_gpu: false
use_xpu: false
use_mlu: false
use_npu: false
log_iter: 5
save_dir: output
snapshot_epoch: 1
print_flops: false
print_params: false

# Exporting the model
export:
  post_process: True   # Whether post-
    model.
  nms: True             # Whether NMS i
  benchmark: False      # It is used to
    post-process and NMS will not be ex
  fuse_conv_bn: False
```

图 5-53　运行时配置文件 runtime.yml

更改文件路径为~/PaddleDetection/configs/runtime.yml。

4）训练模型

进入 PaddleDetection 目录，命令如下。

```
cd PaddleDetection
python tools/train.py -c configs/yolov3/yolov3_darknet53_270e_voc.yml --eval
```

训练执行过程如图 5-54 所示，边训练边评估结果如图 5-55 所示。

216

```
(.venv) PS E:\ppnc\PaddleDetection> python tools/train.py -c configs/yolov3/yolov3_darknet53_270e_voc.yml --eval
E:\ppnc\.venv\lib\site-packages\setuptools\sandbox.py:13: DeprecationWarning: pkg_resources is deprecated as an API. See https://setuptools.pypa.io/en/latest/pkg_resources.html
  import pkg_resources
E:\ppnc\.venv\lib\site-packages\pkg_resources\__init__.py:2871: DeprecationWarning: Deprecated call to `pkg_resources.declare_namespace('mpl_toolkits')`.
Implementing implicit namespace packages (as specified in PEP 420) is preferred to `pkg_resources.declare_namespace`. See https://setuptools.pypa.io/en/latest/references/keywords.html#keyword-namespace-packages
  declare_namespace(pkg)
E:\ppnc\.venv\lib\site-packages\pkg_resources\__init__.py:2871: DeprecationWarning: Deprecated call to `pkg_resources.declare_namespace('google')`.
Implementing implicit namespace packages (as specified in PEP 420) is preferred to `pkg_resources.declare_namespace`. See https://setuptools.pypa.io/en/latest/references/keywords.html#keyword-namespace-packages
  declare_namespace(pkg)
Warning: Unable to use numba in PP-Tracking, please install numba, for example(python3.7): `pip install numba==0.56.4`
Warning: Unable to use numba in PP-Tracking, please install numba, for example(python3.7): `pip install numba==0.56.4`
Warning: import ppdet from source directory without installing, run 'python setup.py install' to install ppdet firstly
[07/12 15:06:03] ppdet.utils.checkpoint INFO: The shape [255] in pretrained weight yolo_head.yolo_output.0.bias is unmatched with the shape [75] in model yolo_head.yolo_output.0.bias. And the weight yolo_head.yolo_output.0.bias will not be loaded
[07/12 15:06:03] ppdet.utils.checkpoint INFO: The shape [255, 1024, 1, 1] in pretrained weight yolo_head.yolo_output.0.weight is unmatched with the shape [75, 1024, 1, 1] in model yolo_head.yolo_output.0.weight. And the weight yolo_head.yolo_output.0.weight will not be loaded
[07/12 15:06:03] ppdet.utils.checkpoint INFO: The shape [255] in pretrained weight yolo_head.yolo_output.1.bias is unmatched with the shape [75] in model yolo_head.yolo_output.1.bias. And the weight yolo_head.yolo_output.1.bias will not be loaded
[07/12 15:06:03] ppdet.utils.checkpoint INFO: The shape [255, 512, 1, 1] in pretrained weight yolo_head.yolo_output.1.weight is unmatched with the shape [75, 512, 1, 1] in model yolo_head.yolo_output.1.weight. And the weight yolo_head.yolo_output.1.weight will not be loaded
[07/12 15:06:03] ppdet.utils.checkpoint INFO: The shape [255] in pretrained weight yolo_head.yolo_output.2.bias is unmatched with the shape [75] in model yolo_head.yolo_output.2.bias. And the weight yolo_head.yolo_output.2.bias will not be loaded
[07/12 15:06:03] ppdet.utils.checkpoint INFO: The shape [255, 256, 1, 1] in pretrained weight yolo_head.yolo_output.2.weight is unmatched with the shape [75, 256, 1, 1] in model yolo_head.yolo_output.2.weight. And the weight yolo_head.yolo_output.2.weight will not be loaded
[07/12 15:06:04] ppdet.utils.checkpoint INFO: Finish loading model weights: C:\Users\Administrator/.cache/paddle/weights\yolov3_darknet53_270e_coco.pdparams
[07/12 15:06:31] ppdet.engine INFO: Epoch: [0] [ 0/15] learning_rate: 0.000000 loss_xy: 4.463244 loss_wh: 6.645924 loss_obj: 8125.158203 loss_cls: 20.555367 loss: 8156.822754 eta: 2:18:31 batch_cost: 27.7046 data_cost: 2.2290 ips: 0.2888 images/s
[07/12 15:13:02] ppdet.engine INFO: Epoch: [1] [ 0/15] learning_rate: 0.000004 loss_xy: 4.329749 loss_wh: 6.124302 loss_obj: 2912.792236 loss_cls
```

图 5-54 训练执行过程

```
user@user-ai:~/PaddleDetection$ python tools/eval.py -c configs/yolov3/yolov3_darknet53_270e_voc.yml -o weights=output/yolov3_darknet53_270e_voc/model_final.pdparams
Warning: Unable to use numba in PP-Tracking, please install numba, for example(python3.7): `pip install numba==0.56.4`
/home/user/.local/lib/python3.6/site-packages/matplotlib/backends/backend_gtk3.py:40: DeprecationWarning: Gdk.Cursor.new is deprecated
  cursors.MOVE:          Gdk.Cursor.new(Gdk.CursorType.FLEUR),
Warning: Unable to use numba in PP-Tracking, please install numba, for example(python3.7): `pip install numba==0.56.4`
Warning: import ppdet from source directory without installing, run 'python setup.py install' to install ppdet firstly
[04/17 17:19:08] ppdet.utils.checkpoint INFO: Finish loading model weights: output/yolov3_darknet53_270e_voc/model_final.pdparams
[04/17 17:19:10] ppdet.engine INFO: Eval iter: 0
[04/17 17:19:15] ppdet.metrics.metrics INFO: Accumulating evaluatation results...
[04/17 17:19:15] ppdet.metrics.metrics INFO: mAP(0.50, 11point) = 36.36%
[04/17 17:19:15] ppdet.engine INFO: Total sample number: 5, average FPS: 0.710131246920067
```

图 5-55 边训练边评估结果

根据所选数据集图像数量的多少，以及训练次数的不同，最后生成的模型指标 mAP 越高，模型越好，如果训练的模型不理想，可以再次添加图像数量和训练次数进行训练，直至得到比较好的模型，训练完成后的模型评估结果如图 5-56 所示。

```
/home/user/.local/lib/python3.6/site-packages/matplotlib/backends/backend_gtk3.py:40:
DeprecationWarning: Gdk.Cursor.new is deprecated
  cursors.MOVE:          Gdk.Cursor.new(Gdk.CursorType.FLEUR),
[04/05 12:33:14] ppdet.utils.checkpoint INFO: Finish loading model weights:
output/yolov3_darknet53_270e_voc/model_final.pdparams
[04/05 12:33:15] ppdet.engine INFO: Eval iter: 0
[04/05 12:33:25] ppdet.metrics.metrics INFO: Accumulating evaluatation results...
[04/05 12:33:25] ppdet.metrics.metrics INFO: mAP(0.50, 11point) = 100.00%
[04/05 12:33:25] ppdet.engine INFO: Total sample number: 8, average FPS: 0.7553314007057127
```

图 5-56 训练完成后的模型评估结果

2. 模型测试

模型测试执行脚本如下。

```
python     tools/infer.py     -c     configs/yolov3/yolov3_darknet53_270e_voc.yml     --
infer_img=demo/31.jpg -o weights=output/yolov3_darknet53_270e_voc/model_final.pdparams
```

从数据集中选取测试图片放到~/PaddleDetection/demo/中测试本次训练的模型，会在
output 文件夹下生成一个画有预测结果的同名图像，如图 5-57 所示。

图 5-57 测试结果

3. 模型导出

在模型训练过程中保存的模型文件包含前向预测和反向传播的过程，在实际的工业部署
中不需要反向传播，因此需要将模型导成部署需要的模型格式。在 PaddleDetection 中提供了
tools/export_model.py 脚本来导出模型。

```
python tools/export_model.py -c configs/yolov3/yolov3_darknet53_270e_voc.yml --
output_dir=./inference_model -o weights=output/yolov3_darknet53_270e_voc/model_final
```

导出的模型路径为~/PaddleDetection/inference_model/yolov3_darknet53_270e_voc，生成
的文件如图 5-58 所示。

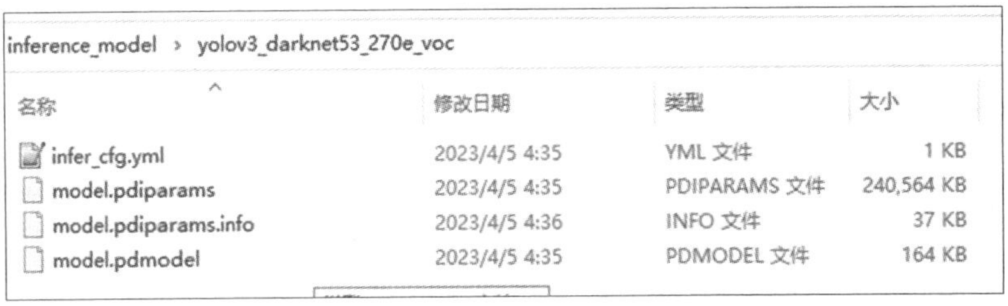

图 5-58 生成的文件

预测模型会导出到 inference_model/yolov3_darknet53_270e_voc 目录下，分别是 infer_cfg.yml、
model.pdiparams、model.pdiparams.info、model.pdmodel。如果不指定文件夹，则会导出到
output_inference 中。

4.模型部署

将运行代码与模型加载到 Edge Board 开发板上，运行程序即可实现智能视觉检测。

（1）运行 demo 存放路径及包含文件。

存放路径：home/edgeboard/ppnc_cpp_demo。

可执行文件路径：/home/edgeboard/ppnc_cpp_demo/build/ppnc_smart_detection。

模型路径：home/edgeboard/ppnc_cpp_demo/model/。

有新的算法或模型更新时，可以更换此程序模型文件。

（2）检测程序执行步骤如表 5-15 所示。

表 5-15　检测程序执行步骤

序号	执行步骤	图片说明
1	进入 Edge Board 系统界面	
2	输入用户名和密码	用户名：edgeboard； 密码：1234
3	登录成功后按"Ctrl+Alt+T"快捷键，打开操作终端	
4	进入工作目录 /home/edgeboard/ppnc_cpp_demo/build 执行程序 sudo./ppnc_cpp_demo	

六、任务实施

1. 任务分配

请将人员分组及任务分配情况填写至表 5-16。

表 5-16　任务分配表

组名		日期	
组训		组长	
成员	任务分工	成员	任务分工

2. 拟定方案

小组成员共同拟定数据采集方案，列出本任务需要用到的设备、参数，并填写至表 5-17。

表 5-17　任务方案表

序号	设备	参数	备注

3. 运行测试

请将运行测试与验证结果填写至表 5-18。

表 5-18　运行测试表

任务名称		测试小组	
测试名称	测试结果	测试人员	存在问题
安装测试			
硬件测试			
软件测试			
采集测试			

七、任务总结

任务完成后，学生根据任务实施情况，分析存在的问题和原因，并填写至表 5-19，指导教师对任务实施情况进行点评。

表 5-19　任务总结表

任务实施过程	存在问题	解决办法
硬件连接		
软件配置		
数据采集与调试		
其他		

八、任务评价

请将本任务评价情况填写至表 5-20。

表 5-20　任务评价表

序号	评价内容	自我评价	小组评价	教师评价	评分标准
1	态度端正，工作认真				5
2	遵守安全操作规范				5
3	能熟练、多渠道地查找参考资料				10
4	能够熟练地完成项目中的任务要求				30
5	方案优化，选型合理				10
6	能正确回答指导教师的问题				10
7	能在规定时间内完成任务				20
8	能与他人团结协作				5
9	能做好 7S 管理工作				5
合计					100
总分					

九、巩固自测

1．模型训练的准备阶段包括数据检查、（　　　）、（　　　）、计算锚框。

2．在 Edge Board 系统界面，登录成功后按（　　　），打开操作终端。

3．模型部署第一步需要导出模型，第二步需要（　　　）。

任务 4　药瓶瑕疵检测与分拣

一、任务描述

某企业原有自动化生产线生产的药瓶主要靠人工进行检查。由于生产线的产量较大，人员工作量大，检测速度和精度达不到要求，影响企业生产效率。为提高产量和产品质量，降低人工成本，同时防止因为人眼疲劳而产生的误判，企业准备在药瓶质检环节改用边缘视觉检测。某企业药瓶生产线现场如图 5-59 所示。

图 5-59　某企业药瓶生产线现场

二、任务分析

本任务主要目标：判断药瓶是否有缺陷，如果有缺陷，就会传输信号给 PLC，借助分拨机构使不合格产品变轨进行剔除。为实现以上功能，需要结合药瓶自动化生产线特点，制定药瓶瑕疵检测方案，主要包括图像采集设备的选型、图像的标注和处理、模型训练、模型部署、检测药瓶缺陷和分拣环节的搭建。

三、任务准备

任务准备表如表 5-21 所示。

表 5-21　任务准备表

任务编号	5-4	任务名称	药瓶瑕疵检测与分拣
设备	工业互联网边缘计算实训台、带有瑕疵的工件样品、工控机		
软件	瑕疵检测程序		
资料	工业互联网边缘计算实训台教材		

四、知识链接

1. Edge Board 药瓶质检流水线介绍

Edge Board 药瓶质检流水线以 PLC 控制技术与机器视觉检测为核心，将机械、运动控制、变频调速、编码器技术、PLC 控制技术、机器视觉处理、人工智能识别等技术有机地进行整合，结构模块化，便于组合，可对不同物料进行快速的检测。Edge Board 药瓶质检流水线实物图如图 5-60 所示。

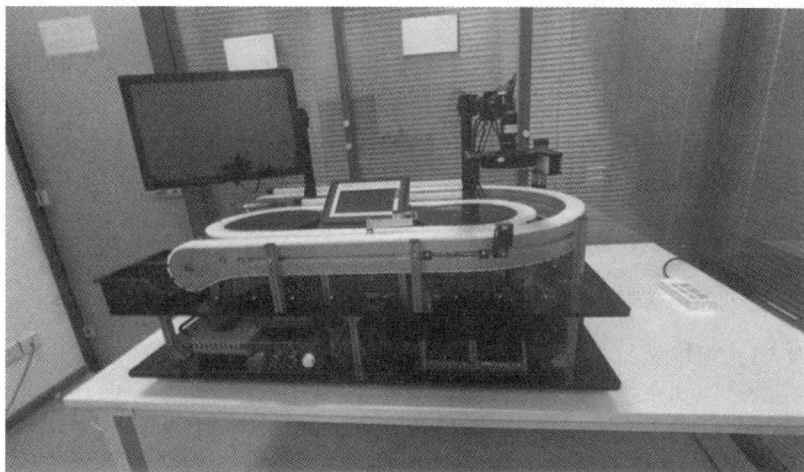

图 5-60　Edge Board 药瓶质检流水线实物图

2. Edge Board 药瓶质检流水线组成

Edge Board 药瓶质检流水线包含智能视觉检测系统、百度 AI 智能识别算法、PLC 控制系统、PLC 人机界面，以及一套输送、分拣线，可以对高速传输的工件进行检测、分拣等操作，如图 5-61 所示。

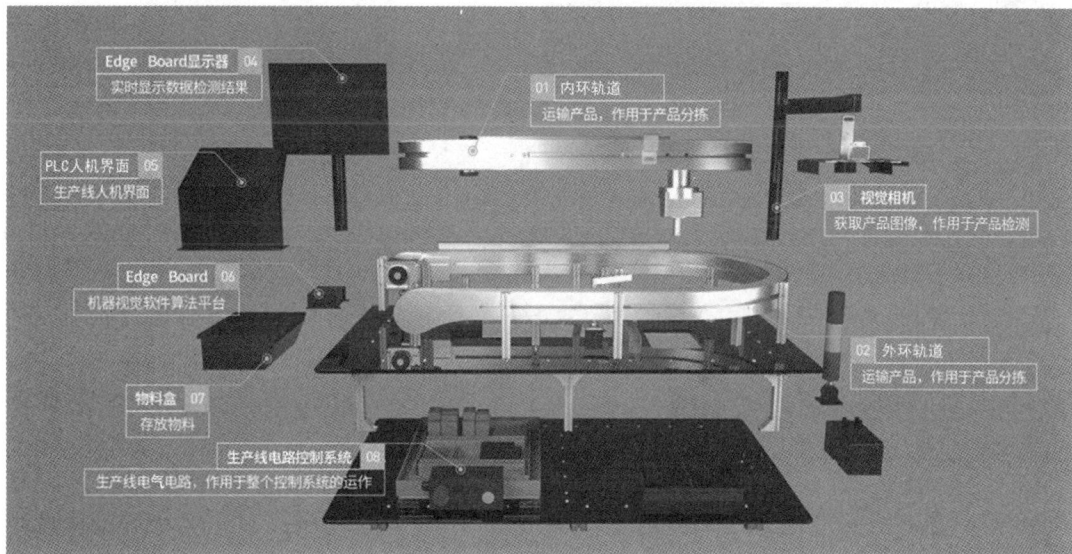

图 5-61　Edge Board 药瓶质检流水线组成部分

具体组成部分如下。

- 视觉相机：获取产品图像，用于产品检测，如图 5-62 所示。
- 内环轨道：分拣残次品，用于产品运输，如图 5-63 所示。

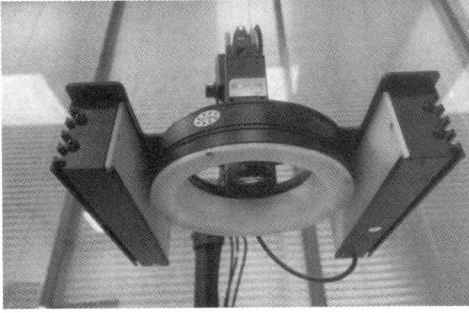

图 5-62　视觉相机

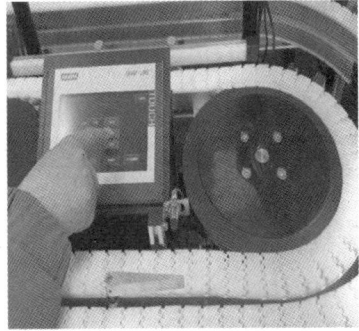

图 5-63　内环轨道

- 外环轨道：分拣良品，用于产品运输，如图 5-64 所示。
- 生产线电路控制系统：集成流水线所有的电路，用于控制整个系统的运作，如图 5-65 所示。

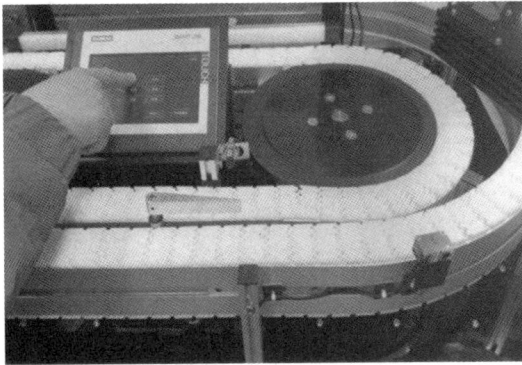

图 5-64　外环轨道

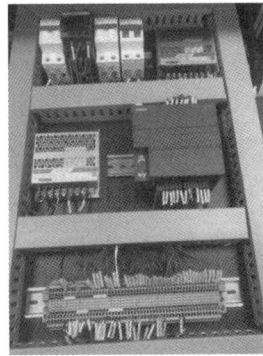

图 5-65　生产线电路控制系统

- Edge Board 显示器：与 Edge Board 搭配使用，用于查看视觉检测结果，如图 5-66 所示。
- PLC 人机界面：控制内外环轨道运行参数，用于生产操作和信息反馈，如图 5-67 所示。

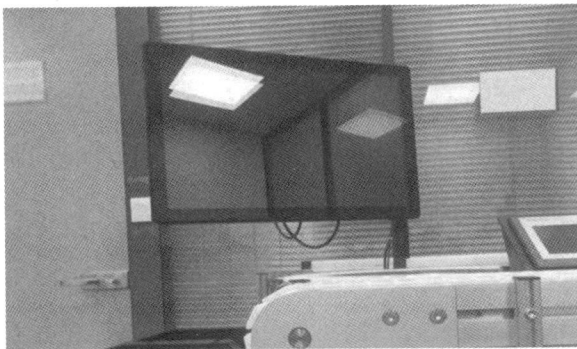

图 5-66　Edge Board 显示器

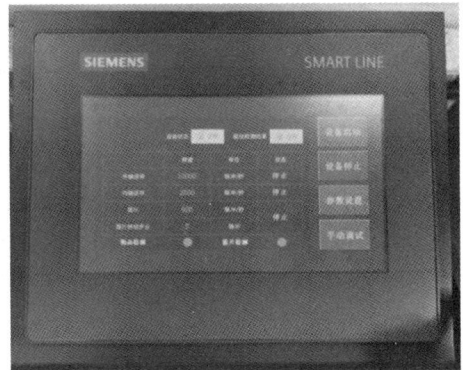

图 5-67　PLC 人机界面

- Edge Board：机器视觉软件算法平台，是人工智能核心部件，如图 5-68 所示。
- 物料盒：用于存放物料，如图 5-69 所示。

图 5-68　Edge Board

图 5-69　物料盒

把模型部署到 Edge Board 上相当于给质检系统安放好了"大脑",然而完整的质检系统,还需要"躯干",即与分拣相关的硬件设施。

当源源不断地将待测物品送入质检系统时,Edge Board 负责判断药瓶质量是否合格,分拣系统负责把 Edge Board 判断合格的产品送往合格区,把不合格的产品送往破损区。

3.　图像采集设备

图像采集设备由光源系统和摄像头组成,如图 5-70 所示,工业相机连续拍照,Edge Board 开发板中的应用程序连续地读取工业相机采集的图像信息,并根据训练的模型数据智能识别图像,完成对工件的检测,并把检测结果实时地传输给 PLC。

图 5-70　光源系统和摄像头

4.　环形运输线与分拨机构

运输线是整个系统工作的核心,由两条链组成,一条是环形链,另一条是弧形链。它由可任意拆装的组件装配成具有弹性的传送系统,配合不同半径的垂直和水平弯道,可以在任意的 3D 空间内输送产品,并可随时随地按照生产情况进行调整。环形运输线与分拨机构如图 5-71 所示。

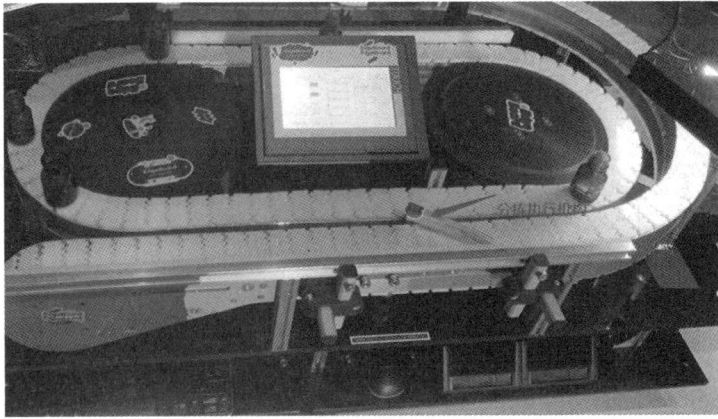

图 5-71　环形运输线与分拨机构

当药瓶进入外环线时，摄像头移动到外环线上方，对药瓶瓶身进行缺陷检测，如果有缺陷，则药瓶不进入内环线，直接随外环线运行到尽头，药瓶会随生产线运送到盛装容器中；如果药瓶瓶身没有缺陷，则药瓶会在分拨机构作用下进行变轨进入内环线，当药瓶进入内环线时，对瓶口进行缺陷检测，如果瓶口有缺陷，则会变轨到外环线，此时生产线运行方向与之前相反，直至外环线尽头药瓶被放到盛装容器中。

Edge Board 判断药瓶是否有缺陷，如果有缺陷，就会传输信号给 PLC，进而分拨机构使不合格产品变轨最后进行剔除。Edge Board 实时显示采集图像如图 5-72 所示。

图 5-72　Edge Board 实时显示采集图像

五、任务实现

分拣操作流程如下。

（1）连接电源：连接 Edge Board 药瓶质检流水线的电源，如图 5-73 所示。

（2）设备上电：拉出生产线电路控制系统的板子，依次将图 5-74 中圈出来的总电源空气开关打开。

（3）按下"电源开"按钮：完成设备通电操作，如图 5-75 所示。

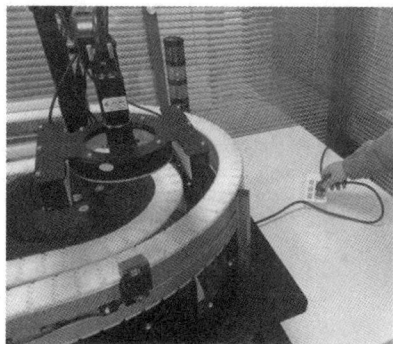

图 5-73　连接电源

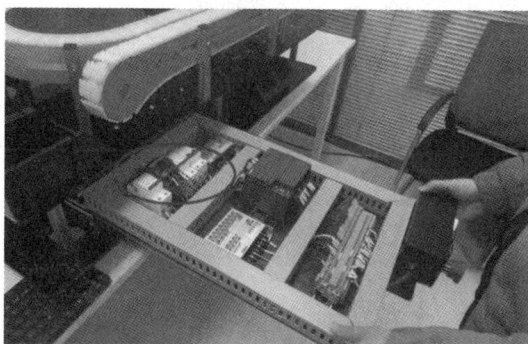

图 5-74　设备上电

（4）等待开机：找到 Edge Board，按下"POWER"按钮，等待开机，如图 5-76 所示。

图 5-75　按下"电源开"按钮

图 5-76　等待开机

登录系统，输入用户名/密码：edgeboard/1234，在桌面打开 terminal 窗口，进入 ~/ppnc_cpp_demo/build，执行检测程序 sudo./ppnc_cpp_demo。

使用命令如下（倾斜部分是重新编译步骤）。

```
cd ~/ppnc_cpp_demo
mkdir build
cd build
cmake .. && make
sudo./ppnc_cpp_demo
```

（5）启动 PLC 人机界面：单击"系统启动"按钮，开启运输线。PLC 人机界面还可以调整内、外环线速度，实现运输线的步进、正反转等操作，如图 5-77 所示。

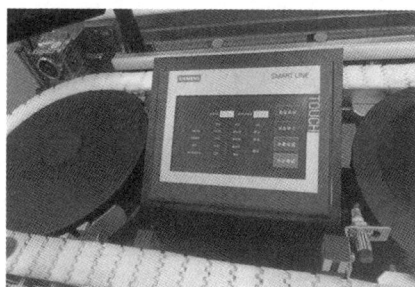

图 5-77　PLC 人机界面

（6）检测药瓶缺陷：刚刚生产出来的药瓶会进入外环轨道进行缺陷检测，当相机拍到瓶口，软件识别到坏点后，设备工作状态指示灯的红灯会闪烁，并发出刺耳的警报声，同时 PLC 人机界面会显示信息——视觉检测结果不合格。

（7）分拣产品：没有缺陷的良品会在外环轨道的末端被装入物料盒存放；残疾品会被分拣机构识别后移入内环轨道，完成分拣。

当所有产品完成分拣后，就完成了质检全过程。

六、任务实施

1. 任务分配

请将人员分组及任务分配情况填写至表 5-22。

表 5-22　任务分配表

组名		日期	
组训		组长	
成员	任务分工	成员	任务分工

2. 拟定方案

小组成员共同拟定数据采集方案，列出本任务需要用到的设备、参数，并填写至表 5-23。

表 5-23　任务方案表

序号	设备	参数	备注

3. 运行测试

请将运行测试结果填写至表 5-24。

表 5-24　运行测试表

任务名称		测试小组	
测试名称	测试结果	测试人员	存在问题
安装测试			
硬件测试			
软件测试			
采集测试			

七、任务总结

任务完成后，学生根据任务实施情况，分析存在的问题和原因，并填写至表 5-25，指导教师对任务实施情况进行点评。

表 5-25　任务总结表

任务实施过程	存在问题	解决办法
硬件连接		
软件配置		
数据采集与调试		
其他		

八、任务评价

请将本任务评价情况填写至表 5-26。

表 5-26　任务评价表

序号	评价内容	自我评价	小组评价	教师评价	评分标准
1	态度端正，工作认真				5
2	遵守安全操作规范				5
3	能熟练、多渠道地查找参考资料				10
4	能够熟练地完成项目中的任务要求				30
5	方案优化，选型合理				10
6	能正确回答指导教师的问题				10
7	能在规定时间内完成任务				20
8	能与他人团结协作				5
9	能做好 7S 管理工作				5
合计					100
总分					

九、巩固自测

1. Edge Board 药瓶质检流水线以（　　　）与机器视觉检测为核心，将机械、运动控制、变频调速、编码器技术、PLC 控制技术、机器视觉处理、人工智能识别等技术有机地进行整合。

2. Edge Board 药瓶质检流水线由（　　　）、内环轨道、（　　　）、生产线电路控制系统、Edge Board 显示器、PLC 人机界面、Edge Board、物料盒组成。

3. 图像采集设备由摄像头和（　　　）组成。

十、知识拓展

企业案例：使用视觉系统全面跟踪检测 PCB 电路控制板焊锡质量。

1. 案例背景

某汽车电子电器股份有限公司专业研发、生产和销售汽车电子电器零部件产品，目前拥有上海通用、一汽丰田、上汽商用车、一汽解放、中国重汽、东风汽车、上海德尔福、玉柴、潍柴等 50 余家批量配套客户。

2. 案例解读

汽车加速踏板用的 PCB 电路控制板是某公司向汽车客户提供的主要产品之一。PCB 电路控制板的焊锡，都是由焊锡机器人完成的，经常会出现连焊、漏焊和缺焊的情况，这就需要人工检测每个产品。公司的生产负责人介绍，由于人工长时间疲劳工作，会造成误检、漏检现象，会影响公司声誉和后续订单。因此，企业急需一套自动化无人检测焊锡质量的视觉检测设备，希望合格率达到 99.6%以上，并且能够在狭小的空间内安装使用。

3. 现场实践

在企业生产现场，一共有四条 PCB 电路控制板焊锡检测生产线体，专门用于焊接 PCB 电路控制板，如图 5-78 所示。由于当前设备已经设计好了，设备内部空间比较狭小，因此根本没有位置安装相机。公司的生产负责人表示，检测工位接插件的方向朝上，这样就导致相机无法安装，经过大家一起分析讨论，就把工装位置改成从侧面接插，解决完设备空间安装操作问题后，体积小巧的智能相机就能检测分布在不同区域内的焊点，大大提高了生产效率和速度，降低了人工成本和质量事故。

图 5-78　PCB 电路控制板焊锡视觉检测

4. 案例总结

公司采用视觉系统的非接触式检测方式以后，PCB 电路控制板的焊点检测合格率达到了 99.98%，满足了企业生产和检测要求，为公司增添了信誉，赢得了更多的订单。公司的生产负责人表示，下一步公司将装备更多的视觉检测设备来为生产保驾护航。

参考文献

[1] 王建伟. 工业赋能：深度剖析工业互联网时代的机遇和挑战[M]. 2版. 北京：人民邮电出版社，2021.

[2] 戴文斌，宋华振，彭瑜. 边缘计算使能工业互联网[M]. 北京：机械工业出版社，2023.

[3] 毛光烈，杨华勇. 中小企业数字化转型系统解决方案[M]. 北京：机械工业出版社，2024.

[4] 朱海平. 数字化与智能化车间[M]. 北京：清华大学出版社，2022.

[5] 肖鹏. 工业互联网赋能的企业数字化转型[M]. 北京：电子工业出版社，2023.

[6] 廖建尚，韩玉琪，龙庆文. 边缘计算与人工智能应用开发技术[M]. 北京：电子工业出版社，2024.